5-7, rue de l'Ecole-Polytechnique, 75005 Paris

http://www.harmattan.fr

ISBN : 978-2-343-10045-6
EAN : 9782343100456

ONTOGÉNÈSE ET VARIATIONS GÉNÉTIQUES DE L'ARCHITECTURE DU SYSTÈME RACINAIRE DES MONO ET DICOTYLÉDONES MODÈLES

Sébastien VARIN

ONTOGÉNÈSE ET VARIATIONS GÉNÉTIQUES DE L'ARCHITECTURE DU SYSTÈME RACINAIRE DES MONO ET DICOTYLÉDONES MODÈLES

L'Harmattan

« La connaissance est le début de l'action ; l'action l'accomplissement de la connaissance. » Wang-Yang-Ming

« Ecouter et choisir entre les avis, voilà le premier pas de la connaissance ; voir et réfléchir sur ce qu'on a vu, voilà le second pas de la connaissance. » Confucius

« La connaissance est la seule chose qui s'accroît lorsqu'on la partage, C'est la connexience. » Sacha Boudjema (4 juin 2013)

AVANT-PROPOS

> *« Lorsque Gregor Samsa s'éveille, un matin, après des rêves agités, il est bel et bien métamorphosé. Doté d'une épaisse carapace d'où s'échappent de pitoyables petites pattes ! Lugubre cocasserie ? »* [Kafka F., 2000. La métamorphose. (David C., traduction et préface), Collection Folio Classique, Edition Galimard, 129p].

Dans la mythologie antique et la littérature, nombreux sont les hommes trop orgueilleux punis pour leur *hybris* (υβρις). En effet, alors qu'ils cherchent à ressembler aux Dieux, à les défier ou à les égaler, une punition et sentence divine ont lieux. Ces punitions entraînent souvent des métamorphoses et génèrent des polymorphes. Les métamorphoses d'Ovide décrivent qu'un « esprit » humain peut-être enferme dans un corps végétal, animal ou minéral.

Par exemple, dans le cas d'animaux : Arachné dans le sixième livre des *Métamorphoses d'Ovide*, se compare à Athéna et est ensuite transformée en araignée. Lycaon, quant à lui, défie Jupiter et remet en doute sa nature divine. Il sera alors transformé en loup. Il est intéressant de remarquer que comme la fable se situe dans le premier livre des *Métamorphoses*, il s'agit également de la première métamorphose humaine.

Contrairement au cinéma, la description des métamorphoses et leurs registres dans la nature sont peu détaillés dans la littérature.

Bien que la métamorphose de lycaon soit assez bien détaillée. L'auteur du moyen-âge (l'*Ovide moralisé)* se contente de deux éléments : les bras devenus cuisses et les vêtements transformes en poils. Le texte latin utilise des verbes qui montrent le changement et la transformation vers 236-237 : « *in uillos abeunt uestes, in crura lacerti : fit lupus* » Traduction des vers : « *Ses vêtements se convertissent en un poil hérissé ; ses bras deviennent des jambes : il est changé en loup* ». Ovide quant à lui est en effet connu pour la description précise d'un état à un autre des victimes de métamorphoses. Il décrit souvent ce que devient chacune des parties de leurs corps.

« Toute sa rage concentrée dans sa bouche. Sa soif habituelle de carnage se tourne contre les troupeaux. Maintenant encore, il se complaît dans le sang. Ses vêtements se changent en poils, ses bras en jambes. Il devient un loup et conserve encore des traces de son ancienne apparence : même couleur claire des poils, même air farouche, même yeux ardents ; c'est toujours la même image de la férocité ». [Ovide, Les 16 Métamorphoses, I, traduit par C. Bertagna].

Par exemple dans le cas de végétaux, refusant les avances d'Apollon (parfois Priape), la nymphe Daphné (parfois Dryopé) est à bout de force. Elle succombe à la fatigue de cette fuite rapide face au dieu, et tourne ses yeux vers l'eau de Pénée. Elle demande de l'aide à son père :

« Elle pâlit, épuisée par la rapidité d'une course aussi violente, et fixant les ondes du Pénée : « S'il est vrai, dit-elle, que les fleuves participent à la puissance des dieux, ô mon père, secourez-moi ! ô terre, ouvre-moi ton sein, ou détruis cette beauté qui me devient si funeste" ! À peine elle achevait cette prière, ses membres s'engourdissent ; une écorce légère presse son corps délicat ; ses cheveux verdissent en feuillages ; ses bras s'étendent en rameaux ; ses pieds, naguère si rapides, se changent en racines, et s'attachent à la terre : enfin la cime d'un arbre couronne sa tête et en conserve tout l'éclat ». [Ovide, Les 16 Métamorphoses, I, Apollon et Daphné, Daphné (I, 452-567), 543].

Ainsi, de grands poètes comme Ovide (Naissance : 20/03/43 av J.C. ; Décès : 17ou18 après J.C) aux grands scientifiques comme Leonard De Vinci (Naissance : 15/04/1452 ; Décès : 2/05/1519) dans son *Codex Atlanticus* jusqu'aux périodes de classifications systématiques du monde du vivant, par exemple la phyllotaxie, morphotypes et la phylogénétique. De tout temps, dans chaque civilisation et aussi monstrueux que soit-il, l'Homme s'intéresse à la Forme et au Phénotype des Etres vivants. Ces recherches ont parfois entraîné des périodes sombres dans l'Histoire de l'espèce humaine avec la théorie obsolète des races au XVIIIème siècle qui est toujours d'actualité avec la xénophobie. C'est pourquoi, le thème de la Forme et du Phénotype est un sujet à ne pas prendre avec légèreté et souvent tabou.

De la Forme au Phénotype

La forme d'un objet n'est pas seulement intéressante du point de vue visuel ou esthétique. Elle a un impact sur ses propriétés mécaniques & physiques, et dans le cas des plantes, sur ses propriétés biochimiques, physiologiques, écologiques donc sur sa Fitness jusqu'à l'initiation de nouvelles perceptions du monde pour les animaux grâce aux modifications fonctionnelles. Les physiciens étudient depuis longtemps ces propriétés qui forment le domaine de la résistance des matériaux, de la mécanique. Où, ils étudient les déformations et modifications de matériaux sous diverses contraintes et perturbations. Sans trop s'éloigner des concepts et méthodes de mathématiques et géométriques actuelles. De plus, les botanistes, naturalistes et écologues ont réalisé un travail colossal de classification de la biodiversité notamment sur la base des formes grâce à la géométrie depuis des siècles.

Mais, la plupart des êtres vivant montrent tous une grande Plasticité généralement par exemple morphologique au cours de leur croissance et développement. Pour les plantes, c'est un moyen supplémentaire pour s'adapter au milieu environnant car, elles sont immobiles à la suite de leur enracinement ; pour les insectes, c'est un moyen d'accéder à de nouveaux environnements par la mise en place de nouvelles fonctions biologiques comme les ailes permettant le vol libre.

Cadrons le sujet et commençons par quelques définitions. Selon le dictionnaire Petit Larousse :

1) La Forme (n.f. ; *forma*) est I1. la Manière d'être extérieure, configuration des corps, des objets ; aspect particulier. Organisation des contours d'un objet, structure, configuration. 2. Structure expressive, plastique de l'œuvre d'art. II. 1. Mode, modalité selon lesquels quelque chose d'abstrait se présente, peut exister.

De nombreuses disciplines existent pour étudier la « Forme ». Par exemple, nous avons la géométrie. En botanique, la phyllotaxie est souvent abordée et étudié comme approche des formes dans le monde végétale. D'après le dictionnaire Petit Larousse, la Phyllotaxie (n.f.) (syn. Foliation) est 1. la Disposition des feuilles sur la tige. Elle étudie l'ordre dans lequel sont disposés les organes végétaux de chaque côté ou autour d'un axes, en particulier comment sont implantés les bourgeons, les feuilles ou les rameaux sur les tiges.

2) Le Phénotype (n.m. ; gr. *Phainein,* montrer, et *tupos*, marque) est : i) l'ensemble des somatiques apparents d'un individu, qui exprimen l'interaction du génotype et du milieu ; ii) l'expression visible des gènes ; iii) l'ensemble de caractères anatomiques, physiologiques et antigéniques permettant d'identifier et de classer chaque type d'individu comme les bactéries ou virus.

3) La Plasticité (n.f.) 1. Caractéristique d'une matière très malléable. Qualité sculpturale. 2. Possibilité pour quelqu'un de s'adapter avec souplesse à une situation nouvelle. 3. Aptitude d'un tissu lésé à se reconstituer.

Qualité de ce qui est plastique, malléable. Qualité de ce qui est souple, modifiable. Qualité sculpturale d'une œuvre d'art. Propriété d'un solide dans le domaine des déformations permanentes. Théorie dont l'objet est d'expliquer et de prévoir le comportement du solide dans cet état de déformation.

4) Plastique (adj. Latin *plasticus*, du grec *plastikos,* qui concerne le moulage). I.1. Se dit de toute substance pouvant être mise en œuvre et façonné par modelage ou par moulage ; malléable. Qui concerne les « caractères » purement formels d'une œuvre, dans le domaine des arts plastiques (jeu des lignes, des formes, des couleurs). II.1. Qui vise à donner des corps, des objets une représentation, une impression esthétiques. III. Se dit des substances qui prennent part à l'édification et à la croissance des différentes parties des organismes vivants (Carbone, hydrogène, oxygène, azote et, dans une moindre mesure, soufre et phosphore).

Forces & Mécanismes forgeant le Phénotype

La forme optimale d'un individu pour un environnement donnée est le résultat de plusieurs phénomènes concomitants : les **« forces ou mécanismes » d'informations & de communications biologiques** (l'information génétique & biologique portée par l'individu), **les « forces ou mécanismes » génétiques** (l'information génétique portée par l'individu ; le génome & déterminisme génétique ; dynamique génétique : mutation, épigénétique, crossing-over, acétylation-méthylation, etc. ; les gènes de croissance, développement et embryogenèse : gènes homéotiques, ontogénétiques, etc.) ; **les « forces ou mécanismes » de croissances et développements** (photo-tropisme, gravi-tropisme, chimiotactisme, les méristèmes, mort cellulaire comme la senescence et l'apoptose, etc.), **les « forces ou mécanismes » biochimiques, physiologiques et nutritionnelles** (l'auto-assemblage et l'auto-organisation, métabolisme, le contrôle permanent exercé par des processus de rétroactions, hormones, hubs nutritionnels, carences, déficiences, toxicités, homéostasies et environnements internes de l'organisme en lien étroit avec l'environnement externe), **les « forces ou mécanismes » physiques intrinsèque à l'organisme** (les lois physiques et mécaniques qui interviennent dans la régulation, la croissance et le développement de la structure (comme les parois cellulaires, membrane cellulaire et pression osmotique dans les vacuoles et tissus conducteurs et liquides par exemple, dans un tissu, certaines cellules grossissent plus vite que d'autres cellules auxquelles elles sont accolées, cela crée des contraintes mécanismes et des frottements.), cinématique et dynamique (photo-tropisme, gravi-tropisme, chimiotactisme), et thermo dynamisme, physique quantique (comme dans les microtubules potentiellement le siège de la « Conscience » (Hameroff S, 1998).

A partir de là, soit l'ensemble des différents niveaux d'organisation de l'individu (moléculaire, cellulaire, tissulaire, etc.) tente de maintenir une homogénéité, soit au contraire l'hétérogénéité est amplifiée. Ainsi, nous n'observons pas un phénotype stable dans le temps mais, un phénotype qui se modifie.

Cependant, la diversité et la variabilité au sein d'une population sont des facteurs structurants, et il est tentant d'extrapoler cette hypothèse à d'autres populations que celles des cellules végétales. Par exemple, la texture lisse ou gaufrée d'une feuille serait le résultat de disparités élémentaires et contrôlées par l'ensemble des cellules. Si les tiges sont droites, les feuilles sont plates, et un tissu est lisse, ce n'est pas obligatoirement la conséquence d'une croissance cellulaire uniformément et de même vitesse. Cela est probablement dû à l'existence d'une « rétroaction » permanente. La croissance non uniforme des cellules végétales est amplifiée lorsqu'il s'agit de créer des nouveaux organes comme les feuilles ou les fleurs. L'hétérogénéité est nécessaire dans la construction de l'ensemble de l'individu, dans ce cas nous parlons de croissance. Par ailleurs, le développement est la mise en place de fonctions particulières associées à ces tissus, organes, systèmes et appareils.

Donc, le Phénotype résulte des interactions étroites entre les forces et mécanismes physico-chimiques et biologiques présentent dans l'environnement interne de l'individu (intracellulaire et tissulaire, microbiotes, etc.) et externe (Ecosystemes, Biotopes, biomes) qui régissent l'expression de l'information génétique portée par le support d'information génétique comme l'ADN, l'ARN, etc.

Alors, Pourquoi certains individus présentent-ils des phénotypes similaires mais, avec des génotypes différents ? Comme la confusion régulièrement faite entre le persil (*Petroselinum crispum* (Mill.) Nymann ex A.W. Hill 1925 ; Genre : *Petroselinum*, Famille : *Apiaceae*, Ordre : Apiales) et la petite cigüe (*Aethusa cynapium* L., 1753, Genre : *Aethusa*, Famille : *Apiaceae*, Ordre : Apiales).

Et, Pourquoi des génotypes identiques (Clones) présent-ils des phénotypes différents ?

La Nature imprévisible dans ces formes Im-Parfaites

Le vivant a ceci de remarquable par rapport au monde « inerte », que chaque cellule, chaque être est en constante interaction avec ce qui l'entoure, et s'adapte ou tente de s'adapter. C'est la théorie de l'évolution de Darwin.

La particularité du monde vivant est incroyable. Il est autonome et en même temps dépendant de son environnement. Chaque cellule est un espace relativement clos et ouvert sur le monde dans laquelle elle se développe, crois, évolue. Elle échange en permanence avec l'extérieur de la matière, de l'énergie et de l'information. Ce sont les bases conceptuelles de la biochimie et de l'écologie. Ainsi, des flux d'aliments et substances diverses, d'énergies, des signaux de communications, sensorielles et des dialogues moléculaires ont lieu au sein de cette cellule. Ainsi, comme le déclare Lamber & Rezsöhazy, (2007) et Dumont (2014), le concept récent de Plasticité montre comment un organisme vivant, sous l'influence de son monde extérieur, tend à changer de forme tout en restant cohérent.

Comme le dit si bien Dumont (2014) dans sa synthèse sur les formes géométriques dans le règne végétal : « *La beauté du végétal se situe dans l'espace entre ordre logique et perturbation. L'arbre n'est pas régulier au point d'être ennuyeux, et il n'est pas biscornu au point d'être informe* » [Dumont, 2014].

Ainsi, la « Forme » d'un organisme vivant est la conséquence et le résultat visuel macroscopique, de la somme d'évènements et d'interactions moléculaires, cellulaires, tissulaires, organismiques et systémiques, d'individus et de populations complexes au sein d'un environnement identifié et défini.

Le flux d'informations multiples qui circulent au niveau microscopique s'inscrit dans un environnement qui est lui-même un système complexe hors équilibre, mais qui permet de faciliter la création d'un équilibre et de générer de l'ordre par le Vivant. Pour aborder ces questions, de nouvelles méthodes d'analyses de propriétés physiques constituantes, biochimiques, physiologies, éco-physiologiques, d'écologies fonctionnelles, d'écologie sont nécessaires.

Les flux de matières et d'énergies au sein d'un organisme peuvent être abordés par l'étude du développement ou de croissance. Certaines étapes du développement des systèmes biologiques peuvent être approchées par une problématique d'interface dynamique et d'auto-organisation. Ainsi, elles font le fruit de modélisations par des approches pluridisciplinaires à partir de domaines variés tel que des modèles géométriques et mathématiques, physiques, biochimiques, physiologiques. Dans le cas des modèles physiques, la solidification des matériaux, les milieux élastiques, les milieux excitables, (etc.) servent souvent de point de départ pour poser une vision mathématique du développement. Alors, la morphogenèse est comprise comme un phénomène d'instabilité, et généralement par une transition non-linéaire.

Les nouveaux champs de recherches multidisciplinaires sont nombreux. Ils se placent à la croisée de nombreuses disciplines, mathématiques, informatiques, physiques des matériaux et biochimie, génétique, physiologies végétales et animales, écologiques.

Aujourd'hui, les caractéristiques fonctionnelles des êtres vivants, que l'on nomme les traits d'Histoire de Vie « Trade off », traits fonctionnels, sont pour une grande part des caractéristiques et des formes morpho-anatomiques quantifiés par la géométrie. Un large éventail de chercheurs s'intéresse à ces formes géométriques chez les plantes. Citons par exemple, les agronomes et les agroforestiers qui cherchent à optimiser et améliorer : 1) la qualité et 2) les productions végétales, et les informaticiens et infographistes qui tentent de représenter les plantes d'une manière réaliste ou d'installer des réseaux de communications efficaces.

De ce fait, le problème de la Forme et notamment du Phénotypes ne sont pas des épiphénomènes inconsistants car, il participe à l'essence même des choses et à la compréhension de notre Monde. La « Forme » d'un objet vivant correspond à la terminologie de la vision du « Phénotype » au travers de l'outil d'invention « Humaine » : les mathématiques ; et des senseurs d'observations des formes présentées par la nature que sont les yeux, les appareils optiques (microscope) et d'exploration du monde vivant. Quant au « Phénotype », il est bien la résultante d'une information biologique en interaction entre le déterminisme génétique, l'auto-organisation pour une adaptation aux conditions d'un environnement. La « Forme » de la plante est le fruit de l'observation du « Phénotype » qui est le résultat d'une machinerie à la fois complexe en équilibre constant entre rigidité et souplesse.

La biologie pose aujourd'hui des défis multidisciplinaires et stimule les innovations en instrumentation, en techniques de calculs et en modélisation.

Les avancées de la biologie contemporaine et l'émergence de nouvelles disciplines, telle l'Eco-Evo-Devo viennent encore bouleverser et approfondir notre compréhension du vivant (Lambert & Rezsöhazy, 2007) car, à toutes les échelles, la constitution du vivant se fonde sur une caractéristique fondamentale et transversale : la Plasticité.

Cette Plasticité est une condition nécessaire pour que la vie apparaisse, se maintienne et puisse évoluer. Ainsi, comme le signal Lamber & Rezsöhazy (2007), nous découvrons cette étonnante capacité que peuvent avoir certains composants à s'in-former (recevoir une forme) et à se dé-former, tout en gardant unité et cohérence.

Pour montrer l'omniprésence de cette propriété et toute la fécondité du concept de Plasticité, de nombreux auteurs convient les lecteurs à des voyages au cœur des gènes, génomes, embryons, appareils & systèmes, organismes, des espèces et populations. Ainsi, les recherches actuelles montent un incroyable foisonnement d'idées, d'interactions et de projets.

Mais, parfois certaines informations sont erronées ou absentes et induisent des confusions. Ces confusions introduisent des erreurs de principes de bases et obscurcissent le concept de la Plasticité.

J'ai clarifié le concept de la Plasticité qui nous permet d'apprécier, comme le signal si bien Lambert & Rezsöhazy (2007) et Dumont (2014), cette révolution conceptuelle et nous conduit au seuil d'une nouvelle philosophie de la Vie. La Vie comme forme « libre d'elle-même », fluide et malléable, équilibre dynamique entre robustesse et vulnérabilité, résistance et fragilité (Lambert & Rezsöhazy, 2007).

Un grand débat houleux et sujet à discorde

A ce jour, les débats suscités par la « Plasticité du vivant » sont nombreux. Cette question de la Plasticité est loin d'être anecdotique et constitue un sujet brulant dans le monde de la recherche en biologie, biologie évolutive et pose un nouveau regard sur le rôle de la génétique et du concept despotique et généocentriste : de la notion de « gène » & de génome.

Pour certain le séquençage du génome humain aurait expliqué tous les maux de l'homme. Or, ce n'est pas le cas. Nous nous sommes aperçus que la génétique et le génome expliquaient une faible partie du problème.

A la Suite d'une confusion fondamentale entre « l'**information** » génétique et le « **support** » de l'information génétique mêlée à la notion d'**évolution**. De nombreux chercheur ce sont placés des œillères qui présentaient la voie où « le gène explique tout » : le tout ADN. Mais, le problème est réellement plus complexe.

Intéressons-nous aux faits concrets :

- i) La métamorphose du stade larvaire au stade adulte montre bien qu'un même génotype peut se traduire en deux phénotypes différents. Une chenille et un asticot ne ressemble pas à un papillon ni à une mouche. Bien que le génome soit identique les Formes et Phénotypes sont modifiés et différents (Ontogenèse).
- ii) Certaines espèces se métamorphosent sous l'effet d'un changement de milieu ou d'un milieu changeant. Par exemple, lors de modifications des contraintes, perturbations tel les variations alimentaires, d'éclairement, de température et d'humidité (Acclimatation). Ces perturbations modifient les couleurs et motifs les ailes de papillons (Polyphénisme et polymorphisme génétique), les couleurs et comportement des criquets, les inflorescences des angiospermes et également présente chez des clones (épigénétique). Dans de nombreux cas les chercheurs ont réussi à reproduire artificiellement et à expliquer ces transformations par un contrôle des conditions environnementales absolues et en condition de production de biomasse maximale qui n'est pas obligatoirement la « croissance optimale » ou de « Fitness maximal » d'un individu.
- iii) Les anomalies de naissance sont un bon exemple d'aléas hors de portée du mécanisme de sélection naturelle. Certes, le génome et les mécanismes de croissance & de développement ont un rôle important mais, l'environnement semble être l'orchestre et maître d'œuvre (en d'autres termes : le Coupable).
- iv) Le contraste entre la versatilité de nombreuses espèces et « l'immuabilité » génétique et morphologique des espèces comme le Ginkgo ou le Cœlacanthe. Selon les espèces, les mécanismes de contrôles du phénotype serait plus ou moins strict. Ce n'est pas un hasard si les espèces aux phénotypes les plus stables de l'évolution sont aussi celles qui résistent le mieux aux radiations entrainant des mutations comme le

scorpion. La structure même du support de l'information génétique n'est pas un hasard. Le coefficient de Chargaff (ou rapport GC) et le pourcentage AT/GC semblent être un atout évolutif pour stabiliser le phénotype adapté à un environnement précis et stable via la présence d'un plus grand nombre de liaisons hydrogènes lors d'un fort taux de GC au niveau génétique. Ce choix adaptatif fixe de manière plus durable l'information génétique sur un support biologique plus stable et moins sujet aux aléas du temps et de l'environnement.

- v) et les mécanismes induisant un chaos (une Stochasticité) aux différents niveaux d'organisation du vivant ont également un grand rôle à jouer comme l'impact aléatoire du stress oxydants et des mutations.

Donc, le génotype n'est pas la seule explication et n'explique pas à lui seul l'ensemble des phénotypes variés et multiples que l'on retrouve dans l'environnement. Le Génotype semble être à la disposition de l'Environnement. Et, comme le dit Varin (2009) le Phénotype est le reflet du Génotype au travers du miroir de l'Environnement.

Ainsi, la Plasticité est conditionnée par la capacité d'un même génotype à produire différents phénotypes selon, le miroir de l'environnement (Varin, 2009). Finalement, le miroir environnemental peut avoir plusieurs facettes et projeter différents phénotypes pour un même génotype.

De nouvelles disciplines : les gènes et le génome n'explique pas tous dans la forme

Il y a quelques dizaines d'années, la découverte de gènes responsables du développement de la forme des organismes vivants a initié une nouvelle discipline dans le champ de la biologie. La mutation de ces quelques gènes particuliers provoque des modifications importantes dans la forme globales de la plante ou de l'animal.

Les gènes particulièrement responsables de la forme de la plante ou de l'animal sont appelés des gènes homéotiques. Ces gènes homéotiques et boites homéotiques « ou gènes chefs d'orchestres », en lien avec la différentiation cellulaire et l'épigénétique, déterminent le plan d'organisation d'un être vivant (Ontogénétique). Or, il semble que ces gènes soient presque identiques chez des espèces très éloignées dans la lignée de l'évolution. Cela confirme d'une part l'existence d'espèces communes à l'origine d'autres espèces dans l'arbre phylogénétique. Cela indique d'autre part que de petites modifications dans la séquence de ces successions nucléotidiques « gènes » peuvent avoir des effets très important sur la morphologie finale de l'organisme. Ces différences peuvent être provoquées, au cours de l'ontogénèse (onto & morphogénèse), par une simple variation de la période pendant laquelle de tels gènes sont exprimés (Phénologie).

Donc, l'étude comparée de ces quelques gènes sur des organismes très variés, que cela soit dans le monde animal ou le monde végétal, apporte des connaissances à la fois sur le développement d'une plante, d'un insecte ou mammifère et sur l'évolution du monde vivant dans son ensemble.

Le temps est venu. Nous pouvons à présent parler d'Eco-évo-devo. Il s'agit de l'un des courants de pensées les plus dynamiques en biologie de l'évolution au début du XXIe siècle. Ces nouveaux champs de recherches sont appelés : i) Evo-Dévo, contraction de l'expression anglaise *evolutionary developmental biology* en français : biologie « génétique » évolutive du développement ; et ii) Eco-Dévo, contraction de l'expression anglaise *ecological developmental biology* en français biologie du développement écologique.

Le principal objectif de la **biologie évolutive du développement écologique**, aussi connu comme « éco-évo-dévo », est de découvrir les règles qui sous-tendent les interactions entre l'environnement, les gènes, et le développement d'un organisme et d'intégrer ces règles dans la théorie évolutionniste. Elle se situe à l'intersection entre la génomique, la phylogénie moléculaire, l'embryologie et la génétique du développement.

Au sein de l'éco-évo-dévo, certains concepts clefs et émergents sont clarifiés à ce jour. Ces concepts montrent que l'environnement est une source et un inducteur de variations génotypiques et phénotypiques pour de multiples niveaux d'organisation biologique, tandis que le développement agit comme un régulateur qui peut masquer, la libération, ou créer de nouvelles combinaisons de variations. La sélection naturelle peut ensuite corriger cette variation, donnant lieu à de nouveaux phénotypes. Dans l'approche « éco-évo-dévo », la combinaison des approches génomiques et écologiques va enrichir mutuellement ces deux domaines. Enfin, il faut noter que ce perfectionnement conceptuel n'est pas la seule manière d'améliorer notre compréhension de l'évolution, des mécanismes génétiques sous-jacents aux réponses des organismes à leurs milieux naturels.

Un reproche largement ignoré : La Plasticité axée sur une vision environnementale

L'étude des formes (Conséquence) et les explications qui permettent son induction (Causes) connaissent un renouveau scientifique. Depuis l'augmentation de la puissance informatique qui a lieu depuis les années 1980, nous disposons d'analyses statistiques, d'images et les modélisations informatiques poussées. De plus, des nouveaux outils techniques d'explorations fonctionnelles sont mis à contribution comme : i) des banques mutants (OGM), ii) des banques de phénotypes et d'écotypes, iii) des outils d'imagerie comme l'IRMS, la microscopie confocale ou à fluorescence (autrefois, nous pouvions observer au microscope électronique uniquement des cellules mortes. Maintenant, la microscopie sur tissu vivant permet d'étudier *in vivo* les zones en croissance, à savoir les méristèmes), iii) et les techniques d'explorations fonctionnelles et de phénotypages.

Par exemple, en 2009, deux prix ont été attribués à une équipe de chercheurs (INRA, CNRS, pour leurs travaux intitulés « Comment les plantes acquièrent-elles leur forme ? » (Hamant *et al.*, 2008). Pour comprendre le monde du vivant, les équipes sont maintenant pluridisciplinaires. **Cette équipe composée de chercheurs français, américains et suédois, pilotée par des chercheurs lyonnais de l'INRA, en collaboration avec l'ENS de Lyon, le CNRS, l'Université Claude Bernard Lyon I et l'Université Paris 7, a mis en lumière un mécanisme fondamental de la morphogénèse des plantes. Au terme d'un travail interdisciplinaire combinant expérimentation et modèles informatiques. Ces chercheurs ont montré que les forces physiques générées par des tissus en croissance déterminent l'orientation du cytosquelette des cellules. Celui-ci, à son tour, contrôle la forme des cellules et détermine en grande partie celle de la plante (Hamant *et al.*, 2008).**

Les expériences consistent à modifier localement les champs de contraintes, les forces et les tensions sur les cellules, et à observer comment les protéines des microtubules réagissent en modifiant leur orientation dans l'espace. Généralement, ces études sont menées sur la célèbre dicotylédone modèle *Arabidopsis thaliana* L. Heynh. (Arabette des dames) et monocotylédones modèle *Brachypodium distachyon* (L.) P. Beauv.

Aux yeux de nombreux chercheur et du grand public qui ont lu le gène Egoïste de Dawkins (Dawkins, 1976 ; Dawkins & Jones-Gordin, 2003), la théorie synthétique de l'évolution a comme seul point de départ les mutations génétiques aléatoires, dont les effets sur les organismes sont soumis à la loi de la sélection naturelle. Dans ce schéma et cette vision génocentrique, l'évolution fonctionne à sens unique.

A ce jour, l'environnement est maintenant au centre du schéma et influence beaucoup d'autres niveaux. Donc, entre acquis et inné, la différence devient infime car, on pourrait presque dire que le « gène propose et l'environnement dispose ».

Le lien entre génotype et phénotype passe par une succession d'étapes critiques. Ces étapes ont lieu de préférence durant la phase embryonnaire parfois à l'âge adulte. En gros, elles ont lieu lors des phases de structuration & de mise en place, renouvellement et maintenance de la Forme donc du Phénotype ou « morphotype ». Il s'agit des mécanismes de *développement* et de la *croissance* durant laquelle se joue un enchevêtrement complexe d'interactions entre tous les niveaux et dont émerge l'incroyable plasticité du phénotype. On est à l'opposé de ce qu'affirmait Dawkins (1990) pour qui « *les détails du développement embryonnaire environnemental, aussi intéressants qu'ils soient, sont inutiles du point de vue de l'évolution* » [Dawkins, 1990].

Dans ce dessin, le pouvoir des gènes est considérablement atténué. Comme le signale Denis Noble (Noble *et al.*, 2007), on pourrait remplacer la sentence de Dawkins par son contraire, ce serait tout aussi arbitraire :*« Les gènes sont aujourd'hui piégés en grandes colonies, enfermés dans des êtres hautement intelligents, façonnés par le monde extérieur, communiquant avec lui par des processus complexes par lesquels, aveuglément, comme par magie, la fonction émerge. Ils sont en vous et en moi ; nous sommes le système qui permet à leur code d'être lu »* [Noble *et al.*, 2007].

Mais, d'une manière générale, ces études semblent toujours axées de manière génocentrique. Et, c'est le reproche anticipé que Darwin ce fit bien avant Noble ou Dawkins. Il se reprocha de ne pas avoir mis suffisamment de poids sur l'importance de l'action directe de l'environnement sur la génération du phénotype.

Ainsi, dans le cadre de l'écologie fonctionnelle et de l'écophysiologie, la Plasticité étudie la variation et l'amplitude de la variation de forme du phénotype que peut développer un génotype (Génome) pour un individu ou une population en fonction de différents environnements (Varin, 2009). Elle détermine la frontière de l'élasticité du phénotype et constitue le pivot permettant un saut génétique ou fixation génétique initiant une Evolution étroitement lié à un écosystème (Environnement). Elle constitue un point de connexion ou chainon manquant avec l'Eco-évo-devo.

Ontogenèse et Variations génétiques de l'architecture du système racinaires des mono et dicotylédones modèles

Ce livre largement illustré est consacré à une approche moderne du processus ontogénétique des racines permettant de générer un phénotype racine. C'est-à-dire la forme finale des racines tout en ajoutant un lien avec le concept de plasticité. Ce sujet est très peu abordé dans l'étude des formes végétales. Dans notre cas, nous nous focaliserons sur les plantes modèles des mono et dicotylédones.

Le livre comprend, en guise d'introduction générale, un rappel des mécanismes de développements et de la physiologie racinaire (chap. 1). Il s'agit d'un exposé schématique de la partie génétique et physiologique propre à l'individu qui interagit avec l'environnement comme le définit le concept de la plasticité.

Ces généralités, accessibles au lecteur peu averti des problèmes posés par le déroulement du processus de développement du phénotype racinaire, lui serviront d'introduction aux autres parties comportant des informations beaucoup plus spécialisés présentées dans le tome 3. Ensuite, parce que nous nous intéressons aux organismes modelés, la deuxième partie est consacrée aux deux plantes modèles des monocotylédones et des dicotylédones. *Arabidopsis thaliana* (L.) Heynh et *Brachypodium distachyon* (L.) P. Beauv sont présentées (chap. 2).

Puisque, le système racinaire semble moins primitif que nous pouvions l'imaginer. La troisième partie est consacrée aux variations génétiques naturelles de l'architecture et de l'histologie du système racinaire impliquée dans l'adaptation des plantes à leurs environnements. Ainsi, pour décrire l'organisation structurale de base du système racinaire et réaliser des comparatifs dans un but d'études plastiques et de rhizo-ingénierie, il est nécessaire d'avoir un point de repère et de comparaison entre espèces (chap. 3).

Ces généralités, sont accessibles au lecteur plus ou moins averti des problèmes posés par la Plasticité et la genèse du Phénotype. Mais, elle se focalise sur un point très peu abordé celui de la forme des racines en lien avec les parties aériennes du végétal. Elle lui servira d'introduction aux autres parties beaucoup plus spécialisés comportant la notion de l'environnement de croissance, d'adaptation, d'évolution des racines (Tome 3). La notion de Sol, rhizosphère et les micro-organismes participant au façonnage de l'architecture du système racinaire et à l'induction de plasticité sont présentés dans ce tome.

J'ai eu recours le plus souvent possible à une représentation sous forme de schéma issue des articles d'origine pour ne pas dénaturer les idées transmises par les auteurs nommés. En revanche, lorsqu'il était nécessaire pour clarifier et classer les données abstraites dont certains sont issue de plusieurs disciplines, j'ai été amené à former des figures synthétiques. Donc, j'ai concentré un maximum d'informations tous en réduisant les figures à leur strict minimum. De même, les aspects historiques exhaustifs et les notions philosophiques de base qui me semblaient particulièrement indispensable ont été regroupés dans la première partie introductive du livre (chap. 1). De plus, pour une navigation rapide dans le livre un résumé en français et en anglais de chaque chapitre et associé à leurs plans d'organisation.

Ce travail émane en grande partie des activités de recherches que j'ai effectuées depuis ce jour. Il forme mon héritage : un mémoire et un bilan des connaissances scientifiques acquit sur ce sujet. Il me permettra de tourner la page et de m'ouvrir la porte à une nouvelle vie dans ce monde de changements globaux qui caractérise la fin du XXème et ce début de XXIème siècle (Changements environnementaux, de paysages, d'économiques, de politiques voir de civilisations). Où, l'Homme devra faire preuve d'une grande plasticité comportementale pour survivre.

Mon intention première a été de rendre l'étude de la Plasticité accessible à tous, à des non-spécialistes de cette question et à un lectorat scientifique très large : aux artistes, philosophes, aux simples passionnés, aux étudiants des classes préparatoires et des premiers et seconds cycles de l'université, candidats aux concours du CAPES et de l'agrégation, ainsi qu'à leurs enseignants en agronomie, pharmacie et différentes disciplines de la biologie, de la chimie, des mathématiques et de la physique.

Sébastien Varin

« Nous ne pouvons simplifier à l'extrême des phénomènes complexes. » Auteur anonyme

RÉFÉRENCES

Dawkins R., 1976. The Selfish Gene. *Oxford University Press,* 74p.

Dawkins R., Jones-Gorlin N., 2003. Le gène égoïste. *Odile Jacob*, 200p.

Dumont E., 2014. La géométrie dans le monde végétal. *Les éditions Ulmer.* 191p.

Hamant O., Heisler M., Jönsson H., Krupinski P., Uyttewaal M., Bokov P., Corson F., Sahlin P., Boudaoud A., Meyerowitz A.M., Couder Y., Traas J., 2008. Developmental patterning by mechanical signals in *Arabidopsis. Science*, 12.

Hameroff S., 1998. Quantum compuntation in brain microtubules? The Penrose-Hameroff 'Orch OR' model of consciousness. *Phil. Trans. R. Soc. Lond.* A **356**, 1869-1896.

Lambert D., Rezsöhazy R., 2007. Comment les pattes viennent au serpent : essai sur l'étonnante plasticité du vivant. *Champs Fammarion,* 412p.

Noble D., Ojeda C., Assadas V., 2007. La musique de la vie : La biologie au-delà du génome [The music of life : Biology beyond the genome]. Edition Seuil. Collection Scienc. Ouv. 34-35.

Varin S., 2009. Plasticité fonctionnelle du trèfle blanc en réponse à la disponibilité en soufre. Spécialité : Physiologie, Biologie des Organismes, Populations (écologie fonctionnelle et biotechnologie), *Ecole Doctorale Normande de Chimie-Biologie, Thèse de doctorat de l'université de Caen,* 213p.

CHAPITRE 1

Développement & Physiologie Hormonale racinaire

« Les idées sont les racines de la création. » Ernest Dimnet, homme d'église et écrivain français (1866-1854)

Résumé

Les racines sont importantes pour les plantes. Elles ont un rôle majeur et clef dans un grand nombre de processus comme l'absorption des nutriments et de l'eau, l'ancrage et le support mécanique, les fonctions de stockage. Elles correspondent à l'interface majeure entre la plante et divers facteurs biotiques et abiotiques dans l'environnement du sol. Elles permettent également la mise en place des réponses aux signaux abiotiques et biotiques chez les plantes.

La croissance et le développement du système racinaire sont un excellent exemple de la plasticité développementale. Tant le nombre et le placement des racines latérales sont très réceptifs aux signaux nutritionnels. Cela indique qu'il doit exister une voie de transduction du signal qui coordonne les informations issues de l'environnement et interprète des conditions environnementales complexes. Pour un moment et un lieu donné, elle rend la « décision » finale qui oriente l'organisme vers une formation de racines latérales (Malamy *et al.*, 2001).

Les voies de signalisation qui déclenchent ces modifications restent souvent obscures (Nacry *et al.*, 2005). En dépit de ce manque d'informations, de nombreux régulateurs spécifiques liés à la détection des signaux externes et statut interne de la plante ont été découverts. Par exemple, les phytohormones jouent un rôle clef dans la médiation des voies complexes de réactions de la plante. De nouvelles études ont élucidé les mécanismes de fonctionnement au sein du végétal, d'interaction entre les phytohormones et notre compréhension de la physiologie et du développement végétale. L'ontogenèse des racines est fortement influencée et en lien étroit avec l'ontogénèse des parties aériennes et les stades de développement de la plante.

Comprendre le développement et l'architecture des racines permettraient d'augmenter le potentiel d'exploitation des plantes, de manipuler les caractéristiques racinaires. Ceci permettrait à la fois d'augmenter le rendement des plantes et donc des denrées alimentaires mais également d'optimiser l'utilisation des terres agricoles dans un objectif d'alimentation mondiale.

Cette synthèse bibliographique montre un aperçu de l'anatomie et du développement de base de la plante et principalement des racines. Elle donne un résumé des interactions hormonales entre le développement global du végétale et plus spécifiquement du système racinaire notamment les racines latérales.

Un large aperçu de l'importance du système racinaire sera présenté. Il fournit un aperçu des mécanismes de contrôles moléculaires associés à la racine et les réponses à l'environnement chez *A. thaliana* et les cultures céréalières dont *Brachypodium* fait partie. Elle permet de mettre en évidence l'importance d'étudier les aspects de l'architecture des racines spécifiques à nos deux plantes modèles, c'est-à-dire à la fois de la *Bracicacceae* : *Arabidopsis thaliana* (L.) Col-0 et de la graminée céréalière de la famille des *Poaceae* : *Brachypodium distachyon* (L.) P. Beauv. 21.1. Ces deux plantes modèles présentent des informations nouvelles qui sont à peine abordées à ce jour et fournissent de nouveaux outils et technologies pour étudier divers aspects de l'architecture du système racinaire.

Mots clefs : *Racine primaire, racines latérales, signaux de l'environnement, signaux abiotiques, signaux biotiques, plasticité développementale, indices nutritionnels, phytohormones, système racinaire, croissance, développement.*

Abstract

Roots are important to plants. They have a major role in many key processes such as absorption of nutrients and water, anchoring and mechanical support, storage functions. They correspond to the major interface between the plant and various biotic and abiotic factors in the soil environment. They also allow the development of responses to abiotic and biotic signals in plants.

The growth and development of root system are an excellent example of developmental plasticity. Both the number and placement of lateral roots are very receptive to nutritional signals. This indicates that there must be a signal transduction pathway. It coordinates information from the environment and interprets the complex environmental conditions. For a time and a place, a signal transduction indicates the final "decision" that guides the organization towards a lateral root formation (Malamy *et al.,* 2001).

Signaling pathways that trigger these changes are often obscure (Nacry *et al.,* 2005). Despite this lack of information, many specific regulators related to the detection of external and internal status signals of the plant were discovered. For example, plant hormones play a key role in mediating the complex pathways of plant responses. New studies have elucidated the mechanisms operating within the plant, interaction between plant hormones and our understanding of the physiology and plant development. The ontogeny of roots is strongly influenced and closely with the ontogenesis of the aerial parts and stages of plant development.

Understanding the development and root architecture would increase the potential for exploitation of plants, manipulate root characteristics. This would both increase the yield of plants and thus food, but also to optimize the use of agricultural land in an objective of global food power.

This literature review provides an overview of anatomy and development base of plant and mainly roots. It provides a summary of hormonal interactions between the global development of plant and more specifically the root system including lateral roots.

A broad overview of the root system importance be presented. It provides an overview of molecular mechanisms associated with root controls and responses to the environment in *A. thaliana* and cereal crops including *Brachypodium.* It helps to highlight the importance of studying aspects of roots architecture specific in our two models of plants, that is to say both the *Bracicacceae* (*Arabidopsis thaliana* (L.) Col-0) and grain of the grass family *Poaceae* (*Brachypodium distachyon* (L.) P. Beauv. 21.1). Both models plants have news information that are barely covered so far and provides new tools and technologies to study various aspects of root system architecture.

Key words: *Primary root, lateral root, environmental signal, abiotic signals, biotic signals, developmental plasticity, nutritional indices, phyto-hormones, root system, growth, development.*

Liste des abréviations

::GUS : transposon associé à un gène rapporteur GUS
ABA : acide abscissique
ADN : Acide Desoxyribonucleique
ADNc : Acide Desoxyribonucleique complémentaire
ARF : Auxin-Responsive Factors
ARN : Acide Ribonucléique
Aux : auxine
BL : Brassinolide
CDK : kinases cycline-dépendantes
CLV : CLAVATA
CT : X-ray computed tomography
GA : gibbérelline ou acide gibbérellique
Glc : glucose
IAA : acide 3-indole acétique
IL : couche intérieure
LR : Lateral Root-racines latérales
LRP ou PRL : Lateral Root Primordium -tissus
MAPK : mitogen-activated protein kinase
MP : MONOPTEROS
NH_4^+: ammonium
NO_3^{2-} : nitrate
NPA : acide **N**-(1-naphtyl) **p**htal**a**mique
OL : couche extérieure
ONU : Organisation des Nations Unies
PID : PINOID
PLT : PLETHORA
PO_4^{2-} : phosphates inorganiques
QC : centre quiescent
RMN : résonance magnétique nucléaire
RSA : Root System Architecture-architecture du système racinaire
SPAK : *Self-Pruning associated k inase*
STM : SHOOTMERISTEMLESS
TDM : tomodensitométrie
WUS : WUSCHEL

CHAPITRE 1

Développement & Physiologie Hormonale racinaire

Introduction

En raison de la croissance rapide de la population humaine (Figure. 0), l'amélioration des rendements et des plantes par le perfectionnement des réponses naturelles, de l'architecture du système racinaire (RSA : *Root System Architecture*), de l'efficacité d'absorption des nutriments et une meilleure connaissance de la plasticité des plantes, nous permettra d'être en mesure de générer des agro écosystèmes plus efficaces et plus rentables pour pallier au besoin croissant de la population humaine en alimentation et en énergie.

Figure 0. Evolution de la population mondiale – projection statistique de l'ONU (L'explosion démographique n'aura pas lieu par Philippe rekacewicz, Le Monde diplomatique 2011/10/31. lemondediplomatique.fr).

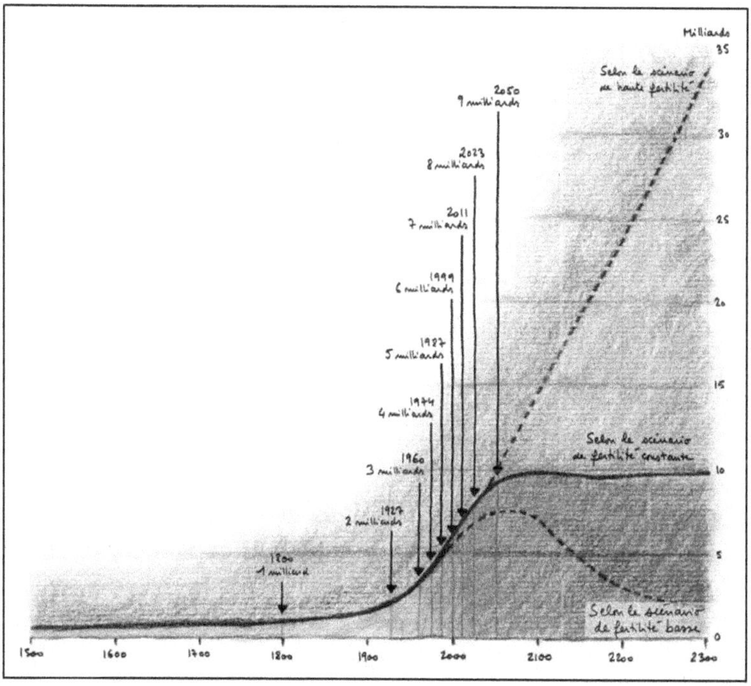

Contrairement aux animaux, les plantes supérieures développent la plupart de leurs organes de manière post-embryonnaires pendant la durée de leur vie végétale (Cf. Tome1). Dans les parties aériennes, les méristèmes produisent des feuilles, des tiges et des organes reproducteurs (organes floraux : inflorescences, fleurs). Les organes sont initiés sur les bordures du méristème (Fukaki *et al.,* 2007). Un système racinaire souterrain (ou partie souterraine) se développe à travers la production de nombreuses racines principales ou parentales, de racines latérales et adventives issues des tissus internes des racines principales (Charlton, 1996). Certaines cellules peuvent être activées pour produire de nouvelles feuilles ou racines, chacune avec une nouvelle population de cellules souches méristématiques positionnées à l'extrémité.

Les plantes sont complètement dépendantes des ressources disponibles dans leur voisinage immédiat puisqu'elles ne se déplacent pas comme les animaux dans une echelle de temps relative à l'individu.

Malheureusement, la disponibilité et la distribution des nutriments sont en constante évolution dans l'environnement. Les plantes doivent être capables de percevoir ces changements, y répondre adéquatement et judicieusement. La présence de populations de cellules souches actives et la capacité à générer de nouvelles cellules et tissus permettent à la plante d'adapter et modifier sa physiologie et morphologie à son environnement unique et changeant (Malamy & Ryan, 2001). En particulier, la disponibilité des nutriments qui affecte à la fois le nombre et la localisation des sites d'initiation des racines latérales (Drew, 1975 ; Drew & Saker, 1978 ; Drew & Saker, 1975).

Il est nécessaire de prendre conscience que les plantes ont une anatomie particulière, un développement et un mode de vie logique. Leur métabolisme, mode de signalisations, réponses à leur environnement seront différents de ceux trouvés chez les animaux.

Le monde végétal est régi par plusieurs facteurs et mécanismes qui doivent être élégamment coordonnée afin de les adapter à l'évolution rapide des conditions environnantes. La Plasticité développementale, comme le défini Schlichting (cf. Tome 1-concept de la plasticité ; varin, 2009), fournit un large éventail d'avantages pour la plante. Elle lui permettant de recueillir des signaux et les informations de son environnement et de les intégrer dans les décisions concernant sa croissance et son développement. Lors de leur cycle de vie, les plantes sont plus ou moins mobiles. Cela dépend de la période de temps considérée. Si l'on examine la phase de vie végétative, la plasticité permet aux plantes immobiles de mettre en place des structures et de les positionner de manière optimale par rapport aux conditions environnementale comme l'eau, les nutriments et la lumière du soleil. Néanmoins, la plasticité développementale pose certains risques (cf. Tome 1-concept de la plasticité). Ceci exige que certaines cellules de la plante restent indifférenciées ou totipotentes. C'est-à-dire des cellules en mesure de se dé-différencier pour former des populations de cellules souches. Ce qui pose à son tour la présence d'un danger de proliférations cellulaires incontrôlées ou de croissances inorganisées. Ceci équivaut à un cancer chez l'animal (Malamy, 2005). Ainsi, des mécanismes hautement contrôlés de stimulation et de suppression des cellules totipotentes doivent être mis en place au sein du végétal. Le système racinaire notamment les racines latérales est un endroit fabuleux pour étudier les déterminismes : de l'architecture, du développement, de la plasticité developpementale et ontogénétique.

De nombreuses expériences se sont déroulées chez la dicotylédone *Arabidopsis thaliana* (L.) Col-0. Cette plante offre un avantage indéniable en recherche (Goodman *et al.*, 1995 ; Jansson & Douglas, 2007). *Arabidopsis* est depuis longtemps le système végétal modèle par excellence. Il y a déjà une quantité appréciable d'informations et d'outils développés pour l'étude des voies de signalisation et de régulation transcriptionnelle chez cette plante. *Arabidopsis* est un modèle intéressant de part la petite taille de son génome qui l'a rapidement propulsé au rang de candidat numéro un pour le séquençage et son cycle de vie rapide comme l'est la mouche du vinaigre. Depuis quelques années déjà, le développement d'outils de la biologie moléculaire pour l'étude de cette espèce s'est accéléré. L'utilisation d'une plante pérenne permet d'étudier des aspects peu ou pas explorés chez une espèce annuelle comme *Arabidopsis*. Entre autre, *Brachypodium distachyon* (L.) P. Beauv. est un système plus complet pour l'étude du développement secondaire des racines, notamment la formation, l'activité du cambium vasculaire de racines adventives, etc. Il y a d'autres aspects pour lesquels *Brachypodium* offre une perspective complémentaire à celle d'*Arabidopsis*. Nous pouvons penser au développement de la fibre cellulosique, à son rôle fonctionnel dans les agroécosystèmes prairiaux, aux mécanismes de réponse face aux contraintes et perturbations comme les modifications, variations saisonnières, climatiques et aux mécanismes de réponse aux stress biotiques ou abiotiques.

Ce chapitre développe certains aspects clefs du développement de la plante et de la signalisation entourant ces mécanismes. J'aborderai la régulation des zones de prolifération et de différenciation que l'on nomme les méristèmes. L'activité de ces méristèmes est primordiale au développement du système vasculaire, des parties aériennes (feuilles, tiges) et souterraines (racines primaire, secondaire, nodules) de la plante. Les méristèmes sont constitués de cellules indifférenciées et caractérisées par un niveau élevé de divisions cellulaires. Ainsi, le cycle cellulaire représente un processus hautement régulé.

L'objectif de cette étude est de cerner les mécanismes de développement des parties racinaires en lien avec celui des parties aériennes au cours du cycle développement de la plante pouvant intervenir dans la plasticité et la stockasticité. Cette vision des mécanismes ontogénétiques est principalement réalisée en fonction des différents niveaux d'études et d'organisations du vivant exploités en écologie-fonctionnelle et écophysiologie.

I. Intéressement du système racinaire au rendement de production

Les plantes sont indéniablement importantes pour la vie sur terre et pour les humains. Les bienfaits des cultures et de l'exploitation des ressources végétales fournit à l'humanité par la nature comprennent : 1) la nourriture permettant l'alimentation humaine et animale, 2) le carburant principalement sous forme d'éthanol ou d'huiles et de base de polymères plastiques, 3) de fibres principalement pour les textiles, 4) les médicaments et 5) de nombreux matériaux (composites) ainsi que 6) les utilisations ornementales ou de loisirs.

Il est facile de penser aux plantes en termes de caractères clairement visibles et de parties aériennes, tels que feuilles, fleurs, fruits et les tiges. Mais, ce n'est que la moitié de l'histoire de la plante et la partie émergée de l'Iceberg. Les plantes font aussi preuve d'un degré considérable de la variabilité dans ses éléments les moins visibles. Il s'agit de l'élément du monde souterrain : le système racinaire. L'architecture du système racinaire (*Root System Architecture* : RSA) varie selon les espèces, au sein des espèces, du génotype et de l'environnement (Lynch, 1995).

L'importance des systèmes racinaires combinés avec la difficulté inhérente de leur étude a conduit à une réputation racinaire ; celle d'être décrite comme « la moitié cachée » (Waisel *et al.*, 2005). Les racines sont importantes comme nous l'avons vu pour de nombreuses fonctions biologiques chez les végétaux comme l'absorption de nutriments et d'eau, l'ancrage et le support mécanique. De plus, de nombreuses plantes utilisent leurs racines pour des fonctions de stockage. Et, certaines structures racinaires profondes peuvent servir de sources de nourriture pour l'homme par exemple les « légumes-racines » comme les carottes, les panais, les navets ; « d'épices » comme le gingembre, l'arrow-root, de réglisse, de pigments, et tubercules comme la pomme de terre.

Les racines servent d'interface majeure entre la plante et les facteurs biotiques et abiotiques de l'environnement du sol : à la fois par la détection et la réponse aux signaux environnementaux. Les racines permettent aux plantes de surmonter les défis posés par leur statut sessile. Cela se voit dans les nombreuses façons dont les plantes peuvent modifier considérablement leur architecture racinaire pour optimiser : a) la croissance dans une grande variété de conditions environnementales et b) l'efficience d'utilisation des éléments nutritifs du sol.

Par tradition, l'intéressement au rendement de production et fonctionnement des parties ariennes était majeur. Donc, l'architecture du système racinaire a traditionnellement été largement ignorée par les sélectionneurs de plantes en termes d'augmentation de rendement potentiel. Elle n'était pas un critère de sélection important dans le cadre des programmes de développement des cultures de la révolution verte des années 1960 de Waines *et al.* (2007). Comprendre le développement et l'architecture des racines et du sol dans laquelle celles-ci évoluent est donc un point important ayant un potentiel pour : 1) l'exploitation et la manipulation des caractéristiques des racines à la fois pour augmenter le rendement des plantes de grandes cultures, d'optimiser l'utilisation des terres agricoles (Den Herder *et al.,* 2010) suivant le modèle « d'agriculture moderne d'après-guerre » (dite 1ère révolution verte) et 2) de comprendre et d'améliorer les systèmes de productions d'agroècologies intensives durables qui sont l'avenir de l'agriculture et la deuxième révolution verte et révolution doublement verte, car plus stable face aux changements environnementaux et climatiques globaux(Griffon, 2013). Elle est également plus rentable en termes de coût globale et à long terme au même titre que la permaculture à petite échelle. C'est-à-dire moins d'intrant (engrais), de pesticide et d'énergie fossile et de coûts auxiliaires pour la société tels que les maladies (santé), le retraitement des déchets et des eaux.

II. Objectifs généraux des recherches sur l'architecture racinaire

D'après les projections statistiques de l'ONU (Figure. 0), la population mondiale pourra s'élever à plus de 9 milliards en 2050 (Figure. 1). L'amélioration des cultures et leurs rendements deviennent un enjeu de plus en plus présent aux vues des diminutions des surfaces agricoles (Figure. 1 ; Rounsevell *et al.,* 2005) et des diminutions de la productivité nette globale dans le monde (Figure. 2a ; Zhao & Running, 2010), de l'augmentation des coûts énergétiques et de la pétrochimie (Figure. 2b ; ADEME, 2011).

Figure 1. Zones agricoles défavorisées en Europe des quinze (*Less Favoured Areas*) (gris) et leur estimation pour la Norvège et la Suisse (Rounsevell *et al.,* 2005).

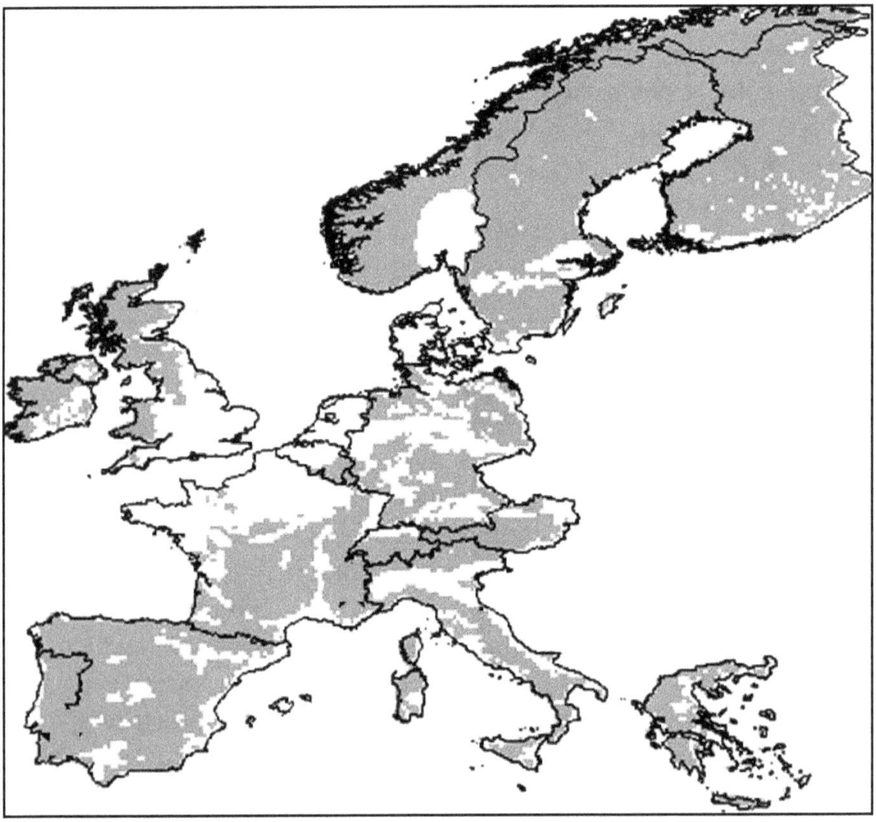

Figure 2. a. Baisse de la croissance globale des plantes. Productivité primaire Net Globale (2000-2009). L'hémisphère Sud subit une diminution significative de sa productivité (Zhao & Running, 2010); **b.** Prix des énergies pour l'utilisateur –secteur de l'habitat entre 1973-2011. Editeur : ADEME Franche-Conté. Le graphique illustre l'évolution du prix des énergies à usage domestique (en centimes d'euros TTC courants par KWh PCI).
http://franche-comte.ademe.fr/contenu.php?id=318

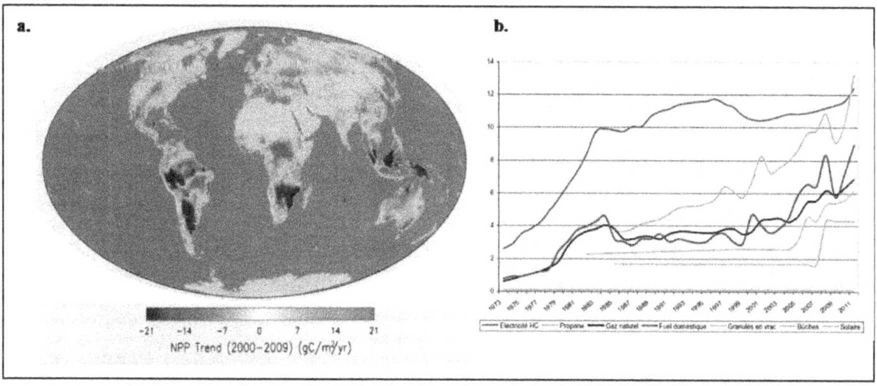

La société actuelle base son fonctionnement principalement sur le pétrole ou les énergies fossiles et le nucléaire. Elle ne remet pas en cause : son fonctionnement, le fonctionnement des villes, l'environnement de vie des citadins et la forte consommation de terre agricole par les villes. A ce jour, en l'absence de réformes : 1) politique, 2) architecturale et paysagère des villes et 3) du mode de vie de la société (éducation) et de la consommation alimentaire et énergétique, un problème de fonctionnement de base majeur de nos sociétés modernes risque d'avoir lieu. Bien qu'un certain nombre de réflexion ont été actuellement réalisées pour anticiper ce problème. Par exemple, des projets architecturaux permettant d'augmenter les surfaces agricoles et maraîchères en réalisant une entrée de celles-ci et de la nature dans les villes ont été mis en place (cf. tome 4). Or, il faut noter que ces projets sont restés uniquement sur le papier ou appliqués sous forme de pilote de faible surface dans quelques grands pays comme aux USA, Canada, France & Belgique.

Ainsi, les plantes cultivées, notamment les céréales, sont un approvisionnement énergétique et surtout alimentaire d'une importance vitale, à la fois directement et par l'utilisation dans l'alimentation animale et humaine : on estime que 75% de la demande d'énergie humaine est remplie par de l'amidon de céréales (Chandler & Brendel, 2002). Il ne faut pas oublier que « la nourriture est une munition » (Figure. 3c, d, e, f, g). La « révolution verte » des années 1960 et 1970 a permis à l'agriculture de répondre aux besoins alimentaires d'une population en forte croissance, grâce à la création de cultivars de céréales nains, une meilleure irrigation et l'application d'engrais et de produits phytopharmaceutiques. L'objectif à court terme d'après-guerre, c'est-à-dire alimenter la population le plus rapidement possible avec de forts rendements agricoles, a été atteint. La demande et le défi technologique d'après-guerre posés aux chercheurs notamment agronomes, écologues et aux agriculteurs, ont abouti avec brio. Il en a résulté un doublement des rendements céréaliers dans les pays en développement entre 1960 et 1990 (Davies, 2003). Cinquante ans plus tard, les avantages de cette révolution semblent avoir atteint un maximum. La population mondiale depuis les années 1960 a plus que doublé. Des pénuries d'eau douce entravent l'irrigation à grande échelle. L'application d'engrais supplémentaires et la sur-consommation énergétique seraient dommageables à la fois aux rendements des cultures et aux conditions environnementales, tout en étant économiquement irréalisable dans de nombreux pays, notamment ceux du tiers monde ou en voie de développement, sans l'obtention de subventions considérables de la part des états (Denning *et al.,* 2009). Dans de telles circonstances, la demande pour les biocarburants peut également réduire la superficie des terres arables qui peuvent être consacrées à la production alimentaire (Godfray *et al.,* 2010). Ainsi, la production de ces combustibles entre en concurrence directe avec des terres arables (Godfray *et al.,* 2010). Le défi pour la seconde « révolution verte » est de résoudre les obstacles actuels et futurs qui devront maintenir principalement la sécurité alimentaire et secondairement la sécurité énergétique par le biais des rendements plus élevés au regard des changements climatiques et écologiques globaux.

Figure 3. a. Ferme urbaine (Dossier réalisé par IPM IMMO, Décembre 2012 ; Extraits et sources : LUA - Laboratoire d'Urbanisme Agricole, *Cahier thématique* N°11 (2012). Agriculture métropolitaine, Métropole Agricole, *Editions de la Maison des sciences de l'homme,* Paris/Co-éditeur Ecole nationale supérieure d'architecture et de paysage de Lille); **b. Quand la campagne envahit la ville**. Le 9 février 2012, à Linkoping, ville de moins de 100 000 habitants au sud de la Suède, le maire Paul Lindvall, le PDG de Plantagon, Hans Hassle, et Anders Jonsson, Directeur Général de la compagnie régionale de l'énergie Tekniska Verken, ont posé la première pierre de la Plantagon Greenhouse. (Bouvy, 2012 ; http://www.thenewbubble.net/green/quand-la-campagne-envahit-la-ville/); **c, d, e, f) Propagandes pour l'auto suffisance alimentaire USA seconde guerre mondiale**, Poster américain affiché pendant la Seconde Guerre mondiale Seconde. Traduction : « *La nourriture est une arme. Ne la gaspillez pas ! Achetez de façon avisée ! Cuisinez avec soin. Finissez tout* ». **g)** campagne de propagande Canadienne de la Seconde Guerre mondiale « *Canada has determined to change the eating habits of a nation, because she has learned that efficient production of food is only half the victory. It takes efficient consumption, too, to give full meaning to the slogan, 'Food will win the war* ». Le Canada a décidé de changer les habitudes alimentaires d'une nation, parce qu'elle a appris que la production efficace des aliments n'est que la moitié de la victoire. Cela prend consommation efficace, aussi, pour donner tout son sens au slogan,» *Food va gagner la guerre* ». (Fromer, 1942).

a.
b.
c.
Food is Ammunition-
Don't waste it.
d.
Sow the seeds of Victory!
plant & raise your own Vegetables
Every Garden a Munition Plant
e.
FOOD IS A WEAPON
DON'T WASTE IT!
BUY WISELY - COOK CAREFULLY - EAT IT ALL
FOLLOW THE NATIONAL WARTIME NUTRITION PROGRAM
f.
PLANT A VICTORY GARDEN
OUR FOOD IS FIGHTING
A GARDEN WILL MAKE YOUR RATIONS GO FURTHER
g.
FOOD WILL WIN THE WAR
You came here seeking Freedom
You must now help to preserve it
WHEAT is needed for the allies
Waste nothing

La sécheresse est la condition la plus commune de l'environnement. Elle entrave la croissance des cultures et la productivité (Xiong *et al.*, 2006). En outre, actuellement plus de 70% de la demande mondiale en eau douce est à usage agricole (Siwi-Iwmi, 2004) et ce principalement pour les monocultures à plantes monospécifiques ou « desert vert » issues d'un système de production agricole d'après-guerre. La sécheresse est une menace qui est susceptible de devenir plus pressante avec l'augmentation prévue de la température mondiale future (Long & Ort, 2010) L'amélioration de l'accès à l'eau présente en profondeur dans les sols par les plantes, offre un avantage potentiel qui pourrait être obtenu par l'exploitation du RSA. Ainsi, elle réduirait la nécessité de l'irrigation. A l'heure actuelle, des techniques de modélisations des plantes suggèrent que les tendances en hausse des rendements agricoles de maïs américain « US Corn Belt » peuvent être attribuées à la production sélective de maïs avec des architectures racinaires plus enclines à être orientées verticalement et une prospection racinaire plus en profondeur, conduisant à une utilisation de l'eau des sols plus efficace associée à une densité de cultures accrue (Hammer *et al.*, 2009). Diverses études ont également évalué les techniques de production des phénotypes racines présentant une fonction d'acquisition accrue du phosphore et de la séquestration du carbone (Lynch, 2011 ; Kell, 2011).

L'application d'engrais minéraux, contenant des éléments nutritifs comme l'azote, le phosphore et le potassium que l'on nomme généralement N, P, K ont traditionnellement été utilisés pour augmenter le rendement des cultures céréalières et d'autres plantes cultivées. Toutefois, ces engrais sont coûteux. Ils ont souvent des répercussions négatives sur les sols et les écosystèmes fluviaux et marins par exemple les pollutions aux nitrates issues des engrais azotés et celles issues de la nécessitée d'utilisation de grandes quantités d'énergies principalement originaires de combustibles fossiles (Garnett *et al.*, 2009).

En outre, les réserves mondiales de nutriments comme le phosphore (Cordell *et al.*, 2009) ou le soufre (Varin, 2009) sont limitées. Or, au niveau moléculaire ces atomes ont des rôles importants et fondamentaux. Ils sont des : accumulateurs énergétiques pour le phosphate et stabilisateurs moléculaires pour le soufre dans le monde du vivant. Ces capacités atomiques sont très exploitées en micro-électronique, bioélectronique, en chimie et nanotechnologie. L'approvisionnement de ces atomes est prévu pour s'épuiser dans une zone de temps comprise entre 50-100 ans (Cordell *et al.*, 2009, Varin,

2009). L'absorption des nutriments par les racines est plutôt inefficace, avec des taux d'acquisition d'environ 33% pour l'azote, de 20% pour le phosphore (Raun & Johnson,1999 ; Raghothama, 1999) et de 40% pour le soufre (Varin, 2009 ; 2013).

Les changements climatiques globaux comme l'augmentation des gaz à effet de serre et de la température (Figure. 4a, b) ou des diminutions en eau (Figure. 4c ; Vörösmarty *et al.*, 2011), soufre (Figure. 5 ; Varin, 2009), phosphate et changements géophysiques globaux comme les modifications du champ magnétique terrestre (Figure. 6 ; Glatzmaier & Roberts, 1995a,b) ajoutent une pression supplémentaire pour développer des cultures qui peuvent faire face à : 1) des températures plus élevées associées à une agitation moléculaire plus importante, 2) une salinité et un stress hydrique & nutritionnel augmentés, 3) des charges de ravageurs les plus importantes et 4) un stress aux particules électroniques et des radiations ionisantes et éléctromagnétiques plus important d'origine solaire et humaine.

Figure 4. a. Evolution des températures moyennes mondiales sur mer et sur terre de 1880 à 2004. En ordonnée, se trouvent les écarts de températures en °C par rapport aux normales calculées pour la période 1961-1990. L'élévation de température depuis le début des années 1980 est notable tout comme les records des premières années du XXIème siècle. (Source : National Climatic Data Center/NESDIS/NOAA, 10/2005)**; b.** L'équipe de James Hansen vient de publier son analyse des **températures en septembre et octobre 2011** sur la carte du globe. (Par Sylvestre Huet, le 24 novembre 2011) http://sciences.blogs.liberation.fr/home/2011/11/le-climat-en-octobre-2011-.html); **c. Insécurité mondiale concernant les réserve en eau présenté dans une étude majeur sur le sujet** (Vörösmarty *et al.*, 2011).

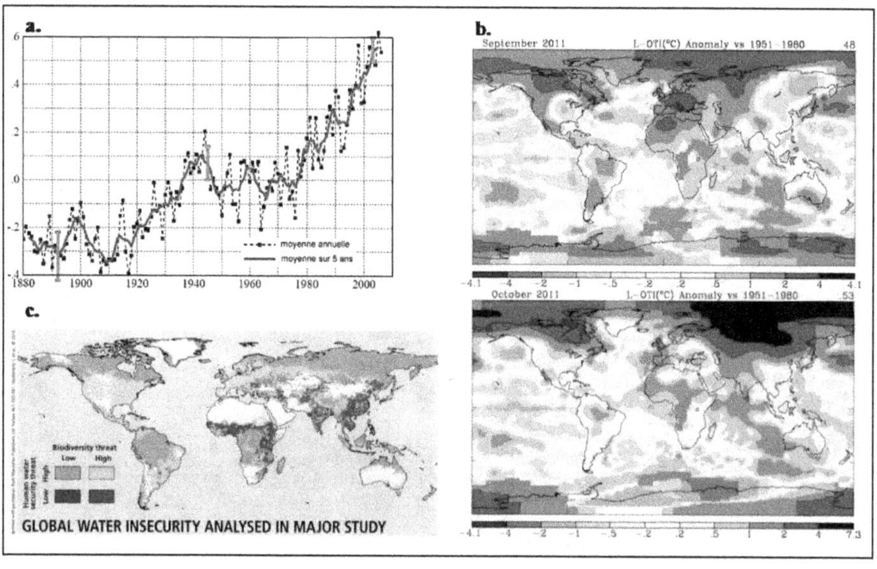

Figure 5. Prédiction des déficits en soufre pour 2010 dans le monde.

o (--Zone d'apparition actuel de déficiences en soufre) ;

: Déficit < 1Mio t S/ans ;

: Déficit > 1Mio t S/ans ;

: Déficit > 5Mio t S/ans) (Varin, 2009).

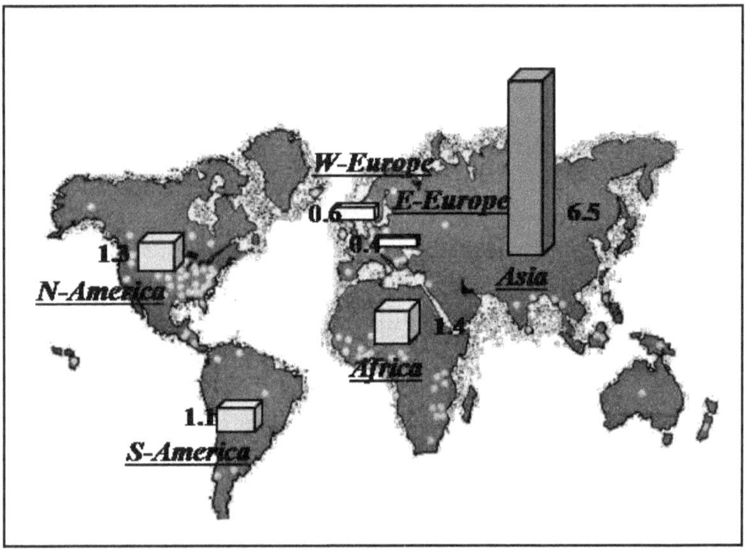

Figure 6. Champs géo-électromagnétique simulation sur ordinateur de la NASA utilisant le modèle de *Glatzmaier* et *Roberts*. Les tubes représentent des lignes de champ magnétique, bleus quand elles vont en direction du centre et jaunes lorsqu'elles s'en éloignent. L'axe de rotation de la Terre est centré et vertical. Les amas denses de lignes sont dans le noyau terrestre. **a.** Avant inversion (Glatzmaier & Roberts, 1995a) ; **b.** Au milieu et pendant inversion (Glatzmaier & Roberts, 1995b).

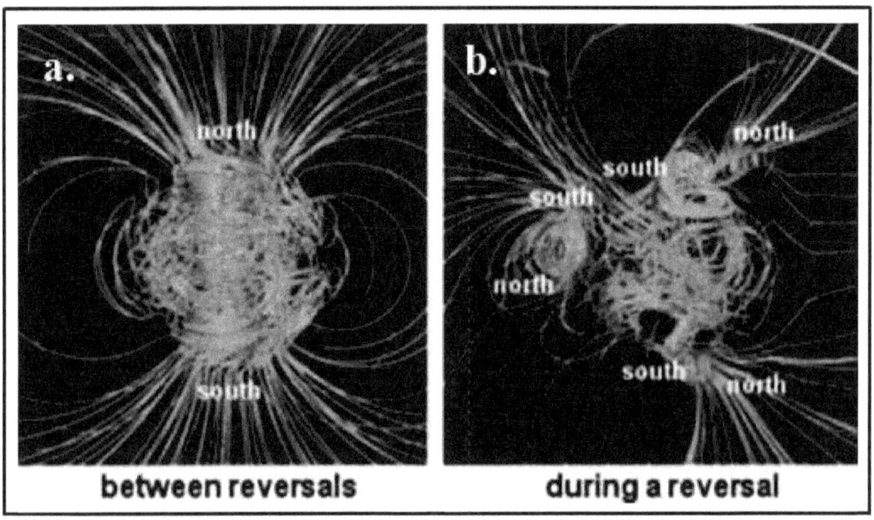

L'exploitation du système racinaire pour la mise en place de la technologie de la rhizo-ingenierie, la modification des cultures, des systèmes de production et de traçabilité peuvent permettre aux plantes et aux agriculteurs de faire face à l'ensemble de ces problèmes grâce à : 1) une utilisation plus efficace et efficiente des éléments nutritifs présents dans le sol par la plante, une augmentation de la tolérance aux contraintes et perturbations comme le stress nutritionnel, mécanique et d'ionisations et enfin, 3) d'améliorer les rendements tout en réduisant la nécessité de l'application lourde d'engrais et d'énergie minimisant ainsi les pollutions, les maladies humaines et les coûts collatéraux causés par « l'agriculture moderne d'après-guerre ou première révolution verte » sur la société. L'économie énergétique et de santé publique ainsi réalisée serait allouée vers d'autres secteurs d'activité profitables à la société moderne naissante.

A ce jour, bon nombre des avancées dans la compréhension de l'architecture du système racinaire (RSA) proviennent d'études sur des plantes modèles comme *Arabidopsis thaliana*. Par exemple, Dolan *et al.* (1993) ont fourni la description de la structure cellulaire de la racine d'*Arabidopsis* et ont posé la base permettant la réalisation de travaux de développement et de génétique d'avenir dans le domaine du végétal.

Parce que l'architecture du système racinaire peut à la fois avoir une influence majeure sur le rendement des plantes et leur capacité à être cultivées dans des environnements « plus ou moins extrêmes voire marginaux », comprendre ce système racinaire est une nécessité chez les céréales et les plantes à but de production de biocarburants. Jusqu'ici, l'architecture du système racinaire (RSA) présent chez les monocotylédones comme les céréales cultivées et graminées a été relativement peu étudié. Mais, des études plus récentes commencent à s'attaquer à ce domaine négligé. La première étape est de l'ordre de : 1) la recherche au niveau moléculaire comme la transformation qui permettra d'obtenir des avantages tangibles quant à la capacité d'exploitation du RSA pour améliorer la biomasse des cultures et leurs rendements (Smith & De Smet, 2012) ; et écologique–écologie fonctionnelle–éco physiologique de part l'étude de la plasticité et de leur écophysiologie.

III. Développement végétatif

III.1. Les méristèmes, sites de proliférations et de différentiations cellulaires

Le développement des plantes se fait à partir des méristèmes. Les méristèmes apicaux des tiges et des racines sont responsables de la croissance en longueur de la plante. Les méristèmes latéraux sont impliqués dans la croissance du diamètre de la tige ou l'émission de racines secondaires c'est-à-dire latérales voir adventives (Figure. 7A ; Veit, 2006). Il est important de mentionner que la très grande majorité des plantes monocotylédones n'ont pas de méristèmes latéraux. De plus, le développement des feuilles, des tiges et des racines chez ces monocotylédones, ne se fait pas nécessairement en continu à partir de méristèmes apicaux, comme c'est le cas, par exemple, des racines adventives du maïs ou du riz (Scarpella & Meijer, 2004). Dans cette étude bibliographique, je vais particulièrement m'attarder aux méristèmes retrouvés chez *Arabidopsis* et *Brachypodium* ou plantes apparentées phylogénétiquements.

Figure 7. Localisation et structure des méristèmes chez les dicotylédones.
a. Emplacement des principaux méristèmes chez la plante. Les zones méristématiques sont représentées en bleu. (Source : Centre de développement de l'*in vitro*, Université de Liègehttp://www2.ulg.ac.be/cedevit/image/Def/meristeme.jpg). **b.** Organisation du méristème apical de la tige. La zone centrale est représentée en bleu, la zone périphérique en vert et la zone médullaire en orange. Les couches L1, L2, L3 et le centre organisationnel (OC) sont localisés sur le schéma (figure adaptée de Haecker and Laux, 2001). **c.** Organisation du méristème apical de la racine. Le centre quiescent (QC) est entouré des cellules initiales qui formeront la stèle, l'endoderme (end), le cortex (cort), l'épiderme (epi), la coiffe (coi) et la columelle (col) (Veit, 2006).

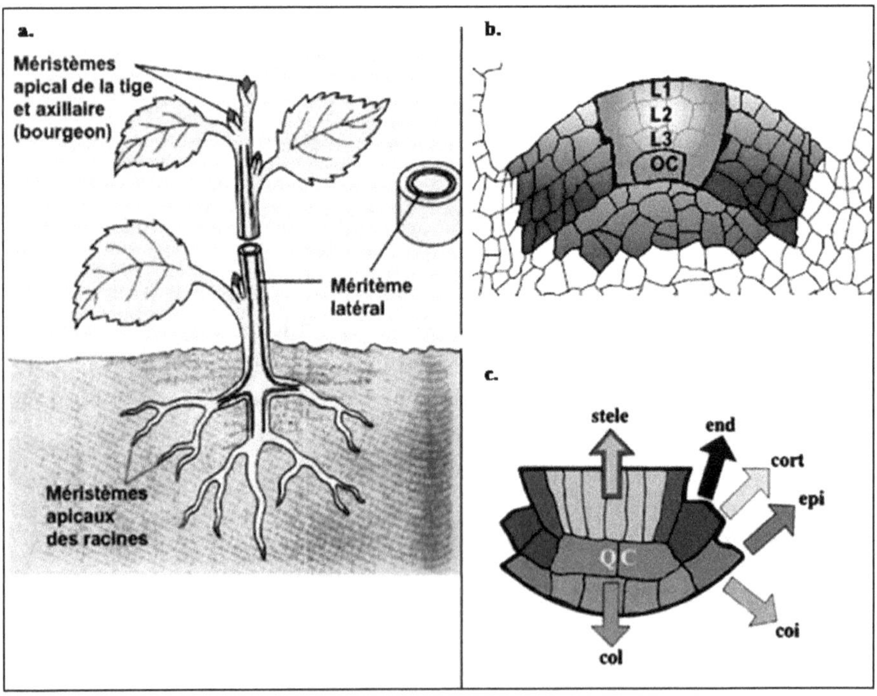

III.2. Régulation de l'activité méristématique

Les méristèmes sont des régions de cellules indifférenciées caractérisées par un niveau élevé de divisions cellulaires. Ces cellules suivent des épisodes de différenciations et d'élongations qui donneront aux organes leurs structures et leurs fonctions finales. Par exemple, le méristème apical de la tige peut être divisé en trois zones (Figure. 7B) (Veit, 2006), la zone centrale étant composée de cellules indifférenciées. Ces cellules s'éloignent de la zone centrale par une série de divisions pour atteindre soit la zone périphérique, où les cellules se différencient pour donner les primordia foliaires, soit la zone médullaire qui donne les tissus parenchymateux et permet la croissance en hauteur de la tige. La zone centrale peut être divisée en quatre, à savoir la couche épidermique L1, la couche sous-épidermique L2, la couche interne L3 et le centre organisationnel. Les couches L1 et L2 ne se divisent que de façon anticline, alors que la couche L3 subit à la fois des divisions anticlines et périclines. Le centre organisationnel fournit les signaux nécessaires au fonctionnement du méristème. Le méristème apical racinaire est peu différent du méristème caulinaire associé au centre quiescent (Figure. 7C) (Veit, 2006). Il joue un rôle équivalent au centre organisationnel. Par contre, il est entouré de cellules initiales indifférenciées. Selon leurs positions et localisations ou coordonnées spéciales, ces cellules se divisent et se différencient en différents types tissulaires (Veit, 2006).

D'un point de vue moléculaire, le développement, l'histogenèse et l'ontogenèse de la plante sont sous les contrôles de l'expression, de la régulation transcriptionnelle et de la transduction de signaux intracellulaires et intercellulaires. Plusieurs protéines sont impliquées dans la communication intercellulaire dans les méristèmes. C'est le cas, notamment, des membres de la famille CLAVATA (CLV). Ces protéines interagissent entre eux et avec le facteur de transcription WUSCHEL (WUS). Ils régulent le développement et la différenciation des cellules méristématiques. Ce système permet la coordination de la division cellulaire. Il est influencé par différents signaux de croissance (Haecker & Laux, 2001).

Au niveau du méristème apical de la tige, le centre organisationnel exprime la protéine WUS. Son rôle est de maintenir l'état indifférencié des cellules de la zone centrale. WUS est réprimée par les CLAVATA. Le peptide CLV3 est exprimé au niveau des couches L1 et L2, alors que le récepteur kinase CLV1 est exprimé au niveau de la couche L3. Ces différences de niveaux d'expression tridimensionnelle voire spatiotemporelle (notion de temps et d'espace) permettent de déterminer la zone centrale indifférenciée. Selon les modèles actuels, CVL3 interagirait avec CLV1 pour réprimer WUS. Or, une sorte de boucle rétroactive existerait, WUS activerait l'expression de CLV3. Une seconde boucle rétroactive régulerait en parallèle la zone méristématique. Elle impliquerait SHOOTMERISTEMLESS (STM). Ce facteur de transcription de la famille des gènes *KNOX* est exprimé au niveau de la zone périphérique. STM induit l'expression de WUS qui active à son tour l'expression de STM et inhibe CLV3. CLV3 réprime à son tour STM (Doerner, 2003). Au final, ces boucles rétroactives renforcent le maintien des cellules dans leur état méristématique, c'est-à-dire indifférencié (Figure. 8). Il est maintenant connu que WUS et STM sont requis pour induire l'expression des CLV. L'expression ectopique de ces facteurs inhibe le développement des organes et favorise la formation de cellules embryonnaires (Gallois *et al.*, 2002). Stahl & Simon (2010) ont développé un très bon schéma conceptuel reliant le méristème foliaire et racinaire par l'intermédiaire des cytokinines et d'autres mécanismes qui seront présentés en détail par la suite (Figure. 9).

Figure 8. Modèle moléculaire du maintien du méristème apical de la tige. WUS est exprimé au centre organisationnel. Il induit l'expression de CLV3 dans les couches L1 et L2. De concert avec CLV1 dans la couche L3, CLV3 réprime à son tour l'expression de WUS. L'expression de STM et WUS est favorable à l'un comme à l'autre. STM et CLV3 quant à eux s'inhibent mutuellement.

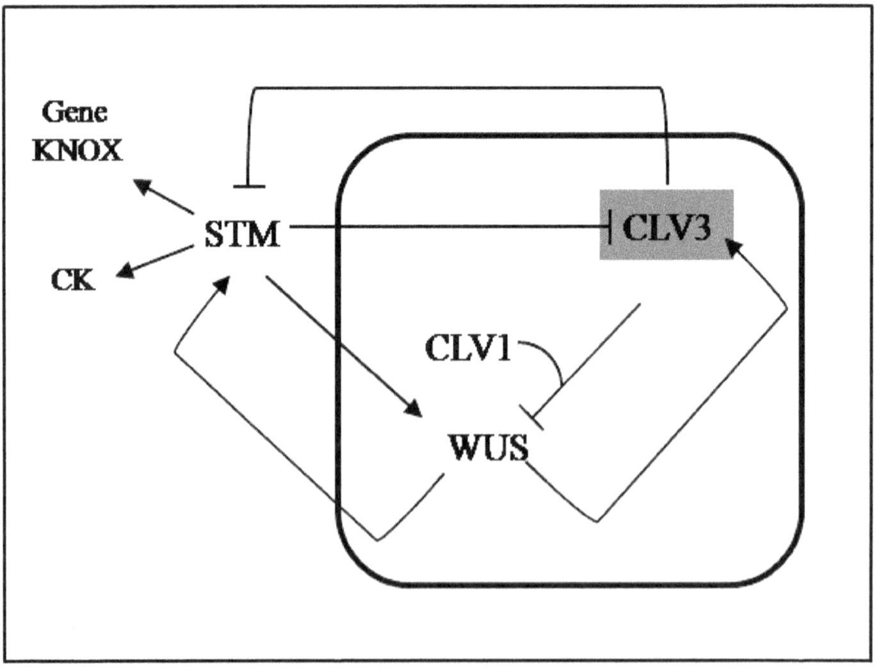

Figure 9. Régulation du destin des cellules « souches » initiales totipotentes dans le méristème foliaire et racinaire. (A et C) Représentation schématique du méristème apical de la tige (A) et méristème de la racine (C). Les cellules souches sont décrites en caractères gras. Les domaines d'expression des gènes sont codés par couleur. TA = cellules transit-amplification, Diff. = Différenciation cellulaire. (B, D et E) Réseaux de régulation des protéines et des phytohormones (en italique) impliqués dans le contrôle du destin des cellules souches et de leurs différenciations (boîtes) dans le méristème foliaire (B) et racinaire (D et E). Les flèches indiquent la régulation positive ; les lignes barrées indiquent une régulation négative (Stahl & Simon, 2010).

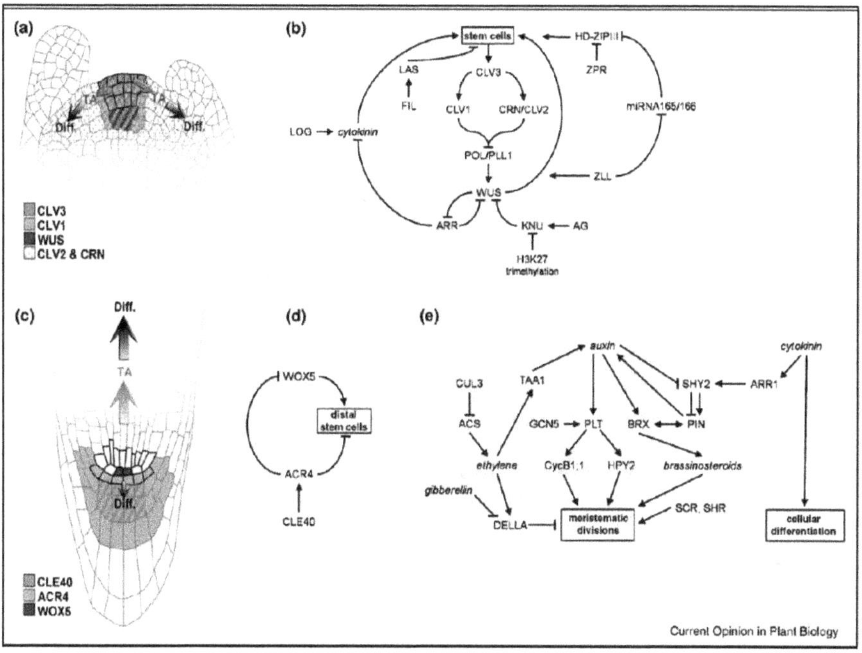

III.3. Hormones et PhytoHormones

Le terme hormone date de 1911. Il est issu du mot "horman"qui signifie mettre en mouvement et exciter. Les hormones se définissent comme des **composés organiques** synthétisés dans une partie de l'organisme. Elles sont **transloquées** dans d'autres organes ou cellules. Ces molécules libérées dans de **faibles concentrations** entraînent des réponses physiologiques chez les **cellules cibles**. Les phytohormones sont des substances biologiques hautement actives qui régulent la croissance et le développement des plantes. Elles sont fortement utilisées en culture *in vitro* (Figure. 10) permettant les micro-propagations végétales, les différentiations cellulaires et la production de cals cellulaires.

Figure 10. Formation d'organes en culture *in vitro*. Contrôle de la morphogenèse par la balance auxines/cytokinines en *in vitro*.

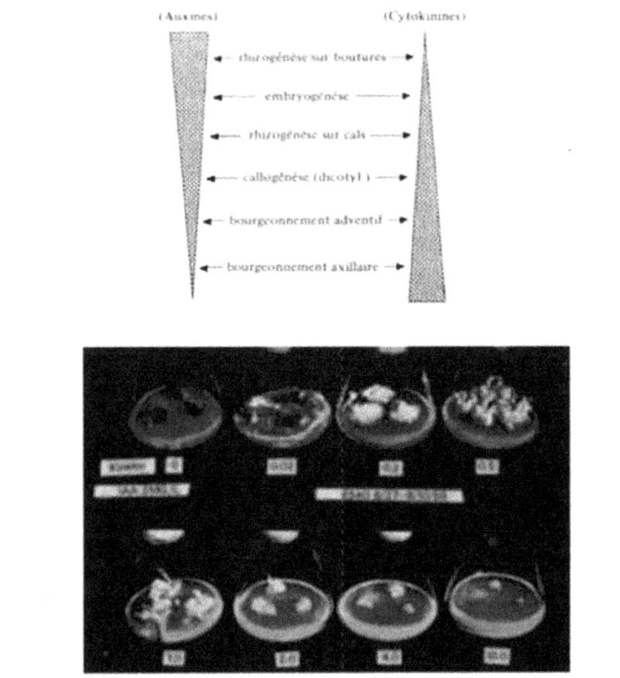

Expériences de Skoog et Miller (1953)

III.4. Contrôle hormonal de l'activité méristématique

Les cytokinines et les auxines sont des phytohormones impliquées dans la promotion de la division cellulaire, de la différenciation cellulaire et tissulaire et du développement des organes (Figure. 10). Il est démontré que WUS réprime les gènes *ARR5, ARR6, ARR7* et *ARR15* (*ARABIDOPSIS RESPONSE REGULATOR*) impliqués dans la répression de la signalisation des cytokinines (Leibfried *et al.*, 2005). Les cytokinines induisent la division cellulaire (Figure. 9). L'impact négatif des cytokinines dans le maintien de la zone méristématique est de ce fait logique. C'est une série de divisions qui permettent aux cellules de quitter la zone centrale pour atteindre la zone périphérique. Cette sortie est réalisée hors de contrôle de WUS et de CLV. Les cytokinines semblent réguler positivement l'expression de STM. Cette expression de protéine STM favorise à son tour l'accumulation de cytokinines (Rupp *et al.*, 1999). Éventuellement, elle favorisera l'accumulation de WUS et la suppression des répresseurs de cytokinines ARR, ce qui permet la prolifération cellulaire. Il est bien connu qu'une proportion élevée de cytokinines par rapport aux auxines favorise le développement de la tige. L'inverse favorise la formation des racines. Dans les zones des apex racinaires ou pointes racinaires, l'identité cellulaire est déterminée par l'influence des auxines sur l'expression des facteurs de transcription PLETHORA (PLT) (Blilou *et al.*, 2005). Ces derniers régulent l'expression de protéines de la famille des PIN-FORMED (PIN) qui, en retour, répriment PLT (Figures. 8 & 9). Cette régulation contribue au maintien de l'activité du méristème racinaire et forme un gradient d'auxines le long de la partie apicale de la racine. Un taux maximum d'auxines est observé près du centre quiescent racinaire (Figure. 11) (Doener, 2008).

Figure 11. Corrélation entre l'expression du facteur de transcription PLETHORA et le gradient d'auxine dans la racine. La distribution des auxines dans la racine est représentée par les flèches noires. Les niveaux maximaux d'auxine et de PLT sont observés au centre quiescent situé à la jonction apicale de la coiffe (gris) et de la zone de prolifération (rose). Ensemble, l'auxine, PLT et SCARECROW, un facteur de transcription impliqué dans la différenciation cellulaire, délimitent la zone méristématique et la zone de prolifération (rose). Le gradient d'auxine diminue à mesure que l'on s'éloigne du centre quiescent dans la zone d'élongation (vert). (D'après Doerner, 2008).

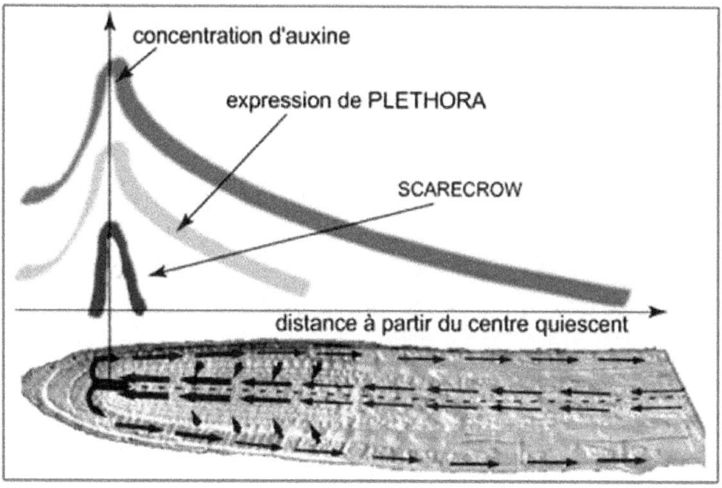

III.5. Croissance et développement de l'appareil aérien

III.5.1. Le développement du système vasculaire

Comme nous l'avons vu l'auxine forme un gradient et joue un rôle central dans le développement des végétaux. Le transport polaire de l'auxine joue non seulement un rôle important dans l'activité méristématique des racines. Il est également essentiel aux développements des primordia foliaires et au développement du système vasculaire (Friml, 2003). Ce système vasculaire joue un rôle de support physique en particulier au niveau de la tige et des feuilles. En plus de ce rôle, il forme un réseau continu responsable du transport de l'eau, des nutriments et de molécules régulatrices diverses telles les auxines. Lors de la formation du tissu vasculaire, les cellules méristématiques apicales de la tige et de la racine se différencient en cellules procambiales puis en cellules cambiales. Les cellules procambiales se divisent parallèlement à l'axe de développement du faisceau vasculaire, soit parallèlement à l'axe de la tige ou de la racine. Les cellules procambiales se différencient en xylème et en phloème. Le faisceau vasculaire formé est central au niveau de la racine pour former une sorte de cylindre vasculaire, mais adopte une formation concentrique de faisceaux vasculaires et forme un cercle plus ou moins continu autour de la tige. En plus de fournir les cellules initiatrices de la différenciation des tissus vasculaires en xylème et en phloème, il est établi que les sites de formation des cellules procambiales et leur activité déterminent le patron de vascularisation, (Ye, 2002). Le procambium se développe en cambium vasculaire lors de la croissance secondaire et constitue un méristème latéral.

Le *cambium* vasculaire est responsable de la formation polaire du phloème et du xylème secondaires, deux tissus bien présents chez une espèce ligneuse comme le peuplier, mais peu abondants chez *Arabidopsis*. Des chercheurs ont montré qu'un gradient d'auxines serait responsable de la différenciation des cellules cambiales en xylème et en phloème (Figure. 12) (Tuominen *et al.*, 1997 ; Schrader *et al.*, 2003). L'auxine jouerait un rôle de signalisation en fonction de sa distribution, la zone cambiale se situant au site de concentration maximale en auxines. Par la suite, les cellules cambiales et les cellules différenciées se développent en fonction de leur position par rapport à ce gradient d'auxine. Cette situation signifie que l'auxine aurait la capacité de modifier la zone de prolifération cambiale et le développement du xylème et du phloème (Mellerowicz *et al.*, 2001). Par ailleurs, un élargissement de la zone de cellules cambiales en division et une diminution de la formation du xylème sont observés chez le peuplier (Tuominen *et al.*, 1997). Par contre, chez cette même espèce, la zone d'élongation est accrue, ce qui résulte d'une formation de cellules de xylème à plus large lumen (Tuominen *et al.*, 1997). Des homologues pour les gènes de la famille *AUX/LAX* et des *PIN* sont impliqués dans la formation du gradient d'auxines au niveau du cambium vasculaire. Dans le cas particulièrement de PttLAX1, ils permettent par la même occasion la formation du xylème et l'initiation en dehors des conditions de la lignification (Schrader *et al.*, 2003).

Figure 12. Distribution de l'auxine AIA dans l'axe transversal de la tige de peuplier. CO, cortex ; PF, fibre de phloème ; PH, phloème ; CZ, cambium vasculaire ; DX, xylème en division ; EX, xylème en expansion ; SW, zone de lignification (Tuominen *et al.*, 1997 ; Schrader *et al.*, 2003).

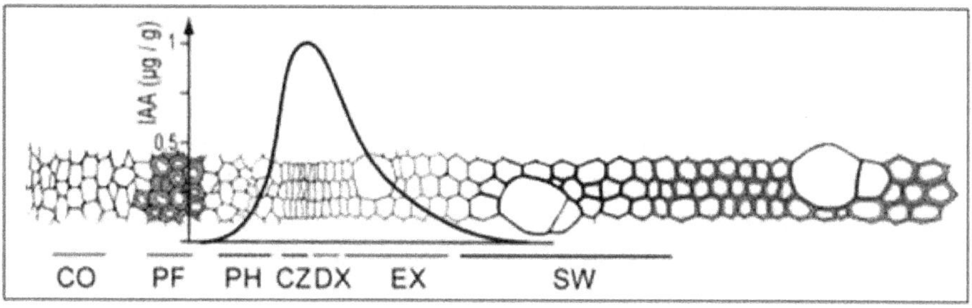

III.5.2. Initiation du développement vasculaire

Le transport polaire de l'auxine à partir des méristèmes apicaux induit la formation des cellules procambiales. Il est démontré qu'une application exogène d'auxines pouvait remplacer les méristèmes dans l'initiation et le développement du procambium (Aloni *et al.*, 2003). L'absence de certains gènes impliqués dans la signalisation de l'auxine peut également perturber la formation des cellules procambiales. C'est le cas, notamment, du facteur de réponse à l'auxine MONOPTEROS (MP) qui est nécessaire à toutes les étapes de la formation d'un réseau continu de faisceaux vasculaires (Hardtke & Berleth, 1998). En son absence, le développement des cellules pré-procambiales dans l'embryon est perturbé. Sous l'action de l'auxine, l'expression du facteur de transcription AtHB8 induit la prolifération et la différenciation des cellules procambiales et cambiales. Une boucle de rétroaction est formée car, la différenciation des cellules cambiales induit à son tour la signalisation de l'auxine (Baima *et al.*, 2001). L'induction de la formation des cellules cambiales se fait sous le contrôle de la protéine kinase PINOID (PID). Son expression est induite par l'auxine et rétro-inhibe la signalisation par l'auxine. La protéine PID est impliquée dans l'activité des PIN et du transport polaire d'auxines. Une mutation de ce gène abolit complètement la formation de cambium vasculaire (Christensen *et al.*, 2000). De leur côté, les cytokinines jouent également un rôle important dans l'induction de la division des cellules procambiales et de leur différenciation. En absence du gène récepteur de cytokinine *WOL/CRE1* (*WOODEN LEG/CYTOKININ RECEPTOR 1*), les cellules procambiales cessent de proliférer et se différencient toutes en protoxylème (Scheres *et al.*, 1996 ; Mahonen *et al.*, 2006).

III.5.3. Développement vasculaire dans les feuilles

Nous savons que le facteur STM favorise la synthèse de cytokinines dans le méristème apical de la tige. Ainsi, il favorise la prolifération cellulaire. L'auxine, quant à elle, s'accumule dans la zone périphérique. Elle initie la formation d'un primordium foliaire en réprimant les gènes *KNOX – STM, KNAT1* et probablement *KNAT2* – (Kepinski, 2006). Au moment du développement du primordium foliaire, le procambium et le réseau vasculaire se développent (Scarpella & Meijer, 2004). Il faut noter que l'auxine est principalement synthétisée au niveau des primordia foliaires. Toutefois, l'inhibition du transport de l'auxine lors du développement du primordium résulte d'une malformation du réseau vasculaire de la veine centrale, du point d'insertion du pétiole et de la marge de la feuille (Sieburth, 1999). Le fait qu'une inhibition de l'auxine provoque l'accumulation d'éléments trachéaires près de la marge implique que des sites de production d'auxines soient distribués le long de celle-ci. Il est démontré que le patron de vascularisation suit étroitement le patron de distribution des sites de synthèse de l'auxine dans les feuilles. Ce modèle est basipète. Il a lieu notamment au niveau des hydathodes (Figure. 13) (Aloni *et al.*, 2003). Nous voyons bien le rôle systémique clef joué par l'auxine dans les processus développementaux (Figure. 14 ; Teala *et al.*, 2006).

Figure 13. Distribution des sites de synthèse d'auxine lors du développement du primordium foliaire chez *Arabidopsis thaliana* L. Les points indiquent les sites à concentration élevée d'auxine, les flèches indiquent les principaux sites de production d'auxine, alors que les têtes de flèches indiquent les sites secondaires de production d'auxine. Le développement de la veine centrale et des veines secondaires est représenté par la ligne pointillée (les veines capillaires ne sont pas représentées). **a.** Au tout début, l'auxine est produite seulement au niveau des stipules (s) du primordium, avant l'apparition de la veine centrale. **b.** La production d'auxine à l'apex du primordium est observée lors de l'établissement de la dominance apicale de la feuille et du développement acropète de la veine centrale. **c.** La concentration élevée d'auxines dans les lobes apicaux induit la formation de veines secondaires. **d.** Des concentrations élevées d'auxine sont ensuite observées dans les lobes inférieurs et de façon aléatoire au niveau de la lamina. Les concentrations d'auxine diminuent dans les autres sites. **e.** Il y a finalement maintien de sites de production secondaire d'auxine dans la lamina et les lobes à la base de la feuille en fin de développement vasculaire. (D'après Aloni *et al.*, 2003).

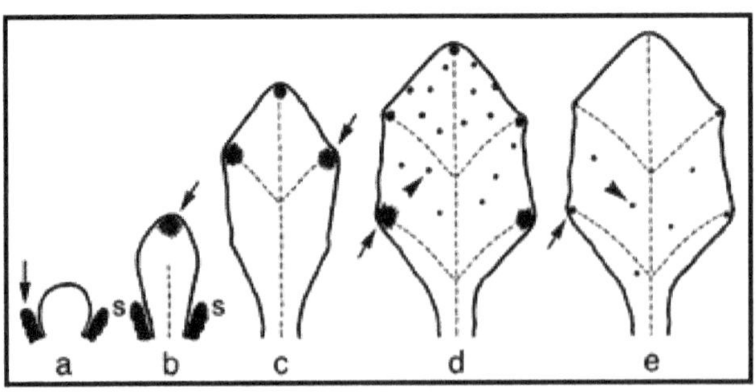

Figure 14. Implication des flux d'auxine dans les processus développementaux et de croissance des méristèmes chez les plantes supérieures. La croissance se fait par les parties apicales. Le développement se poursuit après l'embryogenèse et est sensible aux conditions environnementales. Le transport d'auxine est impliqué dans de nombreux mécanismes développementaux chez les plantes : rhizogénèse latérale (a), organisation de l'embryon (b), phyllotaxie (c), différenciation du tissu vasculaire foliaire et distribution des sites de synthèse d'auxine lors du développement du primordium foliaire chez *Arabidopsis thaliana* L. (d) (cf. Figure. 13) et organisation du méristème apical racinaire (e). (Teale *et al.*, 2006).

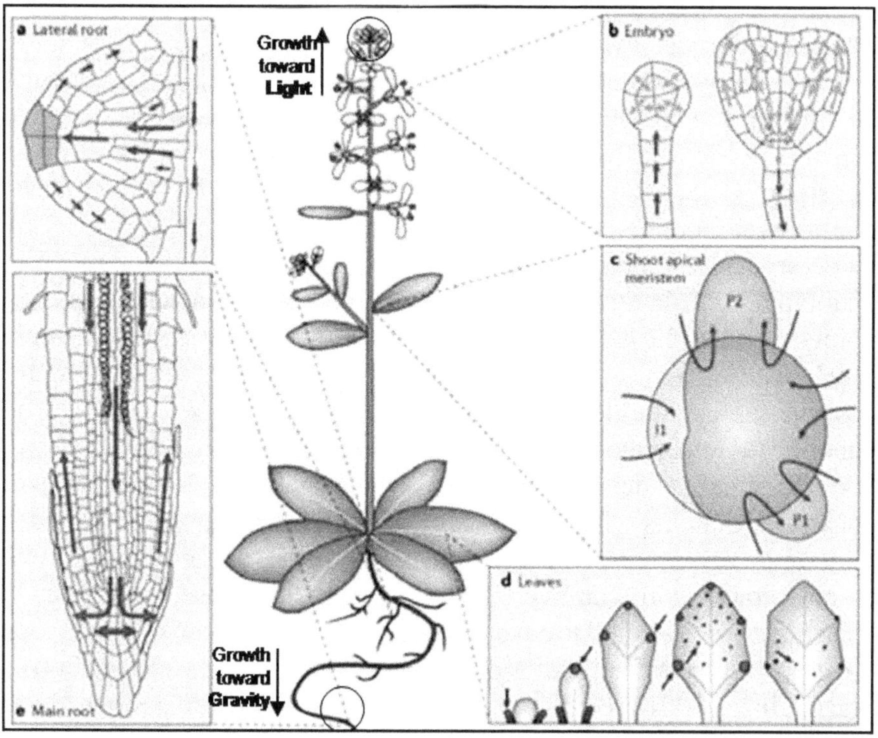

Il est intéressant d'observer que le phloème se forme du côté abaxial et le xylème du côté adaxial de la feuille. Plusieurs gènes contrôlent cette polarisation et leur suppression ou leur surexpression. Ils provoquent des modifications profondes du réseau vasculaire, voire son absence complète. Scarpella & Meijer (2004) présente une liste exhaustive de mutants impliqués dans la détermination du développement abaxial-adaxial.

III.6. Le cycle cellulaire

Il est évident que le cycle cellulaire est un processus important dans l'activité méristématique. Le cycle cellulaire est un processus finement orchestré. Il est traditionnellement divisé en quatre phases (Figure. 16a). La phase G_1 correspond à la période d'activité spécifique à la cellule, pendant laquelle elle exécute les tâches pour lesquelles elle s'est différenciée. La phase S correspond à l'étape de réplication de l'ADN en vue de la division cellulaire. Pendant la phase G_2, les molécules nécessaires à la division cellulaire sont synthétisées. La phase M peut être considérée comme l'aboutissement du cycle cellulaire. Il s'agit de l'étape de mitose, au cours de laquelle l'ADN dupliqué et le contenu cytosolique sont répartis entre les deux cellules. La succession des cycles cellulaires implique un réseau complexe de points de contrôles assurant l'intégrité de la cellule. Ce réseau permet de vérifier que chaque étape du cycle s'est exécutée correctement. Ce mécanisme de vérification est particulièrement important lors de la transition G_1/S, puis lors de la transition G_2/M. Il permet aussi d'empêcher l'entrée en mitose avant que la réplication de l'ADN ne soit complétée ou pour répondre à une perturbation, tel que de l'ADN endommagé ou la synthèse de protéines en réponse à un stress. Ces points de contrôle sont régulés par des interactions entre plusieurs protéines. Ces points de contrôles sont par exemple l'association entre des kinases cycline-dépendantes (CDK) et des cyclines (CYC). Une panoplie d'autres molécules comprend des hormones de croissance, d'autres kinases, des phosphatases, des facteurs de transcription et autres régulateurs. Nous pouvons mentionner par exemple des inhibiteurs de protéines kinases qui contrôlent l'expression et l'activité de ces protéines lors du cycle cellulaire et de la mitose. À ce jour, le contrôle du cycle cellulaire par la régulation de l'activité des protéines kinases de type CDKs fait l'objet de plusieurs études (Nigg, 2001 ; Stals &Inzé, 2001). La figure 15 présente le modèle classique de la succession des différents points de contrôle et de leur régulation par les complexes CDK/CYC (Wang *et al.*, 2000 ; Stals & Inzé, 2001).

Figure 15. Modèle du cycle cellulaire chez les plantes. Plusieurs phytohormones contrôlent l'expression de CYCD et de la CDKA en phase G1. La formation d'un complexe CDKA-CYCD est contrôlée par ICK, une protéine inhibitrice de CDK (Wang *et al.*, 2000). L'activation de ce complexe passe par la phosphorylation de la CDKA par la kinase activatrice de CDK (CDKD ;1). Une fois activée, CDKA phosphoryle à son tour les protéines du rétinoblastome (RB) qui séquestrent les facteurs de transcription de type E2F nécessaires à l'entrée et à la progression en phase S. Un mécanisme semblable se répète en G2. Il implique dans ce cas un complexe CDKA-CYCA lors de la progression de la phase G2 et lors de la transition G2/M, et un complexe CDKB-CYCB nécessairc à la transition G2/M. La régulation et l'activation de ces complexes se font par des événements de phosphorylation impliquant les CDKD ;1, les CAKs (CDK-activating kinases), et d'autres événements de phosphorylation impliquant les kinases de type WEE1. Il est à noter que l'ensemble de ses régulations sont toutes sous contrôle hormonal (Stals & Inzé, 2001).

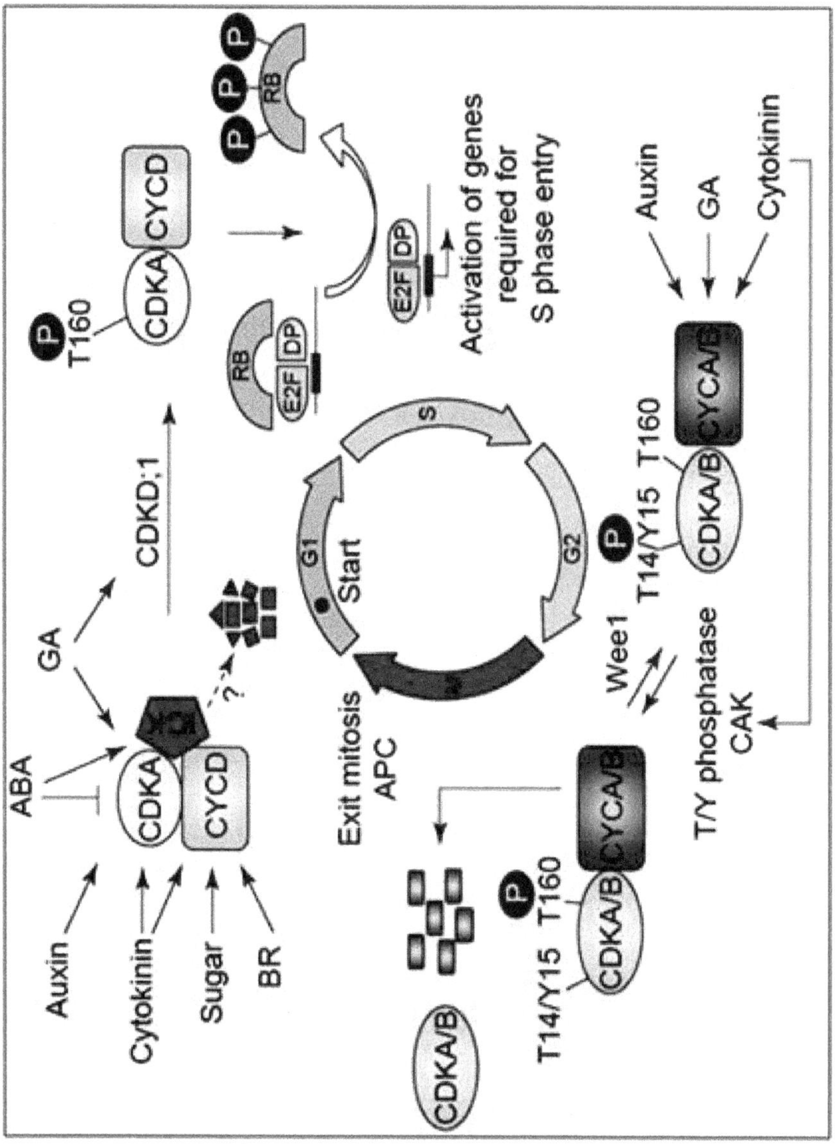

Figure 16. Étapes de la division cellulaire et kinases intervenant dans sa régulation. **a.** Bilan synthétique des différentes phases (Taiz & Zeiger, 2006). **b.** Cette figure représente les étapes de la phase de mitose (phase M) des cellules du règne animal. Différents points de contrôle (boîtes jaunes) y sont indiqués, ainsi que certaines protéines kinases potentiellement impliquées à chaque point (boîtes rouges). L'activation de la kinase cycline-dépendante CDK1 est l'événement majeur pour l'entrée en mitose. PLK1 (*Polo-like kinase 1*) serait pour sa part nécessaire à la maturation des centrosomes. Les kinases de type Aurora quant à elles seraient impliquées dans la dissociation des centromères. À noter que Nek2 se retrouve en début de phase M. Elles seraient actrices dans la séparation des centrosomes et la condensation des chromosomes. Les autres kinases représentent des homologues potentiels chez la levure. Ces kinases joueraient un rôle dans l'activité des kinétochores en coopération avec TTK (*Threonine/Tyrosine kinase*). Comme leur nom le présuppose, les kinases MEN (*MITOTIC EXIT NETWORK*) et SIN (*SEPTATION INITIATION NETWORK*) sont impliquées dans la sortie de la phase M et la cytokinèse (Nigg, 2001).

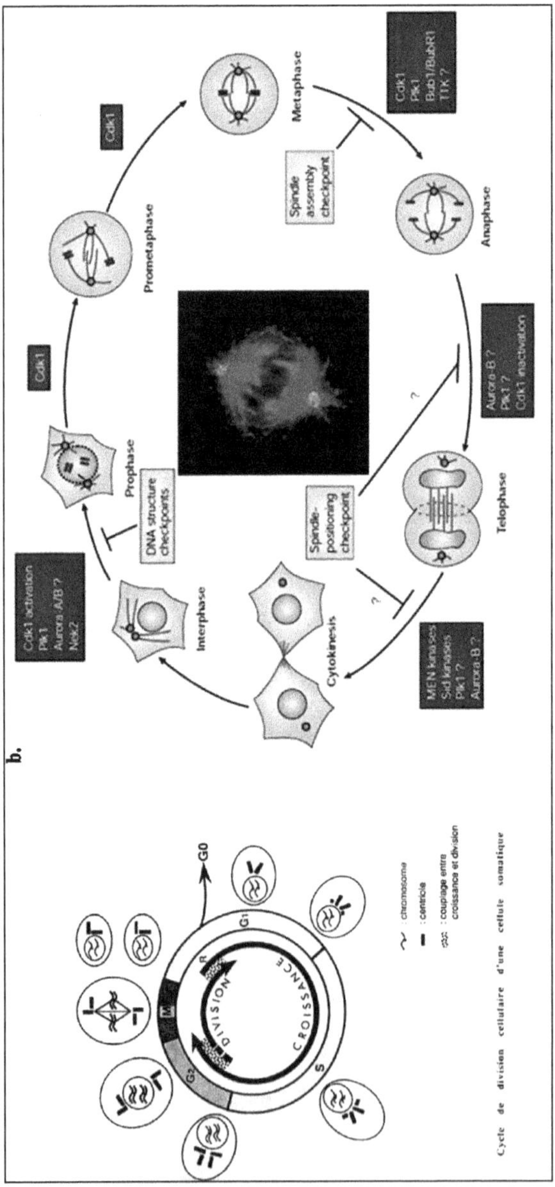

III.7. Les protéines de type NIMA et cycle cellulaire

Depuis quelques années, plusieurs travaux ont démontré l'importance de membres de la super-famille des kinases notamment les protéines kinases sérine/thréonine de type NIMA (O'Connell *et al.*, 2003). Tout d'abord, découverte chez *Aspergillus nidulans*, la protéine NIMA est essentielle à l'entrée en mitose, d'où sa dénomination « *Never-In-Mitosis* ». Elle serait associée à plusieurs événements d'entrée en mitose à la transition G_2/M, dont la condensation des chromosomes et l'arrangement des microtubules (Doonan, 1992). La dégradation de NIMA est essentielle à la sortie de la phase de mitose (Osmani & Ye, 1996). Plusieurs études subséquentes ont démontré que cette famille est hautement conservée chez les eucaryotes. Bien qu'il n'y ait qu'un seul membre chez *A. nidulans*, 11 Neks (NIMA related kinases) ont été isolées chez les mammifères (O'Connell *et al.*, 2003).

La première indication de la présence d'une Nek chez les plantes nous vient d'une étude chez *Antirrhinum majus*. Un fragment partiel d'*Am nimA* a été isolé par RT-PCR et les résultats d'hybridation *in situ* ont révélé une expression associée aux régions à forte division cellulaire des méristèmes (Zhang *et al.*, 1996). La seconde Nek végétale identifiée, mais la première isolée, est SPAK (*Self-Pruning associated kinase*) de *Lycopersicon esculentum* (Pnueli *et al.*, 2001). Elle est identifiée lors d'un criblage d'interaction en double-hybride chez la levure avec la protéine SP, qui est impliquée dans le développement des tiges et de la floraison. Il est aussi démontré qu'elle interagit avec des protéines de type 14-3-3. Ces petites protéines sont particulièrement connues pour servir d'intermédiaire dans les interactions protéine-protéine et sont, par conséquent, impliquées dans une multitude de rôles de localisation et de signalisation cellulaires (van Hemert *et al.*, 2001). La suppression de l'expression de SPAK cause une élongation des fruits de *L. esculentum* (Pnueli *et al.*, 2001).

Il faut noter qu'une banque criblée par Pnueli *et al.* (2001) contient des ADNc de la région apicale d'un individu de *L. esculentum*. Cette banque d'ADNc peut être utilisée à partir de feuilles, racines traitées avec différents éliciteurs de la réponse de défense comme la blessure, l'acide salicylique, l'acide jasmonique, le méthyl-jasmonate, le chitosan et le fusicoccine. Le criblage de cette banque a fait ressortir une interaction forte entre la 14-3-3 et PNek1. Le domaine catalytique de PNek1 présente 95% d'identité avec SPAK. Ces deux Neks de plante possèdent les caractéristiques générales de la famille des Neks, notamment un domaine catalytique en N-terminal caractéristique d'une kinase sérine/thréonine ; et une longue extension C-terminale qui ne possède pas d'homologie de séquences, à l'exception de motifs de dégradation PEST et d'un domaine d'interaction *coiled-coil*, lesquels sont conservés chez les Neks (O'Connell *et al.*, 2003). Ce dernier serait nécessaire à la formation d'un homodimère Nek. L'homodimérisation de Nek2 des mammifères permettrait son activation maximale *in vitro* (Fry *et al.*, 1999).

Selon l'idée générale que les Neks seraient impliquées dans la régulation du cycle cellulaire, il est intéressant de noter que Nek11 serait engagée dans la réponse aux stress génotoxiques (Noguchi *et al.*, 2002). Nek11 possède aussi deux transcrits provenant d'un épissage différentiel et forme un sous-groupe avec Nek3 et Nek4. Elle s'exprime dans différents tissus, surtout dans le noyau au niveau des microtubules. Elle s'accumule préférentiellement pendant les phases G_2 à M. La suppression de Nek11 n'empêche pas la progression normale de la mitose. Par contre, différents agents de blocage utilisés lors de la synchronisation cellulaire et plus particulièrement près de la transition G_1/S augmentent par deux fois l'activité de phosphorylation de Nek11 (Noguchi *et al.*, 2002). Parallèlement, le niveau d'expression de Nek4 augmente fortement lors de l'induction de la réponse inflammatoire (Bandman *et al.*, 2002).

De celles-ci, Nek2 présente le plus haut niveau de similitude avec NIMA et est de ce fait la plus étudiée. Tout comme NIMA, l'activité de Nek2 est maximale lors de la transition G_2/M (Figures. 15 & 16) (Nigg, 2001 ; Stals & Inzé, 2001 ; Wang *et al.*, 2000), plus précisément au niveau du centrosome (Fry, 2002) et serait directement responsable de la séparation des centrioles (Faragher & Fry, 2003). Toutefois, Nek2 ne complémente pas la perte d'activité chez les mutants *nimA* d'*A. nidulans*. À ce jour, NIM-1, isolé de *Neurospora crassa*, est le seul homologue fonctionnel de NIMA (Pu *et al.*, 1995). Les autres Neks de mammifères présentent des patrons d'activités différents de ceux de Nek2. Par contre, elles semblent toute avoir un rôle au niveau du cycle cellulaire (O'Connell *et al.*, 2003). Il est intéressant de noter que plusieurs études suggèrent l'association des Neks avec d'autres protéines. Une cascade de Neks impliqueraient les Nek9, Nek6 et Nek7 (Belham *et al.*, 2003). Presque toutes les Neks identifiées jusqu'ici possèdent deux transcrits de tailles différentes. Ils proviendraient d'un épissage différentiel (Uto *et al.*, 1999) et pourraient avoir des rôles parallèles. Ils seraient également tissus, stades de développements spécifiques et dépendant (Hames & Fry, 2002).

IV. Racine, ontogénétique & Développement racinaire chez les monocotylédones et dicotylédones

IV.1. L'Architecture du Système Racinaire (RSA) et La Racine

IV.1.1. Fonction de la racine

La racine permet au végétal de rester ancré sur son substrat, le sol. La racine assure l'alimentation de la plante en eau et en sels minéraux puisés dans le sol comme nous avons pu le voir dans le tome 1. La plante ne pouvant pas, par définition, se déplacer comme un animal, les racines sont là pour aller au-devant de la nourriture, dans un environnement donné. La racine a aussi d'autres fonctions comme le stockage et la mise en réserve de nourriture. De part cette immobilité à court terme, la plante a mis en place une stratégie qui la rend similaire à une usine chimique. Ainsi, la racine est parfois le lieu de synthèse de nouvelles molécules. On pourrait imaginer que la plante, de part cette immobilité, subit son environnement. Ceci est vrai en partie car, comme nous l'avons vu, la racine est capable de piloter et modifier son environnement proche en sa faveur (cf. tome 3). Cet environnement proche est composé des organismes du sol, faune et flore, micro et macro organismes. Trois acteurs entrent ainsi en relation : les racines, le sol et les organismes qui y vivent. Si on peut faire une comparaison, la racine est un intestin à l'envers (Waligora & Vian, 2010) (Figure. 17). Dans un intestin animal, le cortège microbien se situe à l'intérieur du « tube ». Chez la racine, c'est plutôt le contraire puisque son cortège microbien est majoritairement localisé à l'extérieur. Néanmoins, le principe de fonctionnement est le même. De plus, il y a aussi des ressources énergétiques produites par l'hôte (l'intestin animal ou la racine), utilisées par les micro-organismes qui se chargent, pour la plupart, d'aider cet hôte à absorber ou excréter d'autres substances et modifient la nature des substrats d'alimentations (Waligora & Vian, 2010).

Figure 17. La racine peut être assimilée à un intestin à l'envers où l'on retrouve : i) une zone d'évolution et de sélection des microorganismes, ii) un micro-écosystème contrôlé par l'organe et iii) une zone d'absorption-assimilation (Waligora & Vian, 2010).

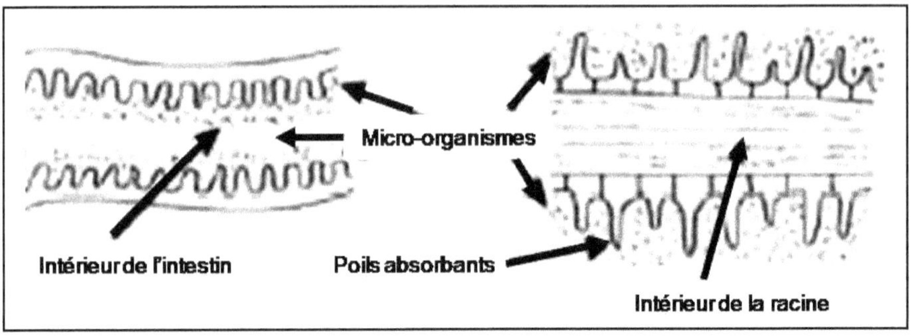

IV.1.2. Naissance et développement du système racinaire dans sa globalité

D'après Waligora & Vian (2010), 13 800 000 racines ont été dénombrées sous un pied de seigle. Sous un pied de maïs, on a pu comptabiliser 15 à 30 km de racines. D'une manière générale, suivant le type de plantes, de sol, de conditions environnementales et de cultures, se sont entre 20 000 et 100 000 km de racines qui cheminent sous un hectare de sol (Waligora & Vian, 2010). Beaucoup de chercheurs s'interrogent sur la progression d'une racine dans un sol. De nombreuses questions restent encore sans réponses. Qu'est-ce qui détermine sa forme ? Qu'est-ce qui facilite son développement ou au contraire le handicap ? Comment prospecte-t-elle le sol et Comment crée-t–elle son chemin par exemple via le gravitropisme et le chimiotactisme ?

Les chercheurs montrent qu'il y a presque autant de morphotypes de systèmes racinaires que d'espèces végétales. On distingue principalement deux structures racinaires : i) pivotante ou ii) fasciculé (Kutschera, 1960 ; Hodge *et al.,* 2009). Certaines privilégient un pivot tels les braccicacées comme le colza ou *Arabidopsis* ou fabacées comme la luzerne, d'autres favorisent une chevelure racinaire fine et dense tel le ray-grass ou *Brachypodium* (Figure. 18). De plus, certaines ont une exploration du sol en profondeur tandis que d'autres se cantonnent aux premiers centimètres. Mais tous les végétaux ont une croissance racinaire vers le bas (gravitropisme) et ont un même but : rechercher et exploiter les nutriments de manières rapide et efficace dans un environnement physiquement fixe et aux conditions fluctuantes, tout en étant étanche aux nombreux facteurs biotiques et abiotiques. Ce mode de croissance et développement permettant de réaliser un cycle de vie complet dont le but ultime est la transmission de l'information génétique de manière efficace et rapide.

Figure 18. **(a)** Représentation schématique d'une architecture du système racinaire pivotant typique (dit en anglais *allorhizic root system*) que l'on trouve dans la plupart des dicotylédones. Elle est illustrée par l'exemple d'*Arabidopsis*, plante âgé de 5 jours. Les poils absorbants de la chevelure racinaire ne sont pas représentés. PR, racine primaire (*primary root*); LR, racines latérales (*lateral root*). **(b)** Représentation schématique de la structure fasciculé des racines du riz âgé de 7 et 14 jours. Les poils absorbants ne sont pas représentés. PR, racine primaire (*primary root*); LR, racines latérales (*lateral root*); CR, racine couronne (*crown root*). (Osmont *et al.*, 2007). **(c)** Architecture racinaires chez diverses espèces végétales et diversité génétique. Par exemple chez les fabacées la luzerne et chez les poacées : le blé, le ray-grass. (D'après Kutschera, 1960 ; Hodge *et al.*, 2009).

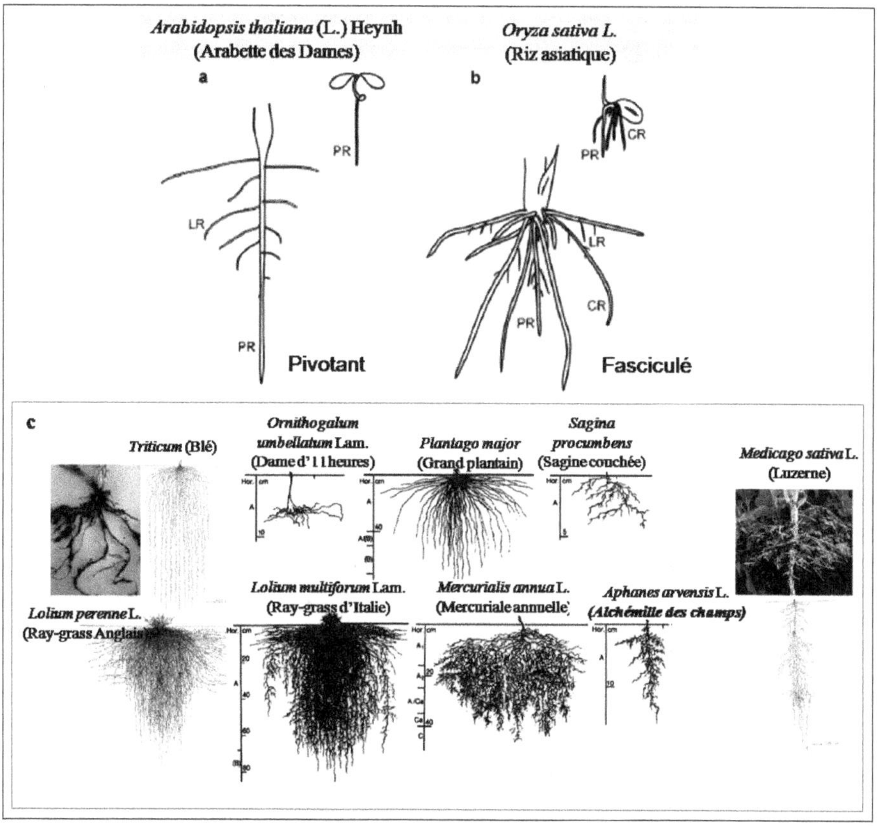

IV.1.3. Importance de l'environnement racinaire

Le climat, la disponibilité en eau (hydrotropisme) et en nutriments (par exemple phosphotropisme) jouent un rôle important. Les niveaux de présence et d'équilibre des organismes vivants du sol agissent sur beaucoup d'éléments, comme l'assimilation des nutriments ou l'activité hormonale. Par exemple, une étude récente a montré que si les collemboles n'agissaient pas directement sur la biomasse végétale (Waligora & Vian, 2010), ils ont une influence sur la morphologie des racines qui, en leur présence, sont plus longues, plus fines et forment plus d'apex.

IV.1.4. Durée de vie des racines et Hormones

Le premier contact avec le sol se crée dès la germination et la rhizosphère se constitue très tôt, dès lors que la plantule devient autonome en se « désolidarisant » de sa graine pour son alimentation. La rhizosphère se développe alors dans la région apicale des racines. C'est aussi là que la racine croît. Dès qu'une racine émerge, primaire ou secondaire, elle crée sa propre zone d'influence biologique, chimique et physique avec le sol proche. Et plus le système racinaire se développe, plus la rhizosphère se détache des parties les plus âgées de la plante. Ces parties plus anciennes de la racine n'ont alors plus comme fonction que la conduction et l'ancrage du végétal. La durée moyenne de vie d'une racine est très variable car, elle dépend : de l'espèce, du type de sol, du climat, de l'environnement en général et des pratiques culturales. L'auxine est une hormone végétale qui a un rôle fondamental dans la croissance des racines. Ainsi, les différentes étapes du développement racinaire sont contrôlées par cette hormone. Une autre phytohormone intervient, la cytoquinine qui a plutôt une action contraire à l'auxine. C'est l'équilibre entre les deux qui gère le développement du réseau racinaire. L'éthylène agit également, notamment en participant à la stimulation de la production d'auxine. Enfin, une autre phytohormone, dite hormone de stress, l'acide abscissique, joue un rôle majeur dans la taille et l'architecture finale du système racinaire. L'ensemble du développement racinaire et les mécanismes hormonaux impliqués seront détaillés dans cette partie bibliographique.

IV.2. La racine primaire, ses caractéristiques et son développement

IV.2.1. Méristème apical

Méristème racinaire apical initial correspond au groupe de cellules indifférenciées en divisions actives présentes à l'extrémité de la racine à partir de laquelle de nouvelles cellules sont formées (cf. tome 1). Il est situé autour d'un ensemble de cellules qui n'est pas en division. Cet ensemble forme le centre en repos ou centre quiescent (QC). Ces cellules ont une ultra structure particulière. Ils expriment des gènes distincts. On a vu que l'ablation par laser de cellules QC intensifie la différenciation des cellules initiales de proximité. Ceci suggère que le QC conserve les cellules initiales à un stade indifférencié (Benfey, 2005).

IV.2.2. Initiation

La racine primaire des semences ou plantes germées se développe à partir du méristème apical positionné à l'extérieur de la racine de l'embryon. La structure du système racinaire varie considérablement entre les taxons végétaux. Le système racinaire des gymnospermes et dicotylédones est formé principalement par une racine principale (ou primaire – première ordre) et des racines latérales (ou secondaires – de deuxième ordre), tandis que le système racinaire des monocotylédones est dominé par des racines adventives. Souvent une durée de développement et de vie limite la racine principale, arrête sa croissance (Waligora & Vian, 2010). A ce stade, le système racinaire est par la suite dominé par des racines adventives issues de la croissance de tige. Les fonctions les plus importantes du système racinaire sont l'absorption de l'eau et des minéraux, ancrage dans le substrat, le stockage, le transport, la communication. Il faut noter que la plante est une usine chimique, les racines sont le centre de certains métabolismes, comme des acides aminés, des alcaloïdes. Elle est également un des régulateurs de croissance. Il existe plusieurs types de racines. Elles sont : i) spécialisées ; ii) et ont des fonctions particulières, par exemple, les racines des vignes et des plantes épiphytes ; iii) et une manière de les cultiver et de les utiliser, par exemple, les racines tubéreuses, les racines de stockage comme Pomme de terre, Patate douce (Ipomoea batatas) ou Dahlia sont très utilisées par les Aztèques, ainsi que le manioc (Phillips, 1983). Les composés carbonés de réserves sous forme des racines de stockage jouent un rôle important dans l'alimentation humaine et la production d'énergies. Le manioc par exemple est la troisième source de glucides pour l'alimentation humaine dans le monde.

IV.2.3. Morpho-anatomie racinaire et Organisation histologique de la racine primaire

IV.2.3.1. Généralité

L'organisation interne de la racine est variable, mais semble plus simple et structurellement plus primitive que la tige. La tige présente de multiples connexions plus ou moins complexes avec l'axe principal. Les connexions sont réalisées avec des feuilles, de différentes structures comme les nœuds, les entre-nœuds et différents niveaux d'entre-nœuds peuvent également être présents. La racine n'est pas aussi complexe que les parties aériennes. Elle ne présente pas de feuilles, de division, de noeuds et entre-noeuds, ni de stomates. De niveau en niveau sur le plan vertical, l'agencement des tissus dans la racine présente peu de différence. Sa structure est axiale.

Une racine n'est pas un tube inerte à travers lequel passent l'eau et les éléments minéraux du sol. Une racine a une forme cylindrique. La figure 19 montre un « cylindre » dont l'extrémité est une zone très vulnérable : l'apex ou zone méristématique. C'est dans cette zone où se multiplient de manière intense les cellules. La zone d'élongation se trouve juste derrière l'apex. Cette extrémité est très fragile. Elle est protégée par une coiffe et est constituée de cellules exfoliées (détachées, mortes). Derrière la zone d'élongation, apparaissent les premiers poils absorbants. Cette zone est importante. Elle fait l'objet d'une intense activité d'absorption d'eau et d'éléments. La simple présence des poils absorbants augmente de manière considérable la surface totale du système racinaire et par la même occasion la surface d'absorption.

De manières générales, en coupe histologique, de l'extérieur vers l'intérieur, on situe l'épiderme de la racine, le parenchyme puis la zone de conduction protégée par l'endoderme comme dans la figure 20 présentant une comparaison entre une dicotylédone et une monocotylédone (Smith & De Smet, 2012). Dans ce « conduit », on trouve les deux types de vaisseaux conducteurs : i) le xylème qui achemine la sève brute (ie. l'eau et les ions nutritifs) du bas vers le haut ; ii) et le phloème qui achemine la sève élaborée par une circulation en sens inverse, puisqu'il véhicule les produits carbonés issus de la photosynthèse, du haut vers le bas de la plante. Deux circulations sont présentes : une circulation basipète et une circulation acropète. Cette présentation de la circulation est très simpliste. Il ne faut pas oublier les communications et mouvements horizontaux possibles entre les deux réseaux de circulation.

On peut distinguer les régions profondes différentes le long de l'axe longitudinal (Figure. 19) : la coiffe radiculaire couvrant la pointe de la racine, le méristème racinaire et le centre quiescent, la zone de transition distale, la zone d'élongation et de la zone de différenciation. Toujours dans une coupe transversale, on distingue trois systèmes de tissus de base : système de tissus dermiques de l'épiderme avec poils absorbants, le cortex (système de tissus du sol), et le système de tissus vasculaires entouré du péricycle. Chaque système de tissus a des caractéristiques structurelles qui sont spécifiques aux racines. La couche la plus interne du cortex est toujours différenciée en endoderme (Figures. 19 & 20). Les couches inférieures de l'épiderme sont principalement différenciées en exoderme. Le centre de la racine est occupé par un cylindre central contenant des tissus vasculaires et le péricycle qui est situé à la périphérie du cylindre central (Esau, 1965) et connecté aux parties aériennes.

Figure 19. Schéma d'une coupe longitudinale réalisée à l'apex d'une racine. A, zone méristématique ; B, zone d'élongation cellulaire ; C, zone de différenciation cellulaire (Varin, 2015 d'après Bloom *et al.*, 2003 ; Taiz & Zeiger, 2006).

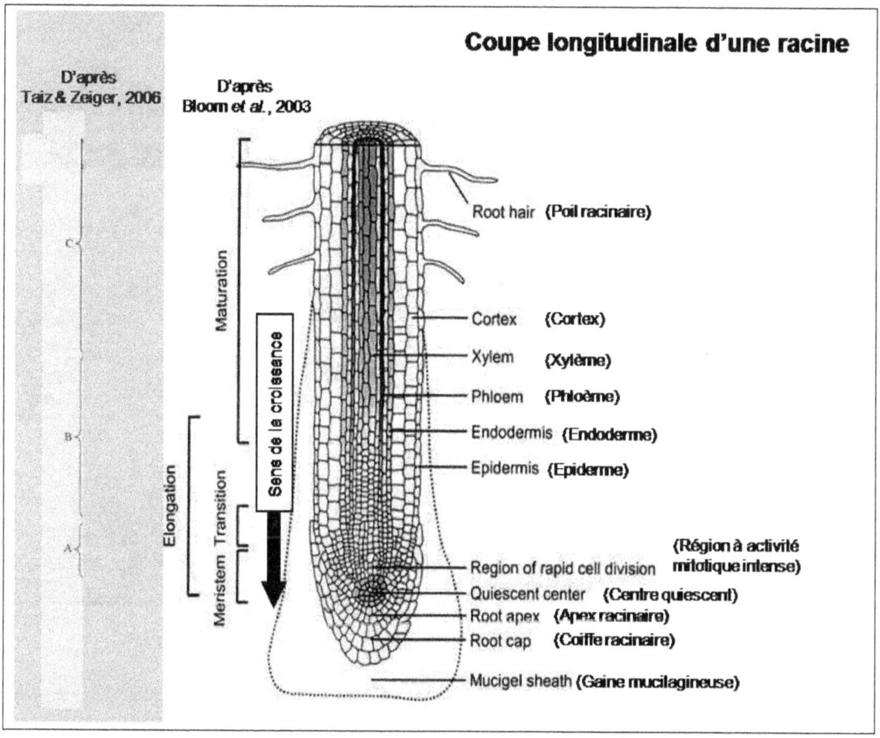

Figure 20. Système racinaire d'une dicotylédone *Arabidopsis thaliana* (L.) Heynh Col-0 et le système racinaire d'une monocotylédone le maïs. (**a.**) Vue macroscopique de la dicotylédone *Arabidopsis* après 14 jours et (**b.**) 10 jours pour le système des racines de la monocotylédones maïs, avec les principaux types de racines indiqué par des flèches. (**c.**) la section transversale d'*Arabidopsis* et (**d.**) de la racine du maïs. L'épiderme (Ep), le cortex (Co), endoderme (Fr) et péricycle (Pe) sont indiqués. Photos maïs en (b.) et (d.) ont été aimablement fournies par Leen Jansen. Barres d'échelle : (a, b) 1 cm et (c, d) 100 mm. (Smith & De Smet, 2012).

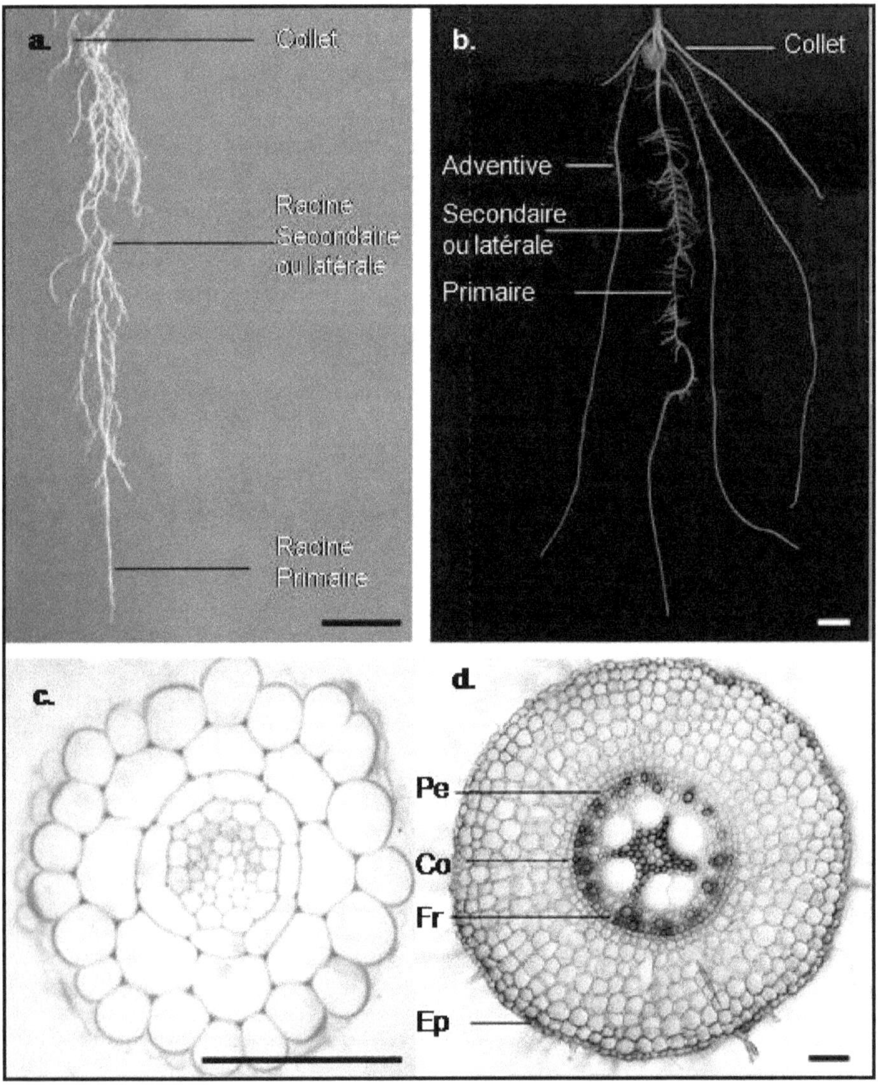

IV.2.3.2. Cas de la dicotylédone modèle Arabidopsis thaliana (L.) Heynh

De nombreux travaux sur la différenciation racinaire utilisent *Arabidopsis thaliana* comme plante modèle en raison de la structure simple de ses racines primaires (Figure. 21). Chez ce végétal, on distingue plusieurs tissus dans la racine. Les quatre couches cellulaires sont les suivantes : épiderme, cortex extérieur, endoderme et le péricycle. Le péricycle est une partie du cylindre vasculaire. Il entoure le tissu vasculaire au centre de la racine. La partie externe de l'épiderme est formé par deux types de cellules : i) les cellules RH qui forment les poils absorbants (Trichoblastes) ; ii) et d'autres cellules qui ne les forment pas. Il s'agit des NH cellules « *Not-Hair* : non cheveux ».

Les cellules de la chevelure racinaire sont capables de former des poils proches de l'extrémité des racines, derrière la région de l'allongement des racines où les premiers éléments conducteurs sont matures. Chez certaines plantes, la chevelure racinaire provient de cellules spécialisées appelées trichoblasts. Les poils absorbants ont en général une durée de vie de quelques jours. Mais, la surface de tous ses poils racinaires augmente considérablement la surface totale des racines, ce qui est profitable pour la plante et permet un meilleur fonctionnement de l'absorption chez le végétal.

Figure 21. a. Croissance en longueur des racines. Photographie de l'expérience de Sachs (média de l'université de Jussieu : www.snv.jussieu.fr/media/) a) profil de croissance en longueur de la racine primaire et b) profil de l'accélération de croissance en longueur de la racine illustré par le *relative growth rate* en fonction du temps estimé par la position d'embranchement (*tips*) ; **b. Anatomie de la racine *d'Arabidopsis thaliana* L.** La racine d'*A. thaliana* possède une organisation très simple, le tissu vasculaire est entouré de quatre couches monocellulaires : le péricycle, l'endoderme, le cortex et l'épiderme (Abréviations : QC : centre quiescent ; Stele : stèle ; end : endoderme ; cort : cortex ; epi : épiderme ; coi : coiffe ; col : columelle); a) présentation du détail anatomique impliqué dans la croissance de l'expérience de Sachs (a.); b) Coupe histologique et détaille de la coiffe racinaire. C) Modèle 3D de l'apex racinaire (Varin, 2015 d'après Benfey & Scheres, 2000).

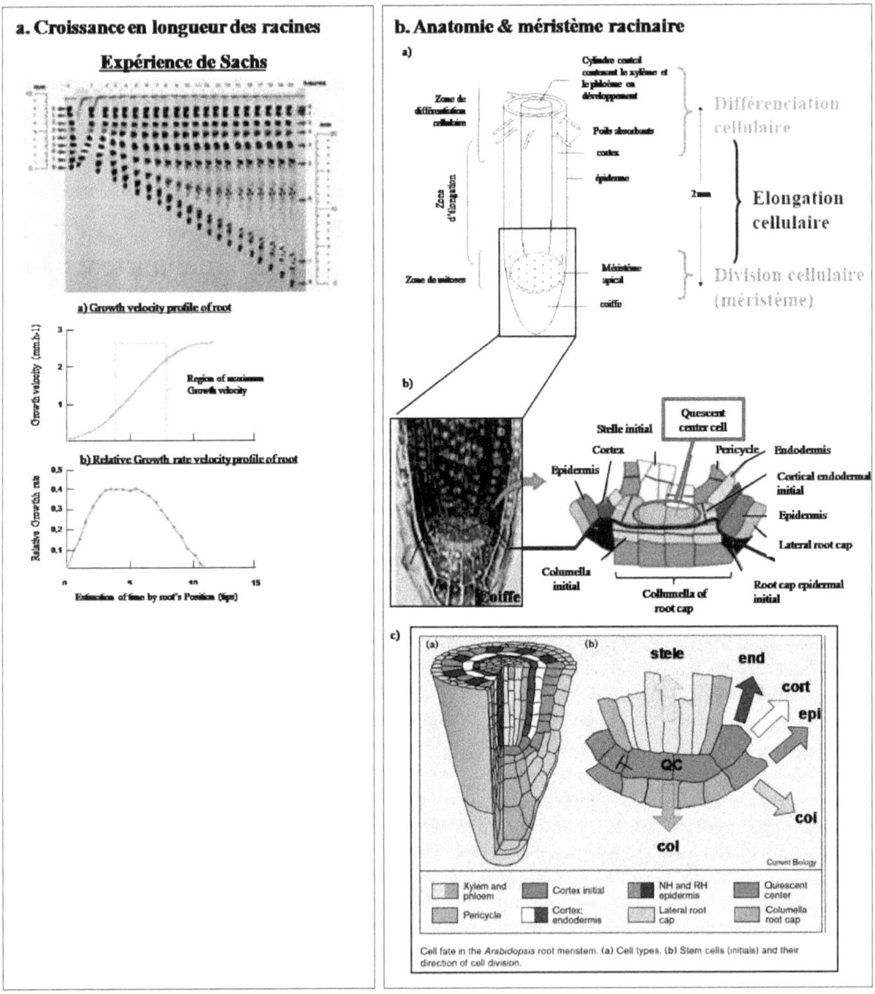

IV.2.4. L'endoderme

Dans l'endoderme, chaque cellule endodermique a un cadre de Caspari qui est une bande continue autour des deux parois radiales et transversales imprégné de subérine et de lignine. Le cadre de Caspari forme une barrière apoplastique au mouvement de l'eau et des solutés au niveau de l'apoplaste. Elle apparaît dans la région de la maturation du xylème primaire. La présence d'endoderme permet à la plante d'effectuer une absorption sélective des composés transportés. Ce transport s'effectue également de manière plus poussée grâce au symplaste contrairement à la voie apoplastique. Afin d'atteindre les éléments de transport dans le cylindre vasculaire, elle exploite les transports sélectifs du cytoplasme au travers des membranes plasmiques. Dans la plupart des espèces, les cellules endodermiques se développent et induisent le dépôt de subérine sous forme de couches minces sur toute la surface interne de la paroi. Il forme l'état secondaire. Ceci peut être suivi par le dépôt interne des parois cellulosiques secondaires lignifiées. Il forme l'état tertiaire (Pazourek *et al.,* 1997).

IV.2.5. Système vasculaire

Le cylindre vasculaire apparaît comme une colonne au centre de la racine. Il est dérivé du pro cambium. A l'intérieur du centre de la racine, les tissus vasculaires sont différenciés. Ils forment des motifs différents (diarche, Triarche, etc). Chez *A. thaliana*, un arrangement diarch est identifié. En dépit du fait que les premières cellules du protoxylème soient matures, le métaxylème dépasse en largeur les cellules du protoxylème. Ainsi, dans un premier temps, il est plus facile de mettre en évidence l'élargissement et la vascularisation. Lorsque, le xylème primaire centripète est différencié. Il est exarque. C'est-à-dire que les éléments les plus anciens sont dans la partie la plus externe du tissu. Le phloème différencié est dans la même direction. C'est-à-dire à structure centripète. Ainsi, le protophloème apparaît à côté du péricycle. Ensuite, Le metaphloème plus profond est au cœur du système vasculaire. Cette séquence de différenciation du xylème décrite ci-dessus est commune chez les monocotylédones et dicotylédones (Esau, 1965 ; Pophan, 1955 ; Riopel, 1964). Dans certains végétaux, tel *Cucurbita pepo*, la partie centrale du cylindre vasculaire reste dans le parenchyme pour longtemps. Puis à quelques centimètres de l'apex, une cellule de la moelle centrale augmente son diamètre d'environ quatre fois. Elle se différencie en tant que partie du vaisseau métaxylèmique. Elle provoque, au sein du processus de développement, un réarrangement considérable des cellules environnantes (Harrison-Murray, 1973 ; Hayward, 1938 ; Esau, 1965). La différenciation longitudinale des tissus vasculaires primaires de la racine est acropète (du haut vers le bas), dans lequel le protophloème mature se rapproche du méristème apical plutôt que du xylème premier (protoxylème) (Esau, 1965). Les distances entre l'apex et les premiers éléments vasculaires matures, en particulier celles du xylème, varient (Esau, 1965). Ils sont affectés par l'âge de la racine, le taux de croissance, la nature des espèces végétales, la présence d'une maladie ou le stress, le type de racine (de type court ou long, terminal ou latéral), et bien d'autres facteurs (Peterson, 1967 ; Riopel, 1964 ; Seago, 1973). En général, les éléments vasculaires matures sont beaucoup plus près du méristème apical de racines à croissance lente que dans les racines à croissance de plus en plus rapide. La proximité des tissus vasculaires matures vis-à-vis de l'apex peut changer la nature des racines présentes dans différentes conditions environnementales. Par exemple, pendant la dormance des plantes vivaces, la croissance des racines diminue et la maturation des cellules vasculaires est de plus en plus proche de l'apex vers l'apex (Esau, 1965).

IV.2.6. Types d'organisation des cellules racinaires

La fonction et la structure sophistiquée du méristème apical sont sous le contrôle des mécanismes de régulation. Ces mécanismes et ce jeu de contrôle donnent lieu à un système racinaire organisé et en lien avec l'environnement. L'analyse de l'embryon jusqu'à la racine mature permet de tracer des plans de divisions cellulaires et d'orientation de la croissance à partir de laquelle chaque tissu est formé. Dans une analyse, la part des différenciations attribuées à l'apex de la racinaire détermine s'il existe des cellules spécifiques pouvant être la source d'un ou plusieurs tissus. Il y a une relation explicite dans lequel les cellules apicales fonctionnent comme les cellules initiatrices des autres groupes de tissus. Dans les plantes à graines, la racine présente deux modèles principaux de relation spatiale entre les tissus et les cellules de l'apex. Dans le premier type, le cylindre vasculaire, le cortex et la coiffe racinaire, peuvent-être reconnaissables dans les différents niveaux d'organisation de la racine et sont indépendants des cellules du méristème apical. On observe l'épiderme différencié de la couche la plus superficielle du cortex. En fonction de la plante, il correspond à l'origine principale des coiffes racinaires. Ceci est observé typiquement chez les dicotylédones, puisqu'elles disposent chacune de leurs propres cellules initiatrices. Nous disons que ce type d'organisation apicale est fermé (Esau, 1965 ; Schade & von Guttenberg, 1951). Dans le second type, toutes les régions ou au moins le cortex et la coiffe racinaire convergent en un seul groupe de cellules transversalement orientées. Toutes les régions ont un groupe commun de cellules initiatrices. Ce dernier type est le type d'organisation ouverte. Il est pensé comme physiologiquement plus primitif (Esau, 1965).

Cette organisation de type ouvert est typique des gymnospermes. Elle est souvent observée chez les dicotylédones. L'organisation de type fermé est typique des monocotylédones. Toutefois, les deux types peuvent être trouvés dans chaque groupe. Par exemple, chez les monocotylédones, le type fermé est présent pour la plupart des graminées. Par ailleurs, pour l'oignon *Allium cepa*, le type d'organisation est ouvert. Dans le cas de nombreuses plantes vasculaires, une seule cellule « la cellule apicale » est la première cellule commune pour toutes les parties, tissus et organes constituant la racine (Esau, 1965). Chez les dicotylédones, les schémas des systèmes fermés et ouverts sont généralement considérés comme restant inchangés pendant la croissance de l'axe de la racine. Dans certaines racines, la croissance rapide est suivie par une décélération de la croissance. Par la suite, les cellules initiales arrêtent de se diviser, cessent de s'allonger et la racine atteint une longueur déterminée (Figure. 21a). Puis, le méristème apical racinaire arrête de croître. Il maintient son organisation fermée et devient moins organisés (Chapman *et al.,* 2003 ; Rost 2003). Il semble que chez certaines espèces, après une courte période de temps, les racines latérales peuvent devenir plus organisées. Chez les massettes *typha* qui sont des plantes monocotylédones et également appelées quenouilles, le méristème apical des racines latérales nouvellement apparues via une configuration ouverte présentant des cellules dérivées du méristème et protoderme (cellules différenciées des tissus couvrants), et calyptrogène (la couche initiale de la coiffe racinaire), s'oriente après un laps de temps vers un système de production de racines latérales fermées ou à trois niveaux de méristème (Seago & Marsh, 1990).

IV.2.7. Le péricycle et lieu d'initiation des racines latérales

Le péricycle est la couche externe des tissus vasculaires. L'origine du péricyclique, présente au niveau des racines latérales (LR : *Lateral root*), se trouve dans la juxtaposition étroite avec les tissus vasculaires de la racine primaire à laquelle les tissus vasculaires des racines latérales se connectent. La position de la racine latérale vis-à-vis du xylème de la racine parente ou primaire varie en fonction de la structure vasculaire de la racine parente. Elle est également fonction de l'espèce végétale. Mais dans des circonstances normales, toutes les cellules du péricycle de la racine primaire sont en théorie capable d'initier des racines latérales. Dans la plupart des cas, les cellules du péricycle sont proches du xylème interne ou des pôles phloèmiques (Benfey, 2005). En général, chez la plupart des racines diarches, les racines latérales se posent souvent entre le phloème et le xylème. Chez une racine triarche, tétrarche, et ainsi de suite, les racines latérales se placent en face du xylème. Par contre, chez une racine de monocotylédone polyarche, elle se place en face du phloème. Chez *Arabidopsis*, les primordiums des racines latérales proviennent d'un sous-ensemble de cellules du péricycle qui subissent des divisions asymétriques de leurs cellules fondatrices. Ces cellules fondatrices donnent lieu à la production des tissus des racines latérales par une expansion clonale. C'est-à-dire que la cellule indifférenciée se divise en deux : l'une reste identique à la cellule parente et la seconde acquiert et s'oriente vers un développement différent de celui des cellules mères. En conséquence, elles jouent un rôle principal pendant les premières étapes de l'initiation des racines latérales (Dubrovsky *et al.*, 2001).

Le développement des racines latérales en position de front du phloème est observé principalement chez les monocotylédones comme *Zea mays* (maïs), *Secale, Hordeum* (orge), *Triticum* (blé). Néanmoins, ce phénomène est trouvé chez des dicotylédones comme la carotte (Esau, 1965 ; Lloret *et al.,* 1989). Cependant, la plupart du temps les monocotylédones ont un motif polyarch. Cette description est issue des résultats relatifs aux études sur le primordium des racines latérales voisines aux parties du xylème. Chez les plantes dicotylédones, comme *Arabidopsis*, *Helianthus annuus* (tournesol), *Raphanus sativus* (radis), *Pisum sativum* (pois), *Lactuca sativa* (laitue), le développement des racines latérales se trouve en face du front du xylème, bien que ce type d'architecture soit observé chez la monocotylédone comme l'*Allium cepa* (oignon) (Esau, 1965 ; Laskowski *et al.,* 1995 ; Lloret *et al.,* 1989). Le primordium des racines latérales provient d'un sous-ensemble de cellules pré défini du péricycle. Au sein de cette population de groupe de cellules, on retrouve les cellules fondatrices. Elles établissent l'intégralité de la racine latérale. L'estimation du nombre de cellules fondatrices varie selon les espèces et les différents auteurs. Le nombre de cellules fondatrices des racines latérales chez *Vicia faba* est estimé à 24 (Davidson, 1965). Dans une autre étude et selon les espèces, le nombre de cellulaire fondatrice calculé varie entre 12 et 162 (MacLeod *et al.,* 1975). Pour *Vicia faba,* le dénombrement est réalisé en tenant compte de l'hypothèse suivante : Il est chiffré à 162. Cette hypothèse suppose que l'initiation du primordium a lieu loin derrière le méristème apical racinaire. Une étude histologique directe montre que le nombre de cellules fondatrices dans les racines de radis est évalué à 30 (Blakely *et al.,* 1982).

Chez *Arabidopsis*, cette même observation histologique a permis d'estimer le nombre moyen de cellules fondatrices dans une racine latérale : il est environ 11 (Laskowski *et al.,* 1995). Cette étude tient compte de la longueur moyenne des cellules du péricycle rayonnant du phloème. Elles supposent également que les cellules se trouvent dans la périphérie et entre le xylème et le phloème (Laskowski *et al.,* 1995). L'endoderme peut également contribuer à l'ébauche de la racine avec quelques couches de cellules. Les cellules d'origines endodermiques sont éliminées de l'extrémité de la partie latérale émergente de la racine mère (Byrne, 1973 ; Esau, 1965). Parfois, le péricycle ne crée pas de point d'initiations isolées de racines latérales. Dans ce cas, chez certaines plantes, il est assisté par l'endoderme (Seago & Marsh, 1990). Chez les fougères, tel *Ceratopteris*, le premier signe d'initiation de la racine latérale correspond à l'expansion des cellules de l'endodermique. Cette cellule élargie est désignée comme la cellule initiatrice des racines latérales. Elle donne lieu au primordium de la LR (Hou *et al.,* 2004).

L'initiation et la croissance de la séquence suivante d'émission de racines latérales acropètes associées aux plus jeunes primordium se situent au plus proche de l'extrémité des racines (Dubrovsky *et al.,* 2006). Cependant, le développement d'autres racines latérales pourrait être arrêté aux premiers stades. Dans certains cas, la compétence du péricycle racine parental ou endoderme initiant le primordium de la racine latérale s'étend le long de larges régions de la racine mère. De nouveaux primordia peuvent s'initier dans la zone déjà établie du primordium de la racine latérale, comme chez *Arabidopsis thaliana* (Dubrovsky *et al.,* 2006).

IV.2.8. Conditions inhabituelles d'initiations de racines latérales

La formation de racines latérales dans un ordre inverse aux situations dites « naturel » est inhabituelle. Il est à noter que la situation habituelle est celle définie par une référence ici le développement d'*Arabidpsis*. Par exemple, une séquence de développement de la racine latérale basipète (du bas vers le haut) s'est produite sur les régions profondes de la racine. Elle a eu lieu lors de l'émission de la radicelle issue de la germination de *Theobroma cacao*. La nature de son origine serait fortuite. (Lloret *et al.,* 1989). L'existence de cellules en dormance ou de primordium de racines latérales déjà formées présente un problème dans la prédiction d'une distance moyenne à laquelle les événements d'initiation de nouvelles racines latérales devraient se produire au sein de la racine primaire en croissance (Dubrovsky *et al.,* 2006).

La variation de la structure du péricycle et le positionnement de la racine latérale peuvent être montrés dans les racines de *Allium cepa*, *Pisum sativus* et *Daucus carota*. Dans le cylindre central du pois (*Pisum sativum*), la racine primaire triarche a un péricycle mono couche au voisinage des pôles de phloèmes et deux ou trois couches de cellules péricycles en regard des pôles de xylèmes. Par ailleurs, la racine d'oignon tend à être pentarche. Elle est délimitée par une seule couche sur son péricycle. Chez les herbacées, le péricycle peut être interrompu en face du protoxylème et sa continuité est maintenue. Chez la carotte, les cellules du péricycle externe sont plus courtes que celles du péricycle interne, C'est-à-dire deux couches de cellules. Les deux groupes de cellules ont une taille plus courte que les cellules situées en face du phloème. Ce cas est similaire chez l'oignon. Une différence significative existe entre les longueurs de l'endoderme opposé aux cellules du xylème et du phloème. Il n'y a pas de différence significative entre les deux points de mesures présents dans le cortex. De plus, les premières étapes de développement de la racine latérale des herbacées sont similaires chez l'oignon, *A. cepa* et le pois.

Chez *Pisum sativum,* les cellules corticales subissent également des mitoses cellulaires qui contribuent à l'ébauche du primordium racinaire (Lloret *et al.,* 1989), alors que chez l'oignon qui est également une monocotylédone, le *primordium* vient d'une cellule de la couche du péricycle. Le développement de la racine latérale est près du xylème, ce qui n'est pas vraiment habituelle chez les monocotylédones. Chez les dicotylédones comme la carotte, le développement de la racine latérale a lieu en front du phloème. Chez le pois, *A. thaliana* et le radis, l'initiation de la racine latérale a lieu à proximité du xylème. Chez ces fronts respectifs, que sont le phloème ou xylème, les cellules multi couches du péricycle, forment les domaines de l'initiation de la racine latérale au sein de la racine primaire (Lloret *et al.,* 1989).

IV.2.9. Péricycle et régulation du cycle cellulaire du primordium dans le péricycle chez différents végétaux

Les primordiums des racines latérales (PRL) ou « Lateral Root Primordium : LRP » sont générés principalement par le péricycle constitué des cellules endodermiques formant une couche mince recouvrante (Lloret *et al.,* 1989). Le péricycle de la carotte contient également deux types de populations de cellules. Elles peuvent être clairement identifiées sur la base de la longueur moyenne des cellules. Contrairement au cas de *P. sativum* et *A. cepa*, les cellules du péricyclique sont plus courtes que celles adjacentes au phloème. Dans l'endoderme, les petites différences dans la longueur des cellules sont mesurables de manière significative.

Chez les trois espèces, le cortex médullaire (central) montre une absence de différence significative dans la longueur moyenne des cellules contrairement aux cellules opposées au xylème et au phloème. Ce résultat suggère que deux populations distinctes surviennent dans les tissus et sont impliquées dans la formation de la racine latérale (Lloret *et al.,* 1989). Chez *Allium cepa*, les cellules du péricycle ont une division péricline très courte. Cette sensibilité des plantes aux premières divisions périclinales arrive dans une zone proche de la pointe. Dans ces plantes, avant l'initiation des racines latérales, toutes les cellules du péricycle s'allongent et sont très vacuolisées (Casero *et al.,* 1995). Les cellules procèdent à des mitoses par divisions inégales. Souvent ces divisions sont coordonnées par des cellules adjacentes. Ainsi, après la réalisation des divisions cellulaires, des amas de cellules courtes du péricycle (cellules fondatrices) sont observés en face du xylème. Ils sont généralement les premiers à réaliser des divisions periclines. Dans les racines de carotte, de blé et de maïs, cette paire de cellules est toujours identifiée et localisée à proximité du phloème. (Casero *et al.,* 1995 ; Casero *et al.,* 1993 ; Demchenko & Demchenko, 2001).

Les cellules courtes du péricycle, qui se divisent de manière periclinale pendant le développement des racines latérales, sont le produit de divisions transversales asymétriques. Par ailleurs, la première division asymétrique se produit toujours au même endroit topographique par rapport au motif vasculaire comme les racines latérales. Cela nous indique que les divisions asymétriques transversales sont les premières étapes dans le développement de la racine latérale. Ce développement se poursuit ensuite par des divisions périclinales. Chez les fougères, il est à noter que des divisions transversales similaires se produirent dans les cellules de l'endoderme (Clowes, 1961 ; Liu & Raghvan, 1991).

La généralisation de ce phénomène chez les plantes montre que la formation des racines latérales est un autre exemple important de développement où le changement de destin cellulaire est connecté avec les divisions asymétriques. Avant ces divisions asymétriques transversales, le noyau se déplace vers l'extrémité de la cellule lorsque les cellules du péricycle sont activées et initie le primordium de la racine latérale (LRP) (Casero *et al.,* 1995). Une variété d'autres processus de développement font usage de divisions asymétriques comme la production les poils absorbants (Avers, 1963), des stomates (Stebbins & Jain, 1960), ainsi que la formation des racines latérales (Bell & Mc Cully,

1970). D'autre part, dans le péricycle de *Pisum,* les divisions transversales sont constamment décrites comme symétriques (Lloret *et al.,* 1989). Les résultats de ces auteurs suggèrent que dans les régions de racines de *Pisum* loin de l'apex, le redémarrage de l'activité mitotique se remet de nouveau en marche dans le cadre du processus de contrôle du cycle de vie cellulaire.

On peut en conclure que les mitoses cessent au-delà de l'apex, puis redémarrent à l'approche des cellules d'initiations présentent au niveau du primordium de la racine latérale. Mais des questions restent encore en suspens : Quand? Où ? et comment cela se passe ?

Dans cette synthèse, nous avons vu que de nombreux facteurs, y compris les phytohormones régulent ces processus. L'initiation de la racine latérale semble être un excellent modèle d'étude présentant des interactions cellule-cellule pendant le développement et un mécanisme de différenciation tissulaire chez les plantes. Les cellules du péricycle sont impliquées dans l'initiation des racines latérales. Elles forment un groupe de cellules symplastisques isolées dans laquelle une séquence de divisions cellulaires se produit d'une cellule contiguë à l'autre (Casero *et al.,* 1996). Les auteurs observaient que les courtes cellules réalisaient des divisions périclinales de même polarisation. Simultanément, les cellules du péricycle mère subissent une expansion radiale asymétrique (Casero *et al.,* 1996). Même si chaque cellule mère du péricycle suit cette séquence de divisions. Cela ne signifie pas qu'ils ont touts les mêmes capacités à se diviser. Cette capacité est perdue en fonction du degré de rapprochement avec la périphérie. Alors que toutes les cellules filles courtes de la paire centrale des cellules mères du péricycle ont une division periclinale, les cellules les plus périphériques du péricycle mère subissent seulement une ou deux divisions transversales (Casero *et al.,* 1996).

IV.3. Formation de la racine latérale chez la plante modèle des dicotylédones « Arabidopsis thaliana (L.) Heynh Col-0 »

IV.3.1. Généralité

Après germination, les parties aériennes produisent des méristèmes aux aisselles de chaque primordium foliaire. Ces méristèmes secondaires sont constitués de cellules indifférenciées qui peuvent être activées pour permettre la ramification du système aérien. A l'inverse, aucun méristème secondaire n'est généré par le méristème apical racinaire. De ce fait, la ramification du système racinaire implique la formation de novo de méristèmes à partir de cellules différenciées (Dolan & Scheres, 1998). Dans le cas des racines, il s'agit de mécanisme de dédifférentiation. Cependant, la détermination des cellules à l'origine des primordia de racines latérales pourrait se faire très tôt au cours de la mise en place de la racine primaire (De Smet *et al.,* 2007). Pour étudier le développement des racines latérales de nombreuses plantes modèles sont utilisées mais, *Arabidopsis thaliana* L. Col-0 reste le support d'étude privilégié et le plus utilisé. L'organisation très simple de la racine d'*Arabidopsis* a permis une caractérisation histologique fine des mécanismes de mise en place du méristème de racines latérales (Figure. 22) (Malamy & Benfey, 1997). La disponibilité de nombreux mutants a conduit à l'identification de nombreux gènes impliqués dans la formation de la racine latérale (Casimiro *et al.,* 2003). La mise en place de la racine se découpe en trois étapes majeures : initiation, organisation du primordium et émergence.

Figure 22. Ramification de l'appareil racinaire & Différents stades de formation du primordium de racine latérale chez *Arabidopsis Thaliana* L. a. Les cellules du péricycle donnent naissance au *primordium* de racine latérale. La mise en place du *primordium* est un mécanisme très régulé et bien décrit. IL, inner layer ; OL, outer layer. (Varin, 2015 d'après Malamy & Benfey, 1997). Les étapes du diagramme sont indiquées ci-dessus. Le code de couleur indique la dérivation putative de chaque tissu du stade I jusqu'au stade VII, sur la base des informations tirées des études histologiques et les lignes de marqueur. Notez que selon le stade VI tous les éléments du motif radial de la racine primaire sont présents dans le *primordium*. Les amas de cellules blanches près de la pointe du *primordium* de racine latérale (LRP) aux étapes VI et VII ne peuvent pas être clairement identifiées. Mais, la position et le manque de coloration de ces cellules dans des lignées cellulaires spécifiques suggèrent qu'ils se développent à l'intérieur de l'initiation et du centre quiescent (centre dit au repos). Les cellules blanches à la base de la LRP ne peuvent pas être identifiées. **b.** Coupe histologique longitudinale d'une racine primaire initiant le développement d'une racine latérale. **c.** Photographies de trois plantes modèles : deux monocotylédones (à système racinaire fasciculé à plusieurs racines primaires et adventives) et une dicotylédones (à système racinaire pivotant).

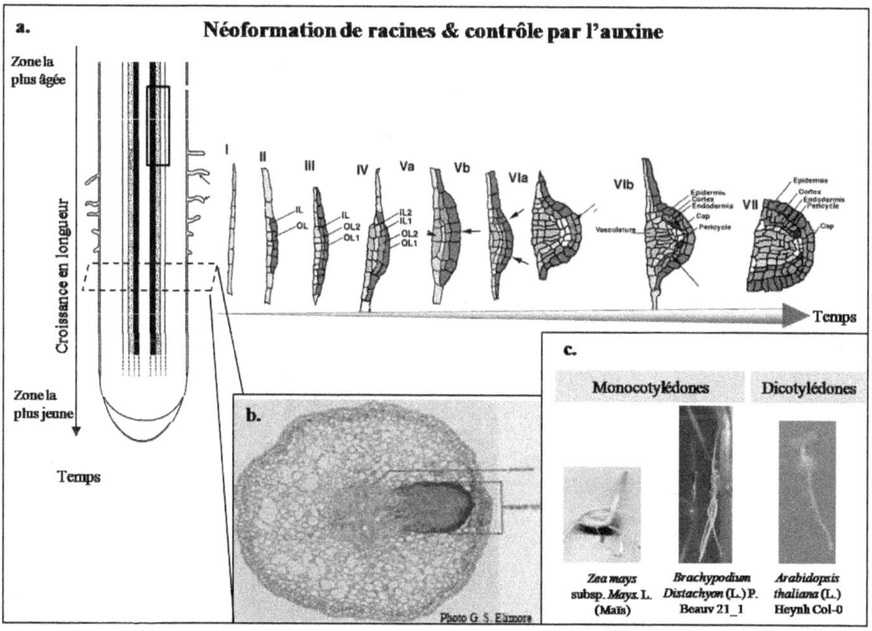

Il est important pour les plantes de s'adapter à leur environnement et d'adapter leurs mécanismes d'exploitation des ressources (Lloret *et al.*, 1989). Le développement et la croissance des racines existantes et l'initiation de nouvelles racines latérales sont considérés comme une caractéristique importante. Nous définissons les racines latérales comme les racines qui proviennent de péricycle d'autres racines. Cela signifie que les racines latérales peuvent être dérivées soit d'une racine primaire, séminale, d'une racine adventive, ou d'une autre racine latérale. Elles permettent d'augmenter les surfaces d'absorption et d'amener ces surfaces en contact avec les zones nouvelles non appauvries en nutriments du sol. La distribution des racines latérales le long des racines initiatrices n'est pas faite au hasard et permet une utilisation optimale des ressources du sol (Lloret *et al.,* 1998 ; Lloret *et al.,* 1989). Elle est liée aux conditions environnementales (Lloret *et al.,* 1998 ; Lloret *et al.,* 1989).

Il y a de nombreux documents de synthèse « review » sur le processus de développement des racines latérales issues de la racine principale, primaire ou « parente ». Le modèle végétal principal est *Arabidopsis.* Cette plante illustre la plupart des Eudicots et le mode de production, d'initiation des LR issues d'un pool de cellules adjacentes au péricycle proche d'un pôle protoxyléme de la stèle. Le processus est divisé en huit étapes chez *At*Col_0 (stade I-VII et émergence). Il est décrit en détail par Malamy & Benfey (1997) (Figure. 22).

IV.3.2. Initiation des racines latérales (Lateral Roots : LR)

Comme nous l'avons constaté, la racine d'*Arabidopsis* a une anatomie assez simple. Elle est composée d'une série de couches monocellulaires autour des tissus vasculaires (xylème et phloème) : le péricycle, l'endoderme, le cortex et l'épiderme (Dolan *et al.,* 1993). Les racines latérales proviennent des cellules du péricycle situées en face des deux pôles de xylème (Dubrovsky *et al.,* 2001). La plupart des cellules du péricycle sont bloquées en phase G1 et seules les cellules compétentes, situées en face des pôles de xylème, progressent vers la phase S puis G2 (Figure. 23 ; Beeckman *et al.,* 2001).

Figure 23. Régulation du cycle cellulaire dans le péricycle. Dans le méristème racinaire, les divisions cellulaires sont très actives (A). En amont de cette zone, les tissus externes sortent du cycle cellulaire et se différencient alors que les tissus internes continuent leurs divisions (B). Puis les cellules du péricycle stoppent leurs divisions et restent bloquées en phase G1 (C). Les cellules du péricycle situées en face d'un des pôles de xylème progressent vers la phase S puis G2 et deviennent alors compétentes pour l'initiation de la racine latérale (D). (Beeckman *et al.*, 2001).

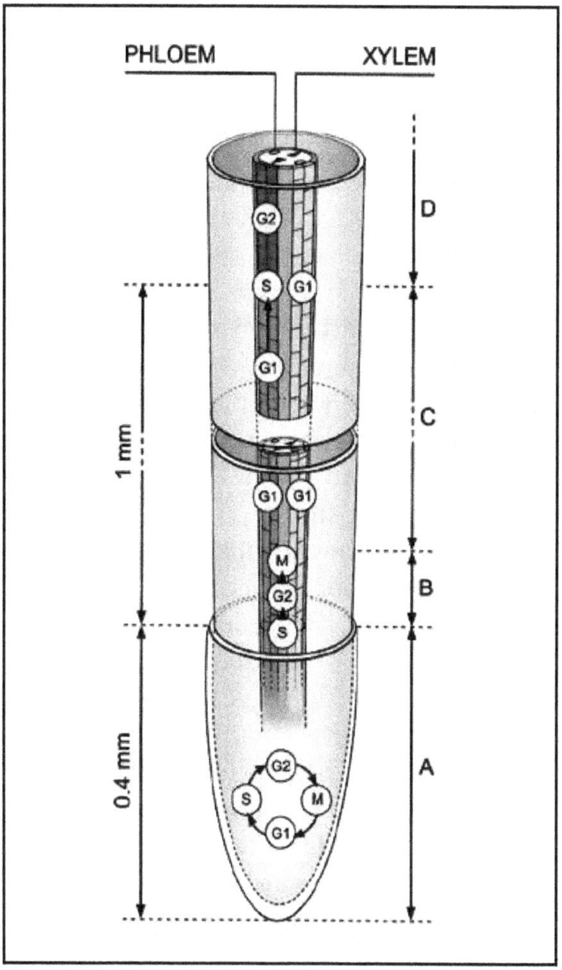

Parmi les cellules compétentes, les cellules « fondatrices » sont définies comme des cellules qui acquièrent un destin développemental différent des autres cellules du péricycle. Par conséquent, elles jouent un rôle primordial dans l'initiation de la racine latérale (Dubrovsky *et al.*, 2001). Les premiers événements morphologiques associés à l'initiation d'une racine latérale ont lieu dans deux cellules fondatrices adjacentes (De Smet *et al.*, 2006). Ces cellules se divisent de manière anticlinale et asymétrique pour créer deux cellules courtes flanquées de deux cellules longues (De Smet *et al.,* 2006). Cette première division détermine la naissance d'un primordium de stade I (Malamy & Benfey, 1997) (Figure. 22).

L'auxine est considérée comme le signal induisant l'initiation. En effet, l'apport d'auxine exogène induit la formation de racines latérales. De plus, la perturbation du transport polarisé de l'auxine inhibe le développement des racines latérales (Reed *et al.,* 1998). Les analyses génétiques ont permis d'identifier de nombreux mutants affectés dans la réponse à l'auxine (*axr, tir1, shy2*), son transport (*aux1*) et son homéostasie (*alf1, ydk1, dfl1*) et présentant un phénotype au niveau des racines latérales (De Smet *et al.,* 2006). De plus, le transport d'influx d'auxine est impliqué dans l'étape d'initiation puisque le mutant aux1 présente une réduction de 50% de primordia initiés (Marchant *et al.,* 2002).

Chez le mutant *aux1*, les niveaux d'auxine sont suboptimaux pour permettre l'initiation du primordium mais, les étapes suivantes de mise en place du méristème ne semblent pas affectées. Les racines latérales sont produites à distance du méristème apical et de la zone d'élongation (Dubrovsky *et al.,* 2000). Cependant, des études récentes montrent que les cellules fondatrices pourraient être déterminées dans le méristème basal sous l'action de l'auxine (De Smet *et al.,* 2007).

Le méristème basal correspond à la région située entre le méristème apical et la zone d'élongation (Beemster *et al.,* 2003). Il présente une sensibilité élevée à l'auxine. Dans cette zone, les pics de perception de l'auxine correspondent aux futurs sites d'initiation de la racine latérale. De ce fait, un signal auxinique récurrent perçu par le méristème basal permettrait de déterminer la distribution des racines latérales sur l'axe racinaire (De Smet *et al.,* 2007).

L'utilisation du marqueur de perception de l'auxine DR5::GUS montre que l'auxine s'accumule dans les cellules du péricycle avant et pendant les premières divisions asymétriques (Benková *et al.,* 2003). Le mutant *slr1* (« *solitary root* ») est incapable d'initier des racines latérales (Fukaki *et al.,* 2002). Chez ce mutant, la protéine IAA14 (Aux/IAA) est stabilisée et inhibe la voie de signalisation auxinique qui mène normalement à l'initiation. L'interaction inhibitrice implique les protéines ARF7 et ARF19. Elle a pour effet d'empêcher l'activation des cellules du péricycle et les premières divisions anticlinales (Fukaki *et al.,* 2005 ; Okushima *et al.,* 2007).

Les cibles de la signalisation auxinique dans les cellules du péricycle ne sont pas toutes identifiées. Cependant, il est clair que l'auxine est le signal qui permet l'activation des cellules du péricycle en leur faisant passer la transition G1-S d'entrée dans le cycle cellulaire (Himanen *et al.,* 2002 ; Vanneste *et al.,* 2005b). Le gène KRP2, un inhibiteur des kinases dépendantes de cycline (CDK) et de la transition G1-S. Il est exprimé dans les cellules du péricycle qui ne sont pas à l'origine des racines latérales (Himanen *et al.,* 2002). La sur-expression de KRP2 entraîne une diminution de l'ordre de 60% du nombre de racincs latérales.

L'activation des cellules du péricycle pour la formation des racines latérales pourrait passer par une levée d'inhibition de KRP2. En effet, l'expression du gène KRP2 est inhibée par l'auxine (Himanen *et al.,* 2002). Cela suggère que l'auxine agit directement sur le cycle cellulaire. Pour autant, l'activation du cycle cellulaire n'est pas la seule cible de la signalétique auxinique car, elle n'est pas suffisante pour permettre la formation d'une racine latérale. En effet, la sur-expression du gène CYCD3 ;1 codant une cycline de type D chez le mutant *slr* entraine des divisions cellulaires dans le péricycle. Or, cela ne permet pas la formation de racines latérales (Vanneste *et al.,* 2005a). Des analyses transcriptomiques ont été réalisées afin d'identifier de nouvelles cibles de la signalisation auxinique (Vanneste *et al.,* 2005b). L'étape d'initiation de la racine latérale nécessite que l'activation du cycle cellulaire soit accompagnée d'une détermination des cellules fondatrices. Les recherches en cours devraient permettre de préciser quels sont les événements qui conduisent à cette détermination.

IV.3.3. Régulation de l'extrusion et du développement des racines latérales

Chez les plantes supérieures, la régulation du développement des racines latérales est très complexe et intéressante. Les connaissances actuelles de ce domaine sont nettement insuffisantes. A ce jour les grands axes de ces régulations ont été esquissés (Fukaki *et al.,* 2007).

Quand une racine latérale est initiée, plusieurs cellules contiguës péricycliques acquièrent un cytoplasme dense et divisé. Cela produit les nouvelles divisions periclinales et anticlinales. Les cellules s'accumulent sous forme d'une extrusion ou saillie. Il s'agit du primordium racine. Le primordium augmente sa longueur. Il pénètre le cortex et émerge à la surface de la racine hôte ou parente. Les tissus parents adjacents aux racines latérales peuvent subir d'importants changements internes structurels et fonctionnels pour faciliter la croissance de la racine latérale et son émergence de la racine parente (Lloret *et al.,* 1989) (Figure. 22).

Sur le site d'origine d'émission d'une racine latérale, des cellules de la racine principale (mère) sont diversement affectées par la nouvelle croissance cellulaire de la racine. Si les racines latérales se localisent à proximité du méristème apical. Les cellules des racines parentes ne sont pas encore complètement différenciées et l'initiation de l'activité méristématique n'induit pas de profonds changements histologiques. Si l'endoderme présente un cadre de Caspari, là où les parties latérales s'initient. L'endoderme se divise généralement en face de la zone de prolifération du péricycle et peut former des cadres de Caspari dans les cellules nouvelles et pour un temps donné. Les racines latérales peuvent survenir au niveau de la racine primaire. Dans la zone où le péricycle et l'endoderme sont lignifiés par des parois secondaires (Bell *et al.,* 1970 ; Karas & McCully, 1973). Il est possible que la dé-lignification et le retrait des parois secondaires précèdent l'activité méristématique concernée par l'initiation de la racine latérale.

Les tissus vasculaires des racines latérales nouvellement formées sont reliés au tissu racinaire maternel. Après l'émergence de la radicelle, lorsque le phloème et xylème commencent à se différencier dans les racines latérales, ces tissus deviennent connectés avec les tissus équivalents à la racine mère par une différenciation des cellules du parenchyme intervenant dans les éléments vasculaires. La connexion des deux systèmes symplastiques et phloèmiques a lieu (Oparka *et al.,* 1995). Les cellules du parenchyme sont d'abord dérivées de tissus du péricycle issus du primordium tissulaire. Selon l'ampleur de la connexion vasculaire qui est établie, les cellules du cylindre vasculaire central parent présent sous le péricycle, peuvent participer à la division et à la différenciation vasculaire en formant une connexion (Bell *et al.,* 1970 ; Esau, 1965).

IV.3.4. Description histologique de l'initiation des racines latérales Chez At Col-0

La première preuve de l'initiation du primordium est liée à des divisions asymétriques des cellules anticlinales fondatrices. Lors de la division cellulaire anticlinale, le plan de division est à angle droit avec la surface du corps de la plante, soit le plan transverse. De cette façon, apparaissent 8 à 10 cellules courtes du péricycle, ce qui radialement augmente leur taille (stade I) (Figure. 22).

Par la suite, certaines divisions périclinales continuent à avoir lieu. Dans ce cas, le plan de division est parallèle à la surface du corps de la plante, soit le plan sagittal. Elle produit une ébauche à deux couches. Une couche extérieure (OL) et une couche intérieure (IL) qui peuvent être clairement distinguées. En outre, la division périclinale donne lieu à une ébauche à trois couches cellulaires avec des couches OL1, OL2, IL ; et ainsi de suite sur une à quatre couches avec des couches de primordium OL1, OL2, IL1, IL2 (Stade II.-IV) (Figure. 22a). A ce stade, chez *Arabidopsis,* le primordium de la racine latérale (PRL ou LRP : *Lateral root primordium*) pénètre la couche endodermique parente. Dans certaines plantes comme la tomate, les cellules adjacentes endodermiques et quelques couches du cortex racinaire, se divisent. Elles contribuent à la formation d'un primordium (Dubrovsky & Rost, 2003 ; Dubrovsky *et al.,* 2001 ; McCully, 1975 ; Peterson & Peterson, 1986). Plus tard, les cellules dérivées de ces tissus participent à la formation d'une coiffe racinaire temporaire. Elle aide à l'émergence du primordium de la racine latérale qui traverse les tissus racinaires parentaux (Barlow, 2004 ; Charlton, 1996).

Lorsque deux couches forment la scène principale des évènements, une forme physique générale peut se distinguer. Cette observation n'a pas lieu chez tous les petits péricycles initiés par les primordiums de racines latérales qui apparaissent et participent à ces divisions périclinales. Généralement, les cellules les plus périphériques se divisent moins souvent. Ainsi, les cellules OL et l'IL ont une expansion radiale. Elles augmentent radialement la forme de la voûte du primordium des racines latérales. Ainsi, le PRL commence à apparaître (Ivanchenko *et al.,* 2006).

IV.3.5. Genèse et production de méristèmes autonomes

Une fois le primordium possédant quatre couches, nous pouvons parler d'un méristème autonome. Les études de Laskowski *et al.* (1995) concluent que la formation des racines latérales est un processus en deux étapes divisées en deux points de développement. Ils montrent qu'après ces stades, un PRL excisé peut continuer à se développer dans un milieu sans hormones. Chez *Arabidopsis*, ces essais fonctionnels définissent une stèle de 3 à 5 couches de cellules, au cours de laquelle le primordium de racines latérales est autonome du point de vue du futur développement (Laskowski *et al.,* 1995). C'est juste avant que l'architecture cellulaire de la racine latérale se développe et change. Après un début de changement des cellules de la racine primaire, les éléments radiaux ressemblent au modèle de développement de la racine primaire. Après ce stade, peu de primordium arrêtent leur développement. Certains peuvent s'arrêter à cause d'inhibitions particulières ou de l'échec d'émission du primordium. Ainsi, lors des stades antérieurs, une population de cellules actives est une condition importante pour la formation du primortium racinaire. Mais, cette condition n'est pas assez importante et suffisante pour former une racine latérale. Car, il faut noter qu'une fois placé en culture cellulaire *in vitro*, deux couches cellulaires ne permettent pas de transformer le primordium en méristème autonome (Cheng *et al.,* 1995 ; Laskowski *et al.,* 1995).

Après cette étape, une cellule centrale présente dans OL1 et OL2 se divise de manière anticline pour former quatre petites cellules cubiques. Les cellules divisées adjacentes à ces deux cellules au sein de l'OL1 et OL2 créent une couche externe (OL1) qui contient de 10 à 12 cellules. De plus, les cellules dans IL2 s'agrandissent radialement et se divisent. Elles poussent les couches sus-jacentes et compriment les cellules IL1 et OL2. Le LRP est au stade V (Figure. 22). Il est à mi-chemin au travers du cortex parent (Malamy & Benfey, 1997).

Ensuite, les cellules de l'OL2 subissent une division périclinale. Une nouvelle couche cellulaire interne se forme. Ces couches sont désignées OL2a et OL2b. En outre, les quatre cellules centrales de OL1 se divisent periclinalement. A ce moment, le PRL a traversé la couche corticale parente et a pénétré l'épiderme. Nous sommes au stade VI.

Dans cette phase VI, le primordium de racines latérales commence à ressembler à une extrémité de racines matures. Il contient 3 couches cellulaires qui pourraient correspondre à l'épiderme, le cortex, l'endoderme entourant un noyau de tissus stellaires supposés et une coiffe racinaire potentielle positionnée en pointe du primordium de racines latérales.

A l'Etape VII, le primordium grossit. Il devient plus difficile de distinguer les divisions et spécialisations cellulaires, notamment dans les couches internes. De nombreuses cellules du primordium de la racine latérale continuent de subir des divisions anticlinales. Dans la zone OL1, cela se traduit par une couche cellulaire comprise entre 8 à 10 cellules de chaque côté et de 8 à 10 cellules centrales. Les auteurs ont utilisé le modèle de cellule de formule 8-8-8 pour réaliser cette description histologique. Le primordium de la racine latérale est à peine sorti de la racine parente. Chez *Arabidopsis*, l'émergence se passe lorsque l'on observe une ébauche de 8 à 10-couches cellulaires.

Les stades de développement du primordium de la racine latérale varient dans leur organisation structurelle, une fois que l'ébauche de la racine latérale émergente de la racine mère est réalisée. L'organisation, la structure et le développement de la racine semblent être très similaire à la racine primaire (Scheres *et al.,* 1994). Maintenant, la racine latérale est histologiquement en élongation. Elle n'est plus seulement une ébauche de primordium racinaire. A ce stade, les racines latérales ont un agrandissement cellulaire moyen au niveau de la base de la racine tandis que les cellules périphériques-extérieurs subissent peu de changements (Malamy & Benfey, 1997).

IV.3.6. Environnement interne, cycle cellulaire et processus de développement lors de la formation de racines latérales

Le processus de développement de l'initiation de racines latérales et des racines embryonnaires est différent. Cela implique l'existence de différences entre les mécanismes moléculaires impliqués dans ces processus histologiques et ontogénétiques. Chez la plante modèle *Arabidopsis*, il a été démontré que la plupart des cellules du primordium de la racine latérale sont dérivées du centre des trois cellules du protoxylème présent dans le péricycle et adjacente au pôle xylèmique (Kurup *et al.,* 2005). Ces résultats suggèrent que la cellule centrale à un contexte développemental spécifique permettant l'initiation de la racine latérale.

Bien qu'il semble exister un déterminisme génétique, le phénomène d'initiation des racines latérales à partir du péricycle du protoxylème plutôt que du péricycle protophloème, semble peu clair. Chez *Arabidopsis*, les cellules du péricycle du protophloème sont arrêtées à l'état G1. Or, les cellules du péricycle du protoxylème sont autorisées à procéder à un stade G2 (Figure. 23 ; Beeckman *et al.,* 2001). Cet état indique que les cellules du péricycle du protoxylème acquièrent les compétences pour se diviser. Mais, cette compétence est située loin de la racine dans la zone méristématique. Ainsi, il est nécessaire de comprendre ce qui détermine la régulation différentielle du cycle cellulaire entre les protoxylèmes et péricycles du protophloème lors du développement de la racine latérale.

En 2008, en utilisant des approches cytologiques, Parizot *et al.* démontrent l'existence de deux types distincts de péricycle. Le péricycle du pôle protoxylèmique a des caractéristiques méristématiques. Il présente fréquemment trois ou plusieurs vacuoles et cytoplasmes denses aux électrons ce qui caractérise une forte présence de ribosomes. Les cellules du pôle du péricycle phloèmique ont une vacuole centrale unique et un cytoplasme pariétal moins dense. Il présente moins de ribosomes. Ceci est typique d'un état plus différencié (Parizot *et al.*, 2008).

Il est intéressant de noter que des années avant des chercheurs avaient découvert un fait très important survenant dans le cycle des cellules du péricycle. L'inhibiteur du cycle cellulaire Kip-Related Protein2 (KRP2 ou Kip liés Protein2) bloque la transition entre les stades G1-S. Elle est exprimée dans le péricycle mais, exclus du pôle protoxylèmique du péricycle.

Cela confirme l'idée que les blocs spécifiques G1 et G2 doivent chacun être surmontés pour atteindre l'initiation des racines latérales (Malamy, 2005). Dans une région plus distale, la plupart des cellules péricycles arrêtent leur développement au stade G1. Or, les cellules protoxylèmiques du péricycle procèdent au stade G2 et deviennent compétentes pour initier des racines latérales. Cela peut se produire via le complexe protéique KRP2 dans ces cellules. Il permet aux cellules d'accéder à un développement au-delà du stade G1. En accord avec ce concept, plus l'expression de KRP2 est importante, plus cette situation conduit à une forte réduction de l'initiation des racines latérales (Himanen *et al.*, 2002). Un sous-ensemble des cellules G2 s'arrêtent puis continuent leur phase de développement vers un état de cellules fondatrices. Ce mécanisme reste encore inconnu. Un fait intéressant est à noter : l'expression du complexe KRP2 est réprimée par l'auxine (Himanen *et al.*, 2002). Cette preuve est compatible avec l'idée que l'auxine joue un rôle dans la détermination des cellules devenant compétentes pour la formation des racines latérales. (Malamy, 2005).

Toutefois, Parizot *et al.* (2008) ont déterminés que la spécification des différents types de cellules du péricycle n'est pas contrôlée par des traitements à l'auxine ou la cytokinine. L'hétérogénéité bilatérale de ces cellules se produit déjà lors de l'initiation de la stèle racinaire. Aussi, ces deux types de cellules du péricycle pourraient avoir des différences dans leur système de transport et de la sensibilité à l'auxine. Les analyses utilisant l'auxine et son inhibiteur indiquent que les deux types de cellules du péricycle réagissent différemment et via des voies antagonistes à l'inhibition des racines latérales par rapport aux conditions d'induction de ces mêmes racines. L'élément différencié du protoxylème dans le xylème n'est pas nécessairement dû à une différenciation appropriée du péricycle. Pour finir, les résultats de Parizot *et al.* (2008) suggèrent que la détermination du péricycle et sa vascularisation dans le méristème racinaire sont contrôlés par des mécanismes communs. (Parizot *et al.*, 2008).

IV.3.7. Physiologie de l'émergence des racines latérales induite par l'auxine

IV.3.7.1. Rôle des transporteurs de l'auxine dans l'organisation du primordium

Les cellules filles issues des cellules du péricycle poursuivent leurs divisions symétriques et asymétriques pour donner un groupe de 8 à 10 cellules courtes de taille identique. Les cellules entament ensuite une série de divisions périclinales pour donner naissance à un primordium comportant deux (stade II), puis trois (stade III) et enfin quatre couches cellulaires (stade IV). À partir du stade II, le primordium progresse à travers la première couche externe : l'endoderme (Malamy & Benfey, 1997). L'organisation du primordium aboutit à une structure méristématique identique à celle du méristème primaire à partir du stade VI (Figure. 22).

L'emploi d'un certain nombre de marqueurs spécifiques de l'endoderme, du cortex ou de l'épiderme a permis de mettre en évidence la différenciation de ces types cellulaires. Elle a montré une organisation du primordium de racines latérales similaires à celle de la racine primaire (Malamy & Benfey, 1997). L'utilisation du marqueur DR5::GUS a démontrer qu'un gradient d'auxine est formé dans le primordium, avec un maximum d'auxine générer au niveau l'apex. Ce gradient est nécessaire à la formation du méristème racinaire latéral (Benková *et al.,* 2003 ; Swarup & Bennett, 2003). Sa mise en place requiert l'action coordonnée de transporteurs d'influx et de manière prépondérante d'efflux d'auxine (Wisniewska *et al.,* 2006). La mutation des gènes de transport d'efflux d'auxine (PIN) n'a qu'un effet limité sur l'organisation du méristème (Gälweiler *et al.,* 1998).

Néanmoins, l'utilisation de mutants multiples permet de contourner la redondance fonctionnelle de ces gènes et fait apparaître un rôle important dans la mise en place de ce gradient. Par exemple, chez les triples mutants *pin1pin4pin7* ou *pin1, pin3, pin7*, l'auxine induit la formation de primordia de racines latérales ressemblant à des massifs cellulaires peu organisés (Benková *et al.,* 2003). Le gène *GNOM* code un facteur d'échange pour les GTPases de la famille des facteurs de ribosylation de l'ADP (ARF-GEF). Il régule le trafic vésiculaire et est requis pour la localisation de PIN1 (Geldner *et al.,* 2003). Un allèle faible du mutant *gnom* présente les mêmes défauts d'organisation du primordium de racines latérales que les triples mutants *pin* en réponse à l'auxine (Geldner *et al.,* 2004). Ces gènes sont très importants pour l'organisation du primordium.

IV.3.7.2. Extrusion du primordium des racines latérales

L'étape finale notée stade VIII (ou émergence) correspond à la sortie du primordium de la racine principale. L'émergence n'est pas associée à des divisions cellulaires mais à un allongement des cellules qui permettent un accroissement de la taille du primordium. Les cellules des tissus externes s'écartent pour laisser passer le primordium en croissance. Après émergence, les divisions cellulaires reprennent à l'apex de la racine latérale nouvellement formée (Malamy & Benfey, 1997).

Les mécanismes de régulation de l'étape d'émergence de la racine latérale ont été peu étudiés. Différentes approches ont permis d'identifier des gènes impliqués dans ce processus (Neuteboom *et al.*, 1999a ; Laskowski *et al.*, 2006). Il semble que l'induction par l'auxine de gènes de remodelage de la paroi permet le passage du primordium à travers les tissus externes. Parmi ces gènes, on retrouve notamment *At AIR3* qui s'exprime spécifiquement dans les cellules situées en face du primordium en formation (Neuteboom *et al.*, 1999b). Le gène *AIR3* code une protéase à sérine de type subtilisine. Elle est excrétée et permettrait de modifier les propriétés de la paroi végétale.

En conclusion, l'auxine apparaît comme le signal clef de la mise en place des racines latérales (Casimiro *et al.*, 2001 ; Bhalerao *et al.*, 2002). L'auxine intervient au cours des trois étapes majeures de la formation des racines latérales : l'initiation, l'organisation du méristème et du phénotype identique qui est obtenu par inhibition du transport d'auxine (Benková *et al.*, 2003). La régulation de la localisation cellulaire des protéines PIN a probablement lieu au cours de l'émergence racinaire.

IV.3.7.3. Structure provisoire permettant la defénse des végétaux

Chez de nombreuses espèces végétales, le développement des racines latérales est couplé avec des structures provisoires « temporaires » qui sont dérivées de tissus du péricycle racinaire. Van Thieghem & Douliot (1988) proposent que l'origine de cette structure soit native de l'endoderme et de quelques éléments extérieurs. Ils l'ont appelé « *Digestion Poche* » ou « Poche digestive ». Von Guttenberg (1951) limite l'origine de cette structure à l'endoderme et l'a appelée « Tasche » (Schade & von Guttenberg, 1951). D'après Bell *et al.* (1970), ces structures sont les mêmes. La fonction de ces structures est considérée comme essentielle lors de la défense des végétaux, l'ébauche et la facilitation de l'émergence de la racine latérale (Charlton, 1991). Chez *Convolvulus arvensis,* Bonnet (1969) a observé que la surface du primordium est formée temporairement via une structure « *Tasche* ». Cet agencement cellulaire sécrète des vésicules. Ces vésicules sont originaires de dictyosomes. Elles sont trouvées dans les cellules les plus externes de ces structures. Leur contenu est principalement constitué d'enzymes hydrolytiques impliquées dans la dissolution de protoplastes et la lyse des cellules du cortex voisines (Bonnett, 1969).

Chez les plantes n'émettant pas ces structures provisoires, nous nous attendons à ce que le primordium de la racine latérale sorte des tissus de la racine primaire. Cette émergence serait issue des simples forces mécaniques en présence (Charlton, 1991). Chez le maïs *Zea mays,* Bell & McCully (1970) concluent que ces deux méthodes de régulations semblent possibles, complémentaires et probablement combinées. Dans cette espèce, le primordium est d'abord provisoire sous forme de structure « *Tasche* ». Il est substitué par une pression mécanique lorsque les couches cellulaires lignifiées externes de la racine principale sont atteintes. L'activité des Hydrolases est prévue même en absence de structures provisoires (Swarup *et al.,* 2008). L'endoderme divise principalement de manière anticline et suit le rythme de croissance du primordium. Les autres cellules corticales sont déformées, écrasées, placées de côté et en partie dégradées par l'activité enzymatique et d'autres facteurs de dégradation cellulaire (Bell & McCully, 1970 ; Swarup *et al.,* 2008).

Les cellules de la racine parente recouvrent le nouveau primordium de racines latérales. Celui-ci participe activement à l'émergence d'organes grâce à un réseau de signalisation via l'auxine transcellulaire conçue pour synchroniser le développement de la racine latérale et le processus d'émergence et d'apparition de celle-ci. Le modèle restreint de l'expression *LAX3* dans les tissus racinaires externes est important pour l'induction localisée des gènes cellulaires. Il crée un modèle de paroi cellulaire et mur cellulaire à expression génique commune « *Cell-wall remodelling gènes* » tels qu'*AIR3*, *PG* et *XTR6* (Swarup *et al.,* 2008) (Figure. 24). *LAX3* encode la synthèse d'un transporteur d'influx de haute affinité pour l'auxine qui facilite l'émergence des racines latérales en induisant la séparation des cellules épidermiques et corticales superposées au primordium. Les auteurs concluent que *LAX3* coordonne l'expression spatiale de plusieurs classes d'enzymes cellulaires relatives au mur cellulaire. Ces enzymes sont susceptibles d'agir collectivement pour favoriser l'émergence des racines latérales. *IAA3* est détecté uniquement dans l'endoderme. Il est susceptible d'influer le taux d'émergence des racines latérales. Il régule l'induction du gène d'expression de la synthèse de l'auxine au niveau de la paroi cellulaire ou mur cellulaire « cell-wall-remodelling". Il a également été constaté que l'expression *LAX3* est auxine inductible. Elle est induite par le signal auxine médié par les composantes de signalisation *ARF7*, *ARF19* et *IAA14/SLR* (Swarup *et al.*, 2008).

Figure 24. Modèle de l'émergence des racines latérales auxine-dépendante. (a) L'auxine (AIA) en provenance de péricycle se divisant (P) induit des cellules de la paroi cellulaire ayant un remodelage de leurs expressions des gènes (SLR) dans les zones adjacentes endodermiques (End) en ciblant les cellules de la dégradation de la protéine répresseur SHY2/IAA3. (b) L'auxine dérivé du primordium racines latérales induit également l'expression de la LAX3 auxine porteuse d'afflux dans les cellules corticales adjacentes (C) en ciblant la dégradation de la protéine répresseur SLR/IAA14. (c) l'expression LAX3 augmente la perméabilité cellulaire à l'auxine, créant ainsi une boucle de rétroaction positive. L'augmentation de l'accumulation d'auxine induit l'expression de SLR. (d) À un stade ultérieur de primordium développementaux, l'auxine induit une expression LAX3 dans les cellules épidermiques adjacentes (Epi). L'expression de la SLR dans quelques cellules des différentes couches facilite l'émergence de *primordium* des racines latérales. Les réponses cellulaires auxiniques sont représentées comme un dégradé de couleur bleue (Swarup *et al.*, 2008).

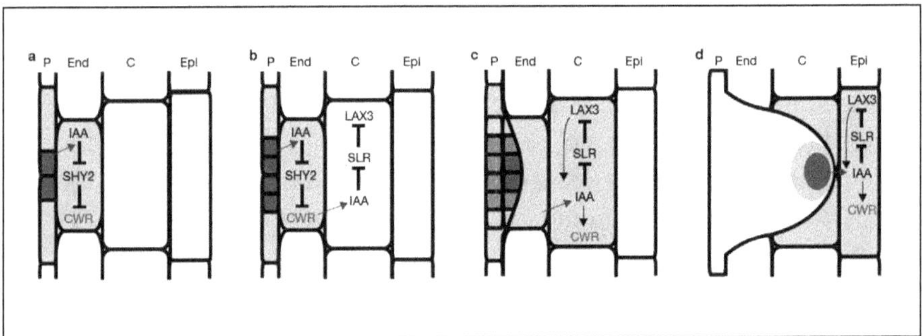

Lors de l'émergence de la racine latérale au travers des tissus des racines parentes, il se produit une perturbation des tissus situés à l'extérieur du péricycle. Elle crée une porte d'entrée incontrôlée pour les agents pathogènes et substances extérieures. C'est pourquoi ce processus doit être strictement régulé. La séparation des cellules, en particulier de l'épiderme, constitue un risque pour l'intégrité de l'environnement interne de la plante c'est-à-dire sa physiologie, son développement et son homéostasie (Nibau *et al.*, 2008). Les plantes créent différentes structures permettant la guérison comme des cals cellulaires, des dépôts de matières extracellulaires, des parois de cellules lignifiées subérisées. Chez les céréales, comme l'*Hieracium,* des phénols peuvent être accumulés. Ils permettent de sceller les tissus perturbés par l'extrusion de la racine latérale (Peterson, 1979). Le but de ces composés et structures générés est de restaurer les barrières apoplastiques et le continuum (rhizoplan) de la surface du corps de la plante (Charlton, 1991).

Le développement de la racine latérale se termine par la différenciation du phloème et du xylème au sein du primordium racinaire et par la mise en place de leur raccordement avec le phloème et le xylème de la racine primaire ou parentale. Cette connexion se fait à travers la différenciation des cellules du péricycle et des éléments conducteurs sur l'extrémité proximale du primordium racinaire (Esau, 1965 ; Oparka *et al.,* 1995).

V. Contrôle hormonal de la croissance foliaire

V.1. Gibbérélline et croissance des tiges

Il est clair que les différentes hormones végétales affectent les processus de développement de la plante dans son ensemble dont les stades et les phases se chevauchent lors du cycle de développement végétal (Figures. 25 & 26 ; Santner *et al.,* 2009 ; Jaillais & Chory, 2010). Ainsi, la finalité de l'action des hormones végétales dépend des combinaisons d'hormones spécifiques plutôt que d'un effet sur les activités indépendantes de chacune de ces hormones.

Figure 25. Phytohormones régulant la croissance et le développement des plantes. Structures chimiques des principales molécules de signalisation comme l'AS : acide salicylique ; AJ : acide jasmonique ; ET : éthylène. (* petite molécules) (Santner *et al.,* 2009).

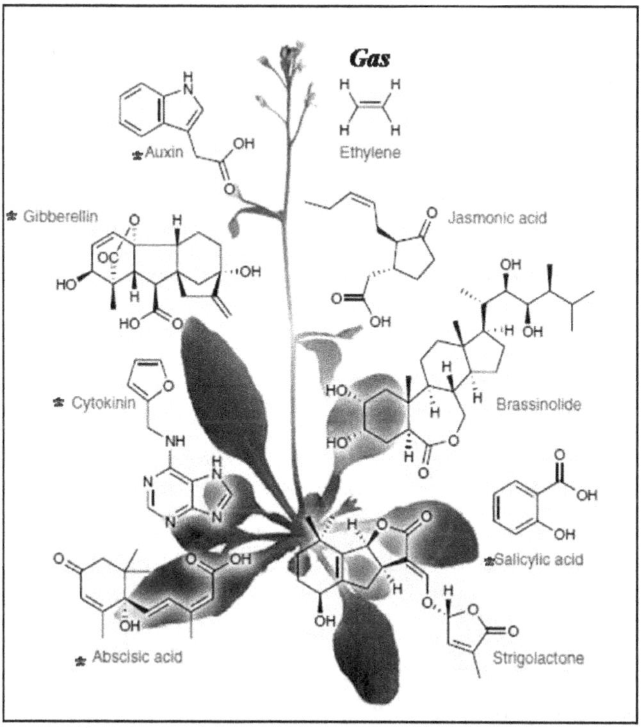

Figure 26. Structures chimiques des phytohormones et des interactions fonctionnelles qui leurs sont liées. Les lignes avec des pointes de flèche illustrent la régulation positive des gènes de biosynthèse des hormones ou la régulation négative des gènes impliqués dans l'inactivation des hormones ; Les flèches bloquées illustrent la régulation négative des gènes impliqués dans la biosynthèse des hormones ou surexpression de gènes impliqués dans l'inactivation d'une hormone ; Les pointes de flèches de diamants illustrent les changements dans l'expression génique avec des résultats ambigus (Jaillais & Chory, 2010).

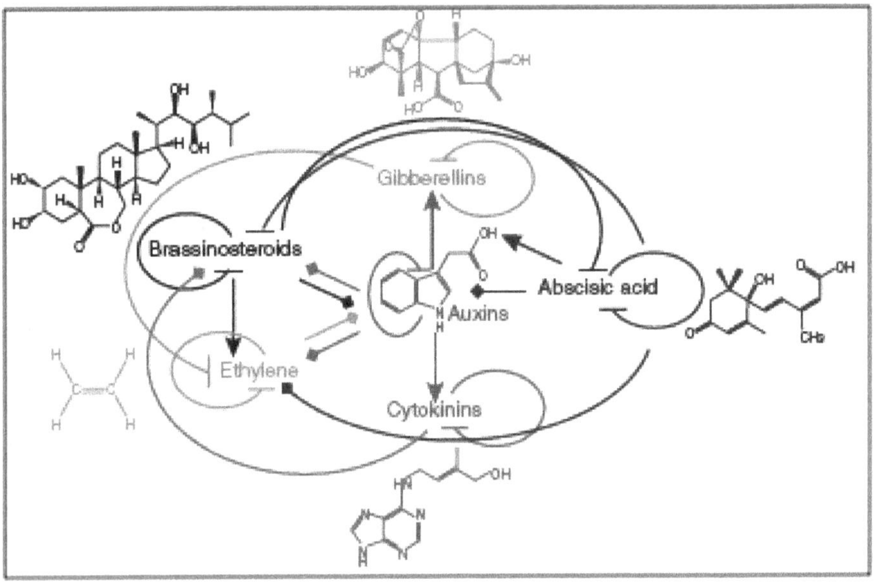

Dans les deux dernières décennies, de nombreux composants des voies de transduction de signaux de différentes hormones végétales, ont été identifiés. Cela a conduit à l'élucidation partielle ou de toutes les cascades de signalisations hormonales. Ces résultats ont fourni les outils nécessaires pour commencer à s'attaquer aux mécanismes qui sous-tendent la « diaphonie » entre les voies hormonales différentes et les mécanismes de transduction du signal les impliquant. Cette « diaphonie » implique divers mécanismes. Il s'agit à la fois de : i) la réponse hormonale et des niveaux de biosynthèse, ii) la création d'un réseau d'intervention délicate des hormones.

Ce paragraphe décrit comment la gibbérelline (GA) interagit avec d'autres hormones végétales au niveau du développement de la plante et particulièrement foliaire. Nous nous concentrons sur les interactions entre l'acide abscissique (ABA), l'auxine, l'éthylène et des cytokinines. Bien que les preuves pour les interactions de l'AG avec brassinostéroïdes (Bouquin *et al.*, 2001) et jasmonate (Traw & Bergelson, 2003) existent aussi, je réunis ici les résultats d'études portant sur les mécanismes qui régissent le « *cross talk* = diaphonie ». On nomme diaphonie parfois « bruit ou *crosstalk* » l'interférence d'un premier signal avec un second. On trouve des traces du premier signal dans le signal du second. On parle de diaphonie dans le cas de multiples canaux de communications ou de données, là où l'un interfère sur les autres, gênant ainsi l'écoute et l'interprétation sur les autres canaux de transmission de l'information.

V.2. Interaction de la GA avec les autres hormones

Le mode d'action GA dans la plante est encore loin d'être compris. De nombreuses interactions fonctionnelles positives et négatives avec les autres hormones et signaux environnementaux endogènes influent sur les réponses issues de l'effet de l'AG (Figure. 27 ; Weiss & Ori, 2007). Nemhauser *et al.* (2006) ont identifié des gènes cibles robustes qui sont affectés spécifiquement par une seule hormone.

Figure 27. Interaction positive et négative de la GA avec d'autres hormones végétales au court du cycle de vie de la plante. Certains des effets sont représentés ici. (Abréviations : CK, Cytokinin ; ABA : Acide abcisique ; AUX : auxine) (Weiss & Ori, 2007).

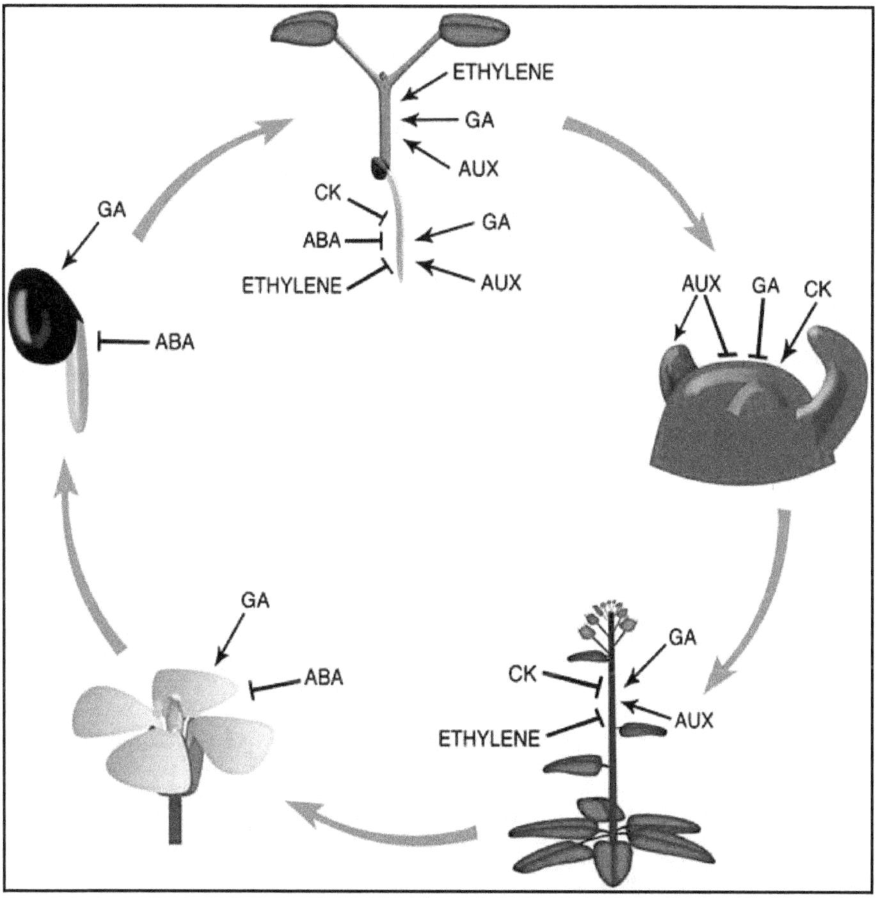

Toutefois, dans le cas de l'interaction GA-gènes induits, il n'y a toujours pas eu d'objectifs robustes identifiés. Cela peut suggérer que les interactions avec d'autres hormones jouent un rôle majeur dans l'action de la GA, ce qui nécessite l'existence de mécanismes efficaces et sensibles de « *cross-talk* / diaphonie » entre les voies de signalisation correspondantes. Récemment, plusieurs études ont porté sur la machinerie moléculaire sous-jacente aux interactions entre le GA et d'autres hormones, la découverte d'un réseau complexe de contrôles et d'interactions hormonales (Weiss & Ori, 2007).

VI. Contrôle hormonale du développement racinaire

VI.1. Les auxines (AUX)

VI.1.1. Nature et rôle de l'auxine

L'auxine joue un rôle crucial dans de nombreux mécanismes physiologiques et développementaux : développement de l'embryon et du fruit, organogenèse, différenciation du système vasculaire, mise en place de l'architecture racinaire, élongation cellulaire, tropismes et dominance apicale (Kepinski & Leyser, 2005a). De nombreuses molécules possèdent un pouvoir auxinique. Mais, chez les plantes, la plus abondante est l'acide 3-indole acétique (IAA ou AIA). Différentes formes naturelles et synthétiques de l'IAA existe et peuvent être utilisées de manière expérimentale en apport externe lors d'expérimentation *in vitro* ou *in vivo* (Figure. 28).

Figure 28. Formules chimiques des différents types d'auxine.

La formule chimique des principaux auxiniques : l'auxine naturelle (IAA) (concentrations moyennes : 0.01 à 0.1 $mg.Kg^{-1}$) (Thimann & Kögl, 1934) ; les deux autres auxines naturelles au sens large (IBA et PAA) et synthétiques (2,4D et NAA) sont présentées associées à leur inhibiteur compétitif du transport d'influx (NOA). Et théorie des deux points d'attache de l'auxine sur leur récepteur. (Varin, 2015).

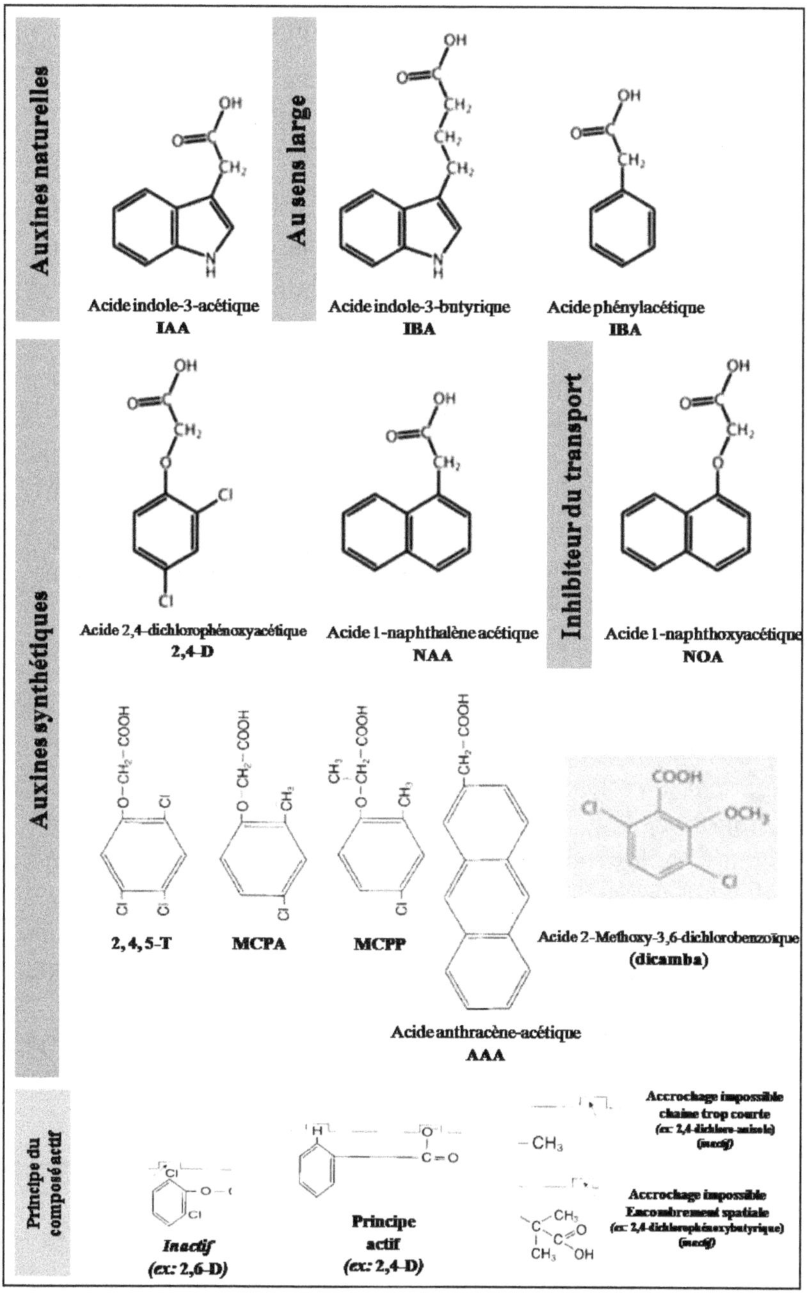

Au sens strict, l'auxine est de l'acide indole-acétique. Le terme d'auxine a ensuite été élargi à un ensemble de substances possédant des propriétés physiologiques voisines et une conformation chimique apparentée. Les Auxines jouent un rôle important dans de nombreux aspects de la croissance et du développement des végétaux. Elles jouent un rôle dans la formation de la racine latérale, l'embryogenèse, les réponses trophiques, le gravitropisme et la réponse à la lumière. Elles maintienent la dominance apicale, permettent d'initier des parties aériennes latérales et le développement des organes. Elles sont également impliquées dans la formation des tissus vasculaires et des racines adventives (Woodward & Bartel, 2005). La synthèse de l'auxine, sa conversion en formes actives ou inactives et son transport non polaire et polaire prend part aux mécanismes de réglementations & régulations génériques présent dans la plante.

VI.1.2. Perception et signalisation auxinique

La perception et la transduction du signal auxinique ont fait l'objet de recherches intensives et de nombreuses revues sont disponibles par exemple Leyser (2006), Paciorek & Friml (2006) et Quint & Gray (2006). Des récepteurs de l'auxine ont été identifiés. Il s'agit de la protéine TIR1 (Dharmasiri *et al.,* 2005a ; Kepinski & Leyser, 2005b) et des membres de la famille AFB (Dharmasiri *et al.,* 2005b) même si l'existence d'autres récepteurs reste envisagée (Badescu & Napier, 2006). La signalisation auxinique fait intervenir le complexe de polyubiquitinylation SCFTIR qui programme la dégradation des protéines Aux/IAA (Figure. 29 ; Santner *et al.,* 2009). Les Aux/IAA interagissent avec les facteurs de transcription ARF. Ils empêchent la transcription des gènes contenant des éléments AuxRE dans leur promoteur. La destruction des Aux/IAA par le protéasome permet aux ARF de se fixer sur les AuxRE et d'initier la transcription des gènes induits par l'auxine. Cette voie de signalisation par levée d'inhibition semble complexe. Or, elle présente certains avantages, notamment la présence de nombreux Aux/IAA et ARF assure la spécificité de la réponse auxinique en fonction des types cellulaires (Teale *et al.,* 2006).

Figure 29. A. Mécanismes de la Signalisation auxine chez *Arabidopsis*. SCFTIR1 et complexes SCF liés à l'auxine et lient Aux/IAA protéines cibles de la dégradation. (**a**) Pour de bas niveaux cellulaires en auxine, la transcription des gènes de réponse auxine est réprimée par le complexe Aux/IAA. (**b**) Lorsque les niveaux en auxine cellulaire augmentation, l'auxine se lie à la protéine TIR1, augmente son affinité pour l'Aux/IAA, et favorise leur ubiquitination et la dégradation subséquente, permettant ainsi aux protéines ARF de promouvoir une transcription. (Santner *et al.*, 2009). **B.** Similitudes entre la signalisation de l'auxine, JA et GA. Le complexe SCF-E3 de type Ubiquitine ligase permet de promouvoir l'ubiquitination et la dégradation des répresseurs de l'auxine, JA et GA régulés lors de la transcription. Dans le cas de l'auxine et JA, l'hormone se lie directement à l'SCF. Elle favorise la liaison et ubiquitination des répresseurs. Dans le cas de GA, une protéine supplémentaire (le récepteur GA GID1 : *GA receptor GID1*) facilite la reconnaissance du substrat par SCFGID2/SLY. (Santner *et al.*, 2009). **C.** Modèle de transduction de signal via les cytokinines. La cytokinine est perçue par les récepteurs de la membrane plasmique AHK. En outre, le signal cytokinine est amplifié par les phénomènes de phosphorylation à partir des AHK, qui conduisent à l'activation et la translocation nucléaire ultérieure des protéines du AHP. Les protéines AHP transférent le groupe phosphoryle de type A ou de type B sur les protéines ARR. Le premier acte en tant que répresseurs de la signalisation cytokinine, alors que ceux-ci agissent comme régulateurs positifs de la transcription des gènes induits par la cytokinine, y compris ceux codant les ARRs de type A. Les protéines CRF sont également activées par la cytokinine. Après translocation vers le noyau, ils agissent comme activateurs de gènes régulés par la cytokinine (Santner *et al.*, 2009).

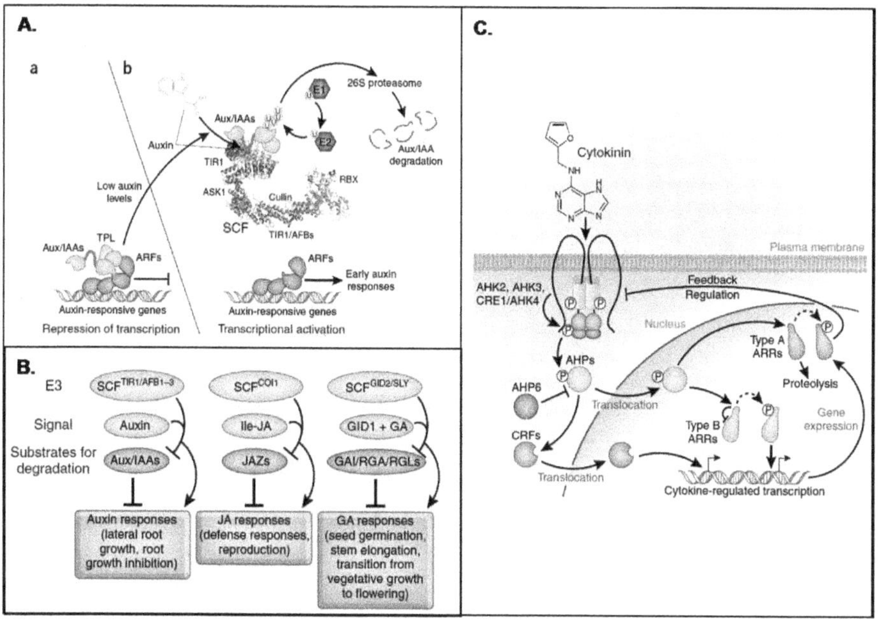

VI.1.3. Homéostasie de l'auxine

L'homéostasie de l'auxine est complexe. Elle intègre la biosynthèse, la dégradation, la conjugaison, la compartimentation et le transport (Ljung *et al.,* 2002 ; Woodward & Bartel, 2005). Les détails de la biosynthèse de l'auxine ne sont pas totalement connus (Woodward & Bartel, 2005). Les approches de génétiques classiques, comme la recherche de mutants dépourvus d'auxines, n'ont pas été fructueuses. Cela s'explique par le potentiel de létalité de telles mutations ou par l'existence de voies de biosynthèses multiples et redondantes. En effet, deux voies de biosynthèses seraient impliquées dans la synthèse d'auxines (Figure. 30) : i) une voie majoritaire dépendante du tryptophane et ii) une voie indépendante (Cohen *et al.,* 2003). L'auxine est principalement synthétisée au niveau des jeunes feuilles, cotylédons et racines (Ljung *et al.,* 2001). Plus précisément, au niveau racinaire, l'auxine est synthétisée dans les régions méristématiques de la racine principale et des racines secondaires (Ljung *et al.,* 2005).

Figure 30. Voies de biosynthèse de l'auxine (AIA ou IAA). Il existe au moins deux voies de biosynthèse de l'acide indole-3-acétique : une voie dépendante du tryptophane et une voie indépendante. (Abréviations : NIT, nitrilase ; SUR2, superroot2) (Varin, 2015 d'après Cohen *et al.,* 2003).

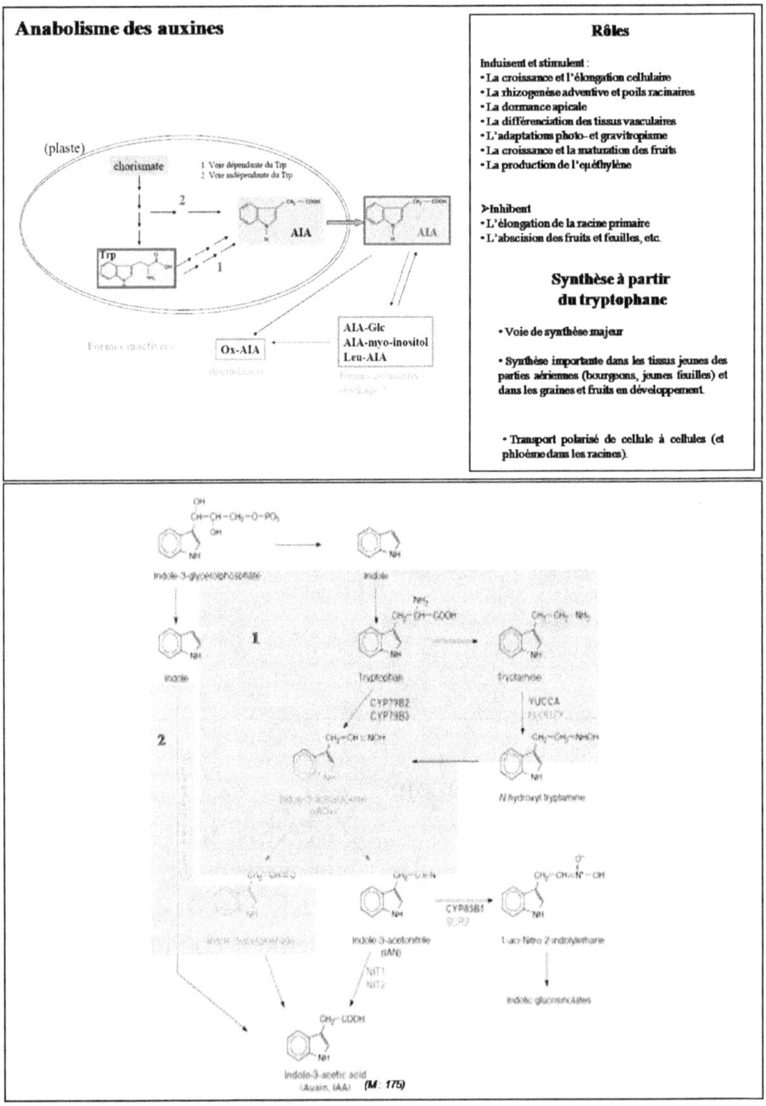

La dégradation de l'auxine se fait par : i) décarboxylation oxydative, catalysée par une série de péroxydases groupées sous le terme de « IAA oxydases » ou ii) plus majoritairement par oxydation nondécarboxylative (Ljung *et al.,* 2002). Le catabolisme de l'auxine permet essentiellement de prévenir des niveaux trop élevés d'auxines en dégradant bien l'auxine libre et ses formes conjuguées. Il faut noter que chez les plantes supérieures, la plupart de l'auxine est sous forme conjuguée.

L'IAA peut être conjugué avec des sucres par liaison ester, des acides aminés ou des peptides par liaison amide. Ces formes peuvent constituer des formes de stockages, de transports, de protections contre les dégradations ou de détoxications d'excès d'auxines (Bartel *et al.,* 2001).

Certaines formes sont susceptibles d'être hydrolysées pour libérer l'auxine (Figure. 31). La compartimentation de l'auxine est complexe et peu étudiée. La synthèse d'auxine semble cytoplasmique et la libération d'auxines par hydrolyse de formes conjuguées peut avoir lieu dans le péroxysome ou le réticulum endoplasmique. Le mode de transport de l'auxine entre les différents compartiments cellulaires est encore peu décrit (Bartel *et al.,* 2001).

Figure 31. Catabolisme et inactivation des auxines. 1) deux voies de catabolisme de l'auxine par décarboxylation oxydative via « IAA oxydase » (Peroxydase) observées en *in vitro*. Ce catabolisme prévient l'accumulation de l'auxine à des doses létale pour les cellules et l'organisme. **2)** Réponses physiologiques rapides par inactivation irréversible ou réversible de l'IAA (Varin, 2015).

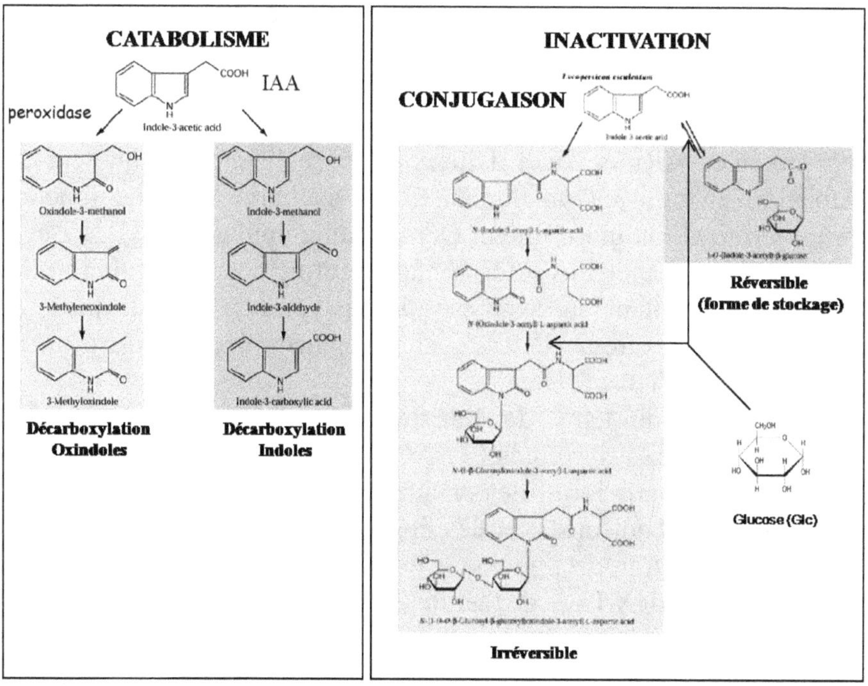

VI.1.4. Signal auxine & Dégradation des protéines

Au cours de l'initiation de la racine latérale, le signal auxine est étroitement associé à la dégradation des protéines de régulation et leurs orientations vers le proteasome. Il a donc un lien entre le signal auxine et le système ubiquitine/proteasome. Le processus nécessite le complexe enzymatique de l'ubiquitine c'est-à-dire une enzyme activant l'ubiquitine (E1), une enzyme ubiquitine conjuguée (E2) et une protéine ubiquitine ligase (E3).

Ces enzymes transfèrent l'ubiquitine de l'E2 sur la protéine cible (Petroski & Deshaies, 2005). Certains ubiquitines ligases E3 constituent un complexe multi-protéique. Ce complexe « SKP1-CULLIN1-F-box (SCF) ligases E3 » contient une sous-unité protéique « F-box protein » qui confère la spécificité et permet la relecture des schémas de synthèses des protéines cibles particulières.

Les protéines AUX/IAA (régulateurs transcriptionnels des gènes dont l'expression est modulée par l'auxine) et ARF (Auxin-Responsive Factors, facteur de transcription dimérisé et DNA binding domain) peuvent être au centre du point de contrôles des gradients de concentration en auxine. Ils peuvent traduire cette information en gradients d'expressions géniques qui causent une sortie de développements et de structurations morphologiques chez les plantes. Les protéines AUX/IAA et ARF fonctionnent comme des régulateurs transcriptionnels, alors que les molécules de la famille de l'auxine sont généralement identifiées comme des répresseurs de l'induction de l'expression des gènes de l'auxine et induisent l'expression des gènes des protéines ARF qui peuvent activer ou réprimer cette transcription. Les protéines ARF se lient à l'auxine et se lient au promoteur *cis* (AuxREs) en utilisant un domaine d'ADN borné par une fonction amino-terminal (amino-terminal DNAbinding domain: DBD). Liscum & Reed (2002) émet l'hypothèse que les protéines de régulation des transcrits permettant la synthèse de la voie de signalisation de l'auxine, c'est-à dire AUX/IAA, sont régulées par modification de l'activité ARF (Figure 29).

Les binding proteins de l'auxine TIR1/AFBs permettent une interaction avec les protéines AUX/IAA. Ainsi, ces protéines localisent la dégradation. Elles se dimèrisent avec ARF et empêchent la formation des liaisons avec les éléments promoteurs réactifs de la voie de signalisation de l'auxine. Ce complexe permet la dégradation de la protéine AUX/IAA et facilite la transduction-transcription des gènes de réponses à l'auxine par l'action de la protéine ARF (Nibau *et al.*, 2008).

VI.1.5. Régulation génétique

Récemment, il a été démontré que la production locale de cellules fondatrices et l'accumulation importante d'auxines via les cellules simples du péricycle peut être médiée par l'activation de gènes régulés par un site spécifique de recombinaison *Cre-Lox*. Ainsi, l'auxine est Le Signal Local Instructif. Elle est suffisante pour induire des cellules fondatrices de racines latérales. Elle est également un élément déclencheur de l'organogenèse post-embryonnaire et de la morphogenèse végétale (Figure. 32) (Dubrovsky *et al.*, 2008 ; Nibau *et al.*, 2008 ; Fukaki & Tasaka, 2009).

Figure 32. A. Signalisation de l'auxine au cours de la formation et développement des racines latérales (LR). (a) Une impulsion auxinique (gris clair) a lieu dans le méristème basal (BM). Elle amorce une cellule du péricycle (gris foncé) qui devient compétente pour former une cellule initiale de racines latérales. (b) Certaines cellules (blanc) du méristème basale sont laissées entre les taux maxima d'auxines cycliques qui ne sont pas spécifiés pour induire des cellules initiales de LR. (c) La cellule du péricycle peut amorcer le développement LR ; quant à une autre cellule du péricycle (gris foncé), elle est amorcée dans le méristème basale par l'impulsion ultérieure de l'auxine. (d) l'initiation des racines latérales commence avec une induction faisant intervenir l'auxine par une dégradation de l'IAA14. Cela permet l'activation de l'ARF7 et ARF19. Ces deux facteurs de transcriptions activent l'expression de gènes LBD/ASL. Le complexe protéique LBD/ASL, à son tour active des gènes du cycle cellulaire et les gènes des cellules « *patterning* », permettant la formation d'un *primordium* de nouvelles racines latérales (PRL). L'auxine active également la transcription des NAC1 pour stimuler l'initiation de la LR. En même temps, elle induit l'expression de deux ubiquitines ligases, CEGUENDO et SINAT5. Ces trois protéines permettent à leur tour d'atténuer la réponse auxine (Nibau *et al.*, 2008). **B.** Modèle de la voie de signalisation de l'auxine lors de l'initiation et du développement du *primordium* de la LR. Les signaux auxiniques sont transportés vers les cellules du péricycle du protoxylème (médiée par AUX1, PIN, etc). Ils favorisent la dégradation de l'auxiliaire IaaS (IAA14/SLR, etc.) et sont impliqués dans l'initiation de la LR par des complexes SCFTIR1/AFBs et des protéasomes 26S. Il en résulte une activation de la fonction ARF7/ARF19. Cela permet d'activer les ARF7/ARF19 gènes cibles nécessaires pour l'initiation de la LR (LBD16/ASL18, LBD29/ASL16, et les autres cibles). LBD16/ASL18 et LBD29/ASL16 sont des complexes de protéines nucléaires qui sont également impliqués dans la régulation transcriptionnelle pour l'initiation de la LR. Il en résulte des divisions cellulaires anticlinales dans le péricycle protoxylème pour LR initiation. Après, nous observons un développement du PRL qui se fait par l'action des PIN et des GNOM dépendant du transport polaire de l'auxine. Ainsi, la morphogenèse est induite par la signalisation médiée par l'auxine. Un remodelage de la chromatine PKL-dépendante est requis pour l'inactivation des IAA14/SLR-régulée par l'activité de l'ARF7/ARF19 au cours de l'initiation de la LR (Fukaki &Tasaka, 2009).

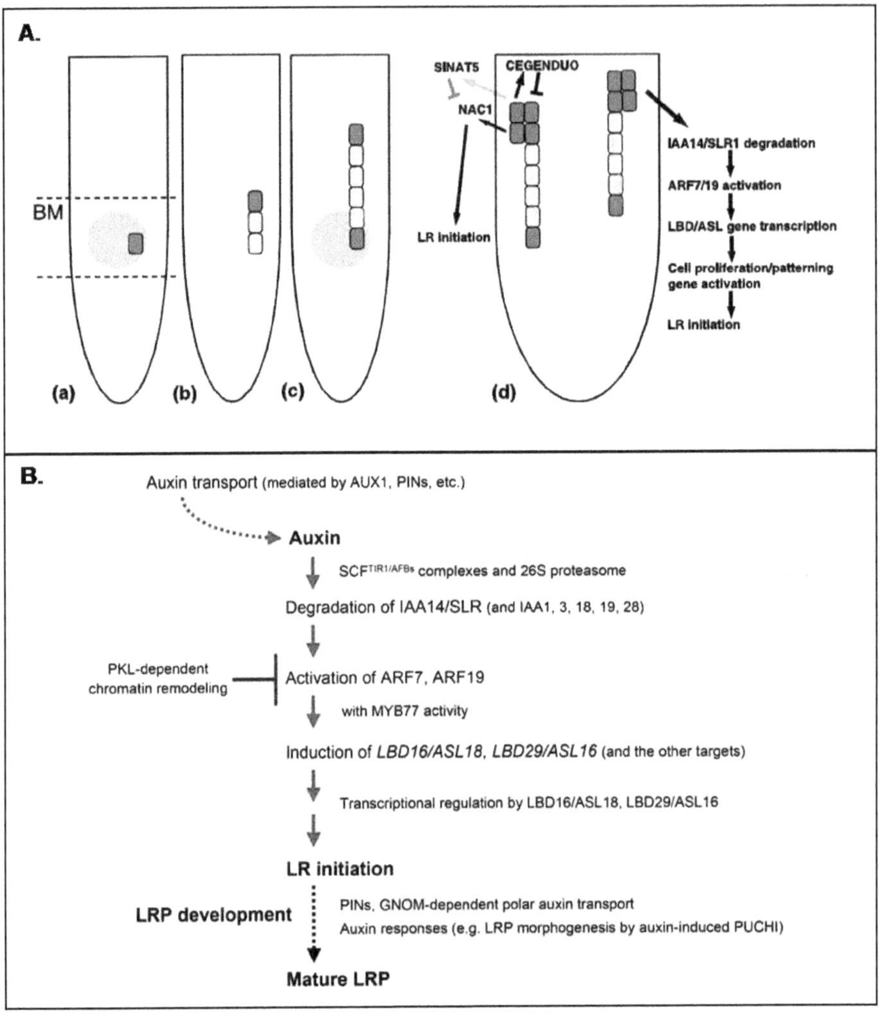

Le mutant auxine résistant *axr4* à AUX1 présente un phénotype ayant une formation de racines latérales et un gravitropisme racinaire réduit (Hobbie & Estelle, 1995). Bien qu'exogènes, L'IAA et le 2,4-D sont transportés dans la cellule par des transporteurs d'influx. Le mutant ne pouvait pas corriger ses défauts et la présence d'IAA exogènes. Une auxine synthétique peut diffuser dans les tissus et corriger le phénotype. Cette auxine appliquée de manière exogène à la plante suggére qu'AXR4 est impliqué dans l'influx d'auxines. En fait, la mutation *axr4* montre que le gène codant pour une protéine accessoire non identifiée est présent dans le réticulum endoplasmique (RE). Il entraîne une accumulation anormale d'AUX1 dans le RE des cellules racinaires de l'épiderme. Cela indique qu'AXR4 est requis pour la localisation d'AUX1 (Dharmasiri *et al.*, 2006).

Le mutant *slr* (solitary root) porte une mutation de stabilisation du régulateur de signalisation négative de l'auxine IAA14. Dans la racine de ce mutant, les chercheurs montrent un début de déficit en primordium de racines latérales car la division cellulaire n'est pas maintenu dans le péricycle (Fukaki *et al.,* 2002).

De même, le mutant *massugu2* (*msg2*) est défectueux en IAA19. Ce mutant affiche un nombre diminué de racines latérales. L'IAA19 inhibe l'activité du facteur de réponse à l'auxine (ARF) : Non phototropique Hypocotyle 4 (NPH4) / ARF7. Il régule positivement la formation de racines latérales (Osmont *et al.,* 2007 ; Tatematsu *et al.,* 2004).

Dans les plantes sauvages, l'auxine provoque la dégradation de IAA14. Elle permet à ARF7 et ARF19 d'activer la transcription des gènes « *Latéral Organ Boundaries Domain/Asymetric Leaves Like Limites* : LBD/ASL » (Okushima *et al.,* 2005). ARF7 interagit également avec un facteur de transcription MYB qui lie l'auxine à l'initiation des racines latérales et aux réponses de la plante à l'environnement (Shin *et al.,* 2007).

IAA28 joue également un rôle important dans l'initiation des racines latérales. Le mutant *iaa28* forme moins de racines latérales que le type sauvage d'*Arabidopsis.* L'*IAA28* est dégradé par l'auxine. Il réprime l'auxine et les gènes d'inductions de la formation des racines latérales. Toutefois, les niveaux d'ARNm d'*IAA28* sont réprimés par l'auxine. Ce résultat indique une régulation complexe de l'IAA28 au cours du signal auxinique (Dreher *et al.,* 2006 ; Rogg *et al.,* 2001). Le mutant *iaa28* est également résistant aux cytokinines exogènes et à l'éthylène. Cette information suggère l'existence d'un point d'intégration encore inconnue pour les voies hormonales (Nibau *et al.,* 2008). En revanche, *iaa28-1* à ses racines sensibles à l'acide abscissique, le methyl-jasmonate et epibrassinolide. Dans une certaine gamme de concentration, la réponse de l'hypocotyle d'iaa28-1 est normale pour l'acide aminocyclocarboxylique (Rogg *et al.,* 2001).

Chez *Arabidopsis*, l'effet de l'auxine sur la formation des racines latérales est médié par des F-box protéines « *Vier F-Box Proteine* : VFB ». Les VFB peuvent réguler l'expression génique induite par l'auxine. Ils peuvent par conséquent réglementer la formation de racines latérales grâce à une voie indépendante du récepteur de l'auxine TIR1 (Schwager *et al.,* 2007). De plus, l'auxine stimule la transcription des ubiquitines ligases qui répriment les signaux auxiniques. Un mécanisme de rétroaction élégante est mis en avant. Il permet de maintenir la sensibilité à l'auxine au sein du péricycle. La

F-box protéine *Cegenduo* (CEG) est un régulateur négatif de la formation des racines latérales dont la transcription est induite par l'auxine (Dong *et al.,* 2006). Lors de l'interaction avec les racines latérales, l'auxine est fortement dépendante de la voie ubiquitine-proteasome. D'abord, au moment de la transduction de signaux par la dégradation des répresseurs et dans le cas de la réinitialisation du système en dégradant les activateurs lorsqu'ils ne sont plus nécessaires. La dégradation des protéines permet des changements rapides de réponses à l'environnement en constante évolution. Cette rapidité de réaction permet un réglage fin des signaux soutenus par la plante.

Tel qu'indiqué ci-dessus, l'auxine est donc un point central du développement des racines latérales. Il existe diverses interactions entre l'auxine et les autres éléments de régulation de la plante comme, les autres phytohormones ou composés de la rhizosphère, de dialogues moléculaires entre plantes-plantes et plantes-bactéries comme les composés allélochimiques, composés organiques volatils (COV). Nous pouvons également citer la relation entre l'auxine et l'éthylène.

VI.1.6. Type de transport de l'auxine : Non Polarisé et Polarisé

L'auxine est transportée à travers la plante par deux systèmes : i) un transport rapide non-polarisé de 5 à 10 $cm.h^{-1}$ assuré par le système vasculaire ; et ii) un transport de cellules à cellules lent de 5 à 10 $mm.h^{-1}$. Ce dernier est polarisé (Friml & Palme, 2002) (Figure. 33).

Figure 33. Transport polaire de l'auxine dans les racines. Le diagramme présente à la fois la localisation de l'expression des gènes *PIN* (couleurs), ainsi que la direction du courant d'auxines (orientation des flèches) dans l'apex (pointe) racinaire d'*Arabidopsis*. Les transporteurs PIN sont co-régulés de façon fonctionnelle, de telle sorte que l'absence de l'une des formes est compensée par les autres (Vieten *et al.*, 2005 ; Parizot, 2007).

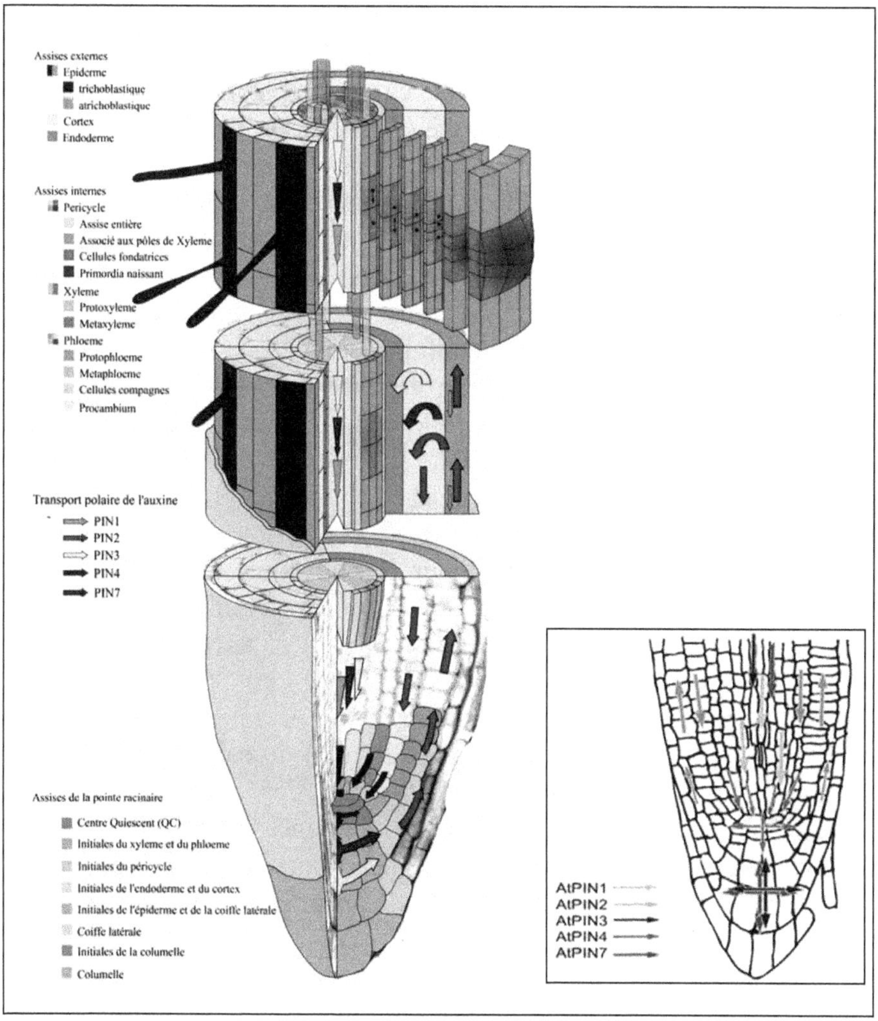

Le transport non-polarisé assure essentiellement le transport à longue distance de l'auxine. Au contraire, le transport polarisé d'auxines joue un rôle important dans les mécanismes développementaux en permettant l'établissement de gradients d'auxines (Friml, 2003). Ce transport est assuré par des transporteurs membranaires de deux types : les transporteurs d'influx et les transporteurs d'efflux (Blakeslee *et al.*, 2005 ; Kramer & Bennett, 2006).

Chez *Arabidopsis*, les transporteurs d'influx sont codés par les gènes de la famille *AUX-LAX* (auxin perméase/ like AUX) (Bennett *et al.,* 1996 ; Parry *et al.,* 2001b). Chez *Arabidopsis*, cette famille comprend quatre gènes (*AtAUX1* et *AtLAX1-3*) chez *Arabidopsis* (Parry *et al.,* 2001b) et cinq chez *Medicago truncatula* (Schnabel & Frugoli, 2004).

Les transporteurs d'influx d'auxine appartiennent à la famille des perméases à acides aminés et auxine (AAAP ; Young *et al.,* 1999). Ce sont des protéines transmembranaires. Leur mécanisme d'action précis n'est pas encore déterminé. Elles sembleraient agir comme des symports IAA/protons (Kerr & Bennett, 2007). Une analyse *in silico* permet d'obtenir une prédiction informatique de la topologie transmembranaire. Elle suggère l'existence de 11 domaines transmembranaires (Möller *et al.,* 2001). Ces prédictions sont confirmées par des analyses de fusions traductionnelles avec une protéine fluorescente (YFP) qui indique un nombre impair de domaines TM et un domaine N–terminal cytoplasmique (Swarup *et al.,* 2004). La protéine AUX1 est impliquée dans le transport basipète puis acropète de l'auxine au niveau de l'apex racinaire (Swarup *et al.,* 2001).

Plusieurs gènes pourraient coder les transporteurs d'efflux. Les gènes de la famille *PIN* (pin-formed) sont au nombre de huit chez *Arabidopsis* (*AtPIN1-8* ; Boutté *et al.,* 2006) et au moins cinq chez *Medicago truncatula* (Paponov *et al.,* 2005). Ils codent pour des protéines transmembranaires et assumeraient le rôle de transporteurs d'efflux de l'hormone (Petrasek *et al.,* 2006) au sein d'un complexe multi-protéique. La polarisation cellulaire des protéines PIN est responsable du transport polarisé de l'auxine (Wisniewska *et al.,* 2006). Il existe une forte redondance fonctionnelle des protéines PIN associée à une régulation croisée de leurs profils d'expression (Vieten *et al.,* 2005). L'auxine peut réguler l'expression des PIN à différents niveaux. Par exemple, l'expression du gène *PIN7* est induite par l'auxine alors que la stabilité de la protéine PIN7 est réduite par de fortes concentrations en auxine mais, augmentée par de faibles concentrations (Vieten *et al.,* 2005). Cette régulation complexe des protéines PIN permet une canalisation du flux d'auxines au cours des différents processus développementaux (Sauer *et al.,* 2006).

Certaines protéines codées par les gènes de la famille *MDR/PGP* (*Multi Drug Resistance/P-GlycoProteins*) ont la capacité de transporter l'auxine hors des cellules. Les protéines MDR/PGP appartiennent à la classe des transporteurs ABC (*ATB binding cassette*). Chez *Arabidopsis,* la famille *MDR/PGP* comprend 21 gènes

(Martinoia *et al.,* 2002 ; Jasinski *et al.,* 2003). A ce jour, seulement certains ont été identifiés comme des transporteurs d'efflux d'auxines. Nous pouvons citer l'*AtPGP1* (Geisler *et al.,* 2005), *AtPGP4* (Terasaka *et al.,* 2005) et *AtPGP19* (Noh *et al.,* 2001).

VI.1.7. Transport acropète et basipète de l'auxine

Chez *Arabidopsis,* l'auxine subit un transport acropète, c'est-à-dire qu'elle est transportée des parties aériennes jeunes vers l'extrémité des racines aux travers des tissus vasculaires. L'IAA est ensuite redirigée par transport basipète de l'extrémité de la racine vers et à travers les couches cellulaires externes de la base de la racine (Figure. 33) (Morris *et al.,* 2004 ; Vieten *et al.,* 2005 ; Parizot, 2007). L'inhibition de ce transport de l'auxine restreint l'initiation des nouveaux primordium de racines latérales.

Le transport polaire basipète de l'auxine dans l'extrémité des racines semble également influer l'émergence des racines latérales bien que ce type de racines émergent relativement loin dans la racine primaire (Casimiro *et al.,* 2001). Ivanchenko *et al.* (2006) suggèrent que l'activation du cycle cellulaire et de l'initiation des racines latérales peuvent être partiellement indépendantes. Les cellules adjacentes au péricycle du protoxylème possèdent la capacité à subir une division cellulaire et une prolifération cellulaire intense qui sont liées grâce à une coordination connectée à l'initiation des racines latérales. Ces deux processus sont apparemment auxine dépendante. Les mutations *dgt* désaccouplent ces processus (Ivanchenko *et al.,* 2006). Lors d'expérimentations utilisant ces mutants, le gène codant pour une DGT appartenant à la famille des cyclophilines. Les cyclophilines appartiennent à la famille des peptidyl prolyl cis-trans isomérases. Les résultats obtenus suggèrent que l'activité peptidyl-prolyl isomérase de la DGT participe à la régulation du transport de l'auxine ou dans la réponse auxinique nécessaire à la formation de la racine latérale (Fukaki & Tasaka, 2009).

En outre, les études génétiques utilisant des mutants d'*Arabidopsis* montrent qu'un système de transports de l'auxine par influx et éfflux est nécessaire lors de l'initiation des racines latérales et du développement du primordium de la racine latérale. L'influx est médié par des protéines AUX1 et LAX et l'efflux est médiée par des protéines PIN (Benkova *et al.,* 2003 ; Casimiro *et al.,* 2001 ; De Smet *et al.,* 2006 ; Fukaki & Tasaka 2009 ; Nibau *et al.,* 2008). On dit également qu'il s'agit d'un transport de type « fontaine active ».

VI.1.8. Mécanisme de régulation du transport polaire de l'auxine

La polarisation du transport de l'auxine IAA (ou AIA) dans les tissus végétaux est attribuée à un mécanisme de régulation très fin et réglementé. Cette polarisation complexe du transport et d'efflux localisés est médiée par une famille de protéines de transport PIN allant de PIN 1 à PIN 7(Figure. 33) (Friml, 2003).

Les protéines PIN jouent un rôle majeur dans le transport polaire de l'auxine, la formation du gradient d'auxines dirigeant la régulation du cycle cellulaire et la différenciation au niveau des méristèmes (Wisniewska *et al.*, 2006). L'auxine est amphiphile dans le hyaloplasme. Cette nature chimique permet à l'auxine d'entrer d'un côté de la cellule à la fois par diffusion passive et à l'aide de la protéine d'influx AUXIN RESISTANT1 (AUX1). Des mutants déficients en AUX1 présentent une diminution du transport d'auxines vers les racines et les feuilles, en plus d'être insensibles à l'addition d'auxines de synthèses (Swarup *et al.*, 2001). Les protéiques PIN caractérisent des complexes de transporteurs d'efflux de l'auxine. Le transport polaire de l'auxine est caractérisé par leur exportation à l'autre extrémité de la cellule par les protéines d'efflux PIN localisées à la base de la membrane plasmique. Ils établissent la direction flux de cette hormone et contribuent à l'accumulation d'auxines de manière localisée. Ces polarisations de flux sont essentielles pour la formation des organes et la polarité globale de la plante (Blakeslee *et al.,* 2005).

Le gradient de transport d'auxines tend vers une orientation basipète, c'est-à-dire de l'apex vers la base. L'auxine peut également être distribuée de façon acropète au niveau du phloème, avec l'aide encore des facteurs AUX1 et PIN. Leur distribution polaire signifie qu'elles sont localisées à une extrémité précise dans la cellule. Elles sont soit à la base cellulaire pour un rôle de transport acropète, soit au sommet pour un transport basipète. L'expression spécifique des protéines PIN est importante pour le maintien du gradient d'auxines dans la racine (Figure. 33) (Friml, 2003 ; Blakeslee *et al.*, 2005). PIN1 semble être le principal médiateur de mouvement de l'auxine au travers des tissus vasculaires vers l'extrémité des racines. PIN1 est également associé au transporteur PIN3, PIN4 et PIN7 qui contribuent à ce transport dans les tissus adjacents des parties inférieures des racines (Blilou *et al.,* 2005). Une fois à l'extrémité de la racine, l'auxine est redistribuée par le biais d'un transport basipète aux cellules corticales et épidermiques via un flux de transport dépendant de PIN2 (Benkova *et al.,* 2003 ; Blilou *et al.,* 2005) Dans la zone d'élongation des racines, PIN2, PIN3, et PIN7 permettent une réorientation latérale du flux « reflux » de l'auxine. L'auxine est de nouveau transportée de manière basipète par PIN1 et dépend du flux de transport de l'auxine au niveau de le stèle racinaire (Blilou *et al.*, 2005 ; Friml *et al.*, 2003). Une fois redirigé, l'auxine atteint l'extrémité des racines et le processus est répété. Ainsi, la création d'une « boucle de reflux » est engagé c'est-à-dire un influx-efflux perpétuel (Blilou *et al.*, 2005).

Le point chaud résulte de la régulation du positionnement des transporteurs de l'auxine dans les cellules au moment de la mise en place du processus de formation des organes conservés et des racines latérales au moment « t » de la mesure (Benkova *et al.*, 2003). Un fait intéressant est à noter. La signalisation de l'auxine régule le positionnement différentiel des transporteurs d'efflux de l'auxine. Par conséquent, elle régule la direction du flux d'auxine dans les tissus (Sauer *et al.*, 2006). Cet effet est médié par l'activité de la VPS29. Il s'agit d'un composant du trafic membranaire. Il est impliqué dans le recyclage des molécules porteuses. En même temps, avec l'aide d'autres protéines, la VPS29 médie l'arrangement dynamique des transporteurs d'efflux d'auxines en réponse à l'auxine (Jaillais *et al.*, 2007). L'interaction entre les régulations du transport de l'auxine et sa signalisation est essentielle pour l'ensemble des étapes de développement de la racine latérale. Elle est également importante pour de nombreux signaux de régulations de l'architecture du système racinaire (*Root System Architecture :* RSA) qui empreinte cette voie hormonale (Nibau *et al.*, 2008).

Chez tous les mutants d'*Arabidopsis thaliana* et de céréales affectés dans la production d'auxines, le transport et le métabolisme de cette hormone modifient l'ontogenèse et le phénotype des racines latérales. Ce mécanisme de modification est largement décrit dans les publications scientifiques actuelles (Casimiro *et al.*, 2003 ; Fukaki *et al.*, 2007 ; Nibau *et al.*, 2008 ; Woodward & Bartel, 2005).

Chez *Arabidopsis*, les cellules du péricycle du pôle xylèmique permettent l'émergence des racines latérales. Ces cellules s'avèrent plus petites que les cellules du péricycle. Ceci indique une régulation du cycle cellulaire qui induit la différenciation des cellules du péricycle. Il est suggéré que l'action coordonnée du transport de l'auxine, de sa signalisation hormonale, des régulateurs du cycle cellulaire et de protéines spécifiques aux nouvelles racines est nécessaire pour initier et former la racine latérale (Figure. 34 ; Nibau *et al.*, 2008).

Figure 34. Développement des racines latérales chez *Arabidopsis* représenté en coupe longitudinale. P, péricycle ; Fr, endoderme ; Co, le cortex ; Epi, l'épiderme. **(a)** L'initiation précoce - un pôle de xylème fondateur du péricycle cellulaire (gris foncé) subit des divisions cellulaires initiales anticlinales (perpendiculaire à la surface de la racine). **(b)** des divisions cellulaires périclinales (parallèles à la surface de la racine) commencent et le *primordium* racines latérales (PRL) commence à grandir. **(c)** Le PRL subit des divisions cellulaires plus organisées et commence à émerger à travers les couches externes des cellules de la racine primaire, résultant de la séparation des cellules (astérisques). **(d)** La nouvelle racine latérale est complètement sorti et son nouveau méristème est activé (gris foncé étoile). Il va continuer à croître et s'allonger. A chaque étape, l'effet de diverses hormones végétales est indiqué. (Abréviations : ABA, acide abscissique ; BR, brassinostéroïdes) (Nibau *et al.*, 2008).

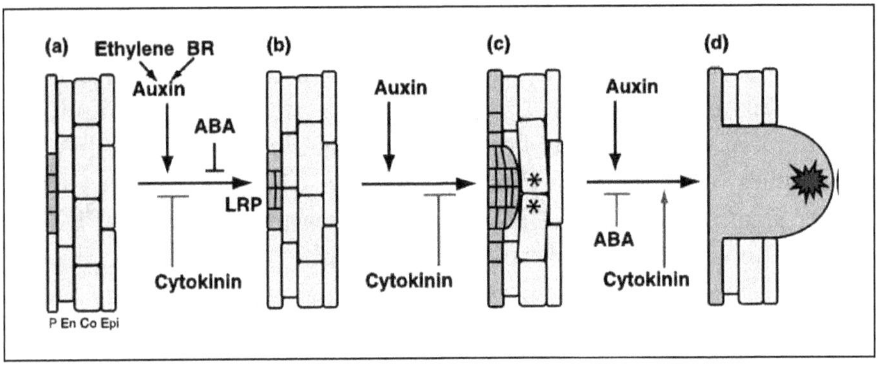

VI.2. Les Cytokinines (CK)

Les cytokinines, qui signifie étymologiquement : kutos, kinein, mouvoir au sens de séparer, sont nécessaires à la division cellulaire. La voie de biosynthèse de cette hormone est bien connue (Figure. 35 & 36). Elle est présente naturellement dans la plante et en grande quantité dans la graine de riz en développement. La glycosylation sert à inactiver les cytokinines mais, la réaction reste réversible. Un rôle de stockage des cytokinines existe. Elle peut etre libérées après l'action de glycosidases. Par ailleurs, une N-Glycosylation en position 3, 7 et 9 est présente naturellement dans la plante. Cette glycosylation inactive de manière irréversible les cytokinines. Elle fait probablement suite à une résistance au clivage enzymatique. La cytokinine peut également se conjuguer de manière irréversible avec l'alanine. Elle est principalement synthétisée dans les racines et serait transportée par le xylème dans les parties aériennes. La cytokinine est également synthétisée dans les cellules du méristème apical et les graines en développement.

Figure 35. Formules chimiques des différents types de cytokinines. Cytokinines naturelles chez les plantes et autres cytokinines. (Varin, 2015).

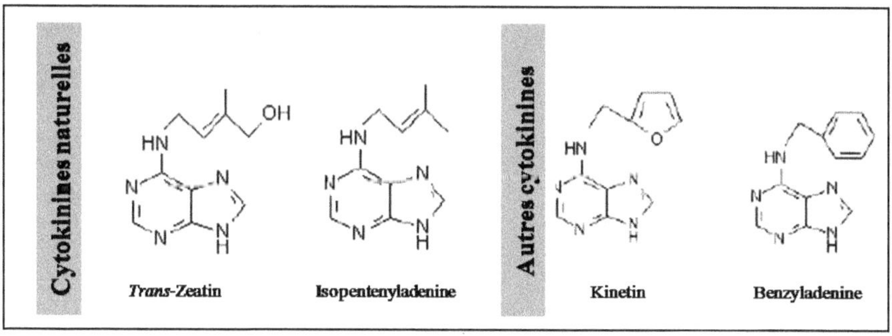

Figure 36. Biosynthèse des cytokinines. a) Le modèle actuel des voies de biosynthèses des cytokinines isoprenoides (CK) chez *Arabidopsis*. Les chaînes latérales d'isoprenoides de *N6*-(2-isopenténys) adénine (iP) et *trans*-zeatine (tZ) proviennent principalement de la voie du phosphate de méthylérythritol (MEP), alors qu'une grande partie de la chaîne latérale *cis*-zeatine (cZ) est dérivée de la voie de synthèse du mévalonate (MVA) (flèches vertes) (46). L'adénosine phosphate-isopentenyltransferases (IPTs) végétale utilisent de préférence l'ATP ou l'ADP comme accepteurs isoprenoides pour former l'iPRTP et l'iPRDP, respectivement (flèches bleues) (4-3 ; 7-6). La déphosphorylation de l'iPRTP et iPRDP par la phosphatase (*I*), la phosphorylation des iPR par l'adénosine kinase (AK), et la conjugaison des fragments phosphoribosyles iP par l'adénine phosphoribosyltransférase (APRT) créer le pool métabolique de l'iPRMP et iPRDP. L'APRT utilise non seulement l'iP, mais aussi d'autres CK nucléobases. Les nucléotides CK sont convertis en tZ-nucléotides correspondant par le complexe CYP735A (flèches rouges). L'iP, tZ, et les nucléosides peuvent être catabolisés par CKX à adénine (Ade) ou adénosine (Ado). cZ et tZ peuvent prendre la voie d'interconversion enzymatique par zeatine *cis-trans* isomérase (5). tZ peut être converti de façon réversible en *O*-glucoside par la zéatine *O*-glucosyltransférase (ZOGT) et la β-glucosidase (βGlc). Les nucléobases CK peuvent également être convertis à l'extrémité *N*-glucoside par une CK *N*-glucosyltransférase (CK-N-GT). La largeur des pointes de flèches et des lignes des flèches vertes, bleu et rouge indique l'intensité du flux métabolique. Les flux indiqués par les flèches noires ne sont pas bien caractérisées à ce jour. tZRDP, tZR *5*-diphosphate ; tZRTP, tZR 5-triphosphate ; phosphohydrolase *2,5*-ribonucléotide, *3,* nucléosidase adénosine, *4,* purine nucléoside phosphorylase, *6,* zeatine réductase, *7,* CK *cis*-hydroxylase. (*) Activité biologique. **b)** La Cytokinine (CK) se conjugue avec les sucres, les oses phosphorylés ou phosphates de sucres et autres. L'*O*-glycosylation de la chaîne latérale (coloré en bleu) est catalysée par une zeatine *O*-glucosyltransferase ou O-xylosyltransférase. L'*N*-glycosylation du groupement adénine (coloré en rouge) est catalysée par une cytokine *N*-glucosyltransferase. (Varin, 2015 d'Après Sakakibara, 2006).

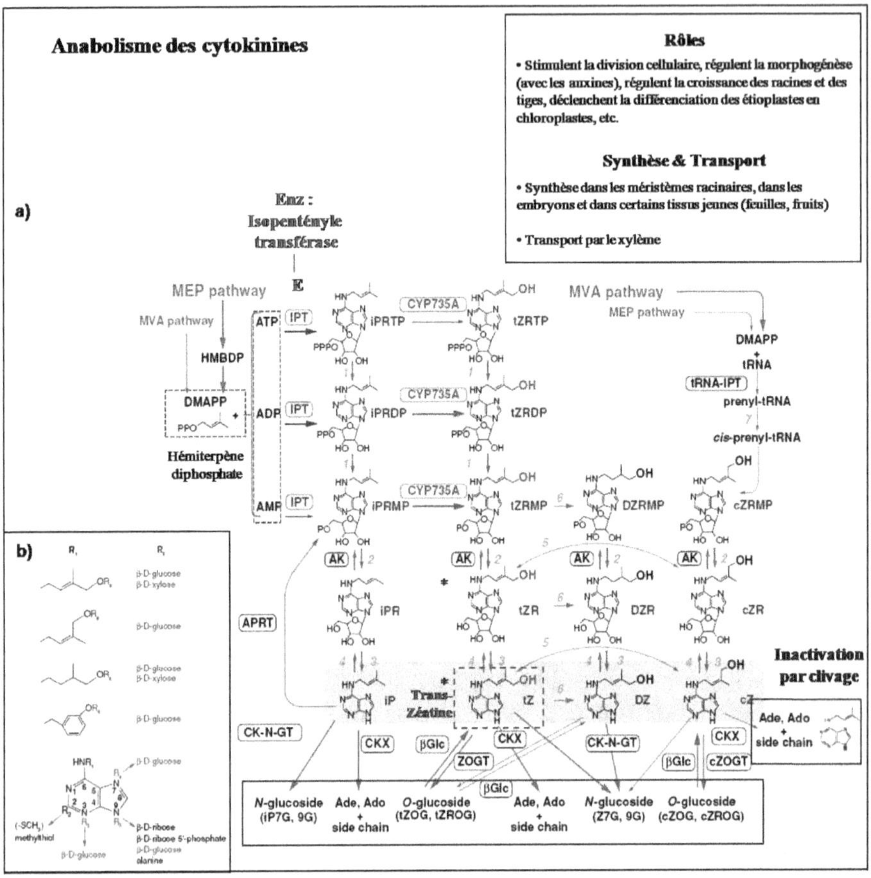

Des études récentes indiquent que la CK est un régulateur endogène négatif de la formation des racines latérales (Fukaki & Tasaka, 2009). De nombreux rapports décrivent l'effet inhibiteur des cytokinines par de simples observations sur la formation de racines latérales. Un taux réduit en CK augmente le nombre de racines latérales. La déficience en CK est associée à l'espacement inhabituellement proche des primordium de racines latérales (Malamy, 2005 ; Werner *et al.,* 2003). Les résultats obtenus en utilisant conjointement un mutant insensible à l'éthylène et un inhibiteur de la biosynthèse de l'éthylène indiquent que les cytokinines exercent des effets sur le développement des racines latérales. Ces effets sont indépendamment de l'éthylène (Laplaze *et al.,* 2007). L'effet négatif de la CK sur le nombre de cellules au sein de la zone de divisions cellulaires dans les méristèmes de racines primaires est indépendant de l'éthylène (Kuderova *et al.,* 2008). Même si, l'inhibition de la croissance des racines primaires par les CK est dépendante de l'éthylène (Laplaze *et al.,* 2007).

Les cytokinines semblent perturber au maximum l'auxine nécessaire à la formation de premières divisions de primordium de racines latérales (Li *et al.*, 2006). Laplaze *et al.* (2007) et Kuderova (2008) suggèrent que l'initiation des racines latérales est inhibée par les cytokinines qui interfèrent directement ou indirectement avec la distribution de l'auxine PIN-dépendante au sein de la racine. Elles influencent la formation des racines latérales, indépendamment de l'éthylène, à un stade très précoce du développement. Elles interféreraient avec la division initiale asymétrique des cellules et l'établissement précoce du gradient d'auxines. Chez *Arabidopsis thaliana* L., les résultats des auteurs indiquent que les cytokinines ne bloquent pas l'initiation des racines latérales dans les cellules latérales fondatrices de la racine. Elles agissent sur la division cellulaire induite par l'auxine. Elles inhiberaient spécifiquement l'auxine induite en modifiant le destin cellulaire par régulation négative de l'expression des gènes *PIN* et du transport de l'auxine dans un réseau complexe de régulation de l'architecture des racines (Laplaze *et al.*, 2007 ; Kuderova, 2008) (Figure. 37).

Figure 37. Modèle de l'interaction cytokinine/auxine durant le développement racinaire. (A) l'initiation des racines latérales est déclenchée par la perception de l'auxine par les cellules du xylème. Certaines cellules du péricycle et des pôles conduisent à une division cellulaire asymétrique. Les cytokinines ne bloquent pas la perception de l'auxine ou la réponse dans les cellules latérales fondatrices de la racine, mais elles agissent en aval pour perturber la division cellulaire asymétrique. **(B)** l'initiation des racines latérales nécessite une induction d'auxines permettant la re-spécification du destin cellulaire et la progression du cycle cellulaire dans le temps (Vanneste, Steffen *et al.*, 2005). La « Respécification » du destin cellulaire dépend de l'expression des gènes *PIN* qui créaient un gradient d'auxines responsable de la division cellulaire asymétrique et de l'acquisition de l'identité du *primordium* des racines latérales (LRP). Les Cytokinines inhibent cette étape par l'expression des gènes *PIN* qui permet une régulation négative (Laplaze *et al.*, 2007).

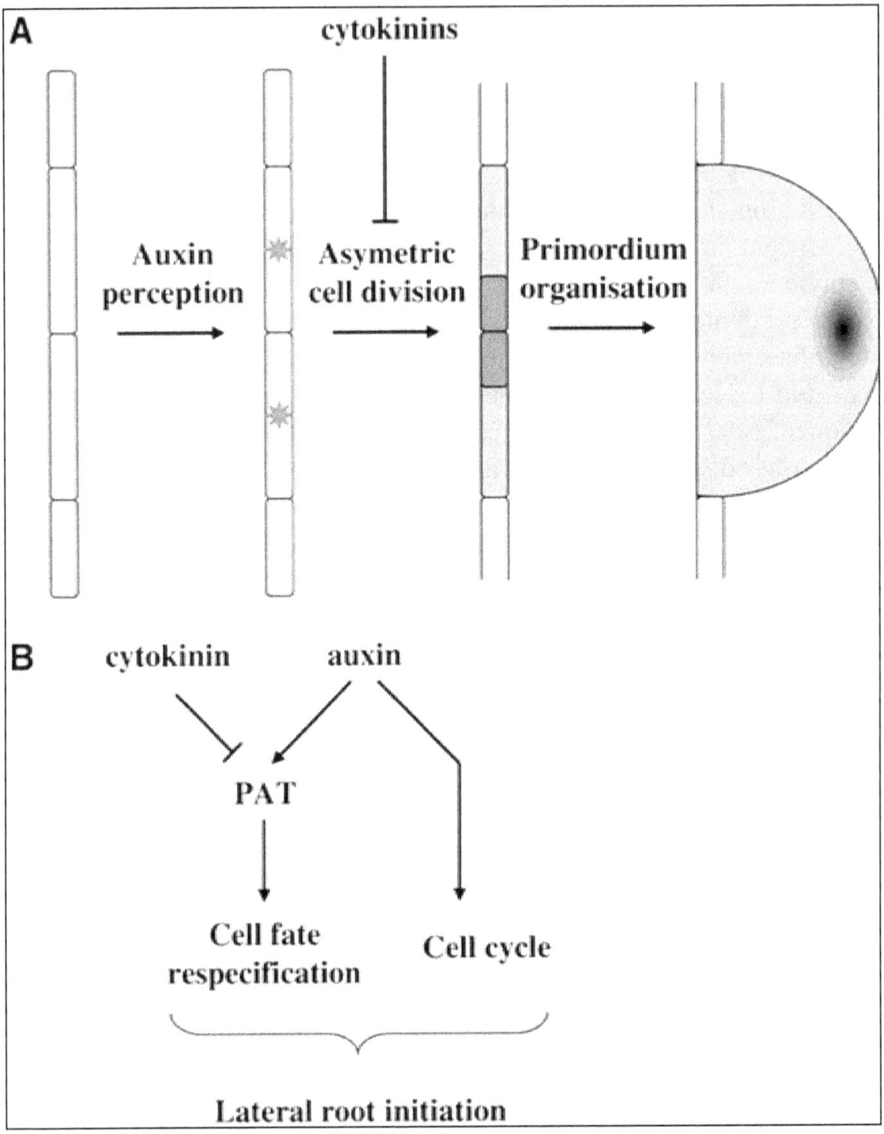

Les expériences avec un taux exogène de CK augmenté et un taux endogènes abaissé) démontrent que la CK contrôle l'élongation racinaire. La CK contrôle principalement la taille du méristème, plutôt que des changements dans le taux de divisions cellulaires (loio *et al.* 2007 ; Werner *et al.* 2003). Kuderová *et al.* (2008) concluent que l'augmentation en CK endogènes affecte l'élongation de la racine. Elle réduit le nombre de cellules en divisions dans le méristème. Leur expérience démontre que dans des situations de surproduction endogène en CK, la croissance du primordium de racines latérales est inhibée pendant les phases de développement II-IV et leur transition vers la phase V (Figure. 22) (Kuderova *et al.*, 2008). Ainsi, un rôle négatif pour la CK est constaté. Elle a une action négative sur la régulation de la taille des méristèmes racine (Werner *et al.*, 2003) et la perturbation du signale CK réduit de la taille du méristème racinaire (Ferreira & Kieber, 2005).

Une hypothèse est mise en avant pour expliquer ce phénomène que nous appellons le niveau supra-optimal endogène en CK dans la racine. Les observations de Kunderova *et al.* (2008) confirmeront celle-ci. Ces résultats expliquent la réduction de méristème par la mise en place d'un perfectionnement IPT-dépendant des CK. La biosynthèse de CK est réalisée grâce aux méristèmes des racines latérales et à l'expression développement spécifique des gènes *AtIPT, AtIPT5.* Ces gènes sont principalement exprimés dans le primordium des racines latérales (Miyawaki *et al.*, 2004). La vérification du contenu en CK a permis de confirmer que la réduction de son taux limite physiologiquement les niveaux optimaux de certaines activités enzymatiques par exemple par l'activité CKX. Ce rétro contrôle enzymatique conduirait à une accélération de la croissance des racines. L'inhibition complète du signal CK entraînerait une réduction de la croissance des racines primaires. Ces résultats corrèlent avec une réduction de la taille du méristème. De même, le surdosage en CK de la racine conduit à la réduction du méristème. La CK délimite la taille du méristème racinaire en induisant de la différenciation des cellules dans la zone de transitions cellulaires (Ioio *et al.*, 2007). Ainsi, l'action de CK a une spécificité spatio-temporelle. Elle doit être prise en compte lors de l'étude de la régulation complexe de la formation et du maintien des méristèmes racines.

Les taux de CK ont un effet renforcé sur la distribution d'auxines et le développement du primordium des racines latérales. A différents stades de développements, les CK peuvent participer à la régulation du développement des racines latérales. Elles agissent à travers des voies de signalisations dépendantes des CK, d'autres stimuli environnementaux et des réponses adaptatives. Chez *Arabidopsis thaliana,* les niveaux endogènes et exogènes en CK semblent être régulés par des *A. Thaliana* histidine kinases (AHK) (Kuderova *et al.*, 2008).

Lopez-Bucio *et al.* (2007) ont travaillé sur les alcamides. Ils se sont basés sur des lipides métabolites qui peuvent réguler l'activité méristématique et l'activation des cellules du péricycle (Lopez-Bucio *et al.*, 2007). Ce mécanisme de régulation semble impliquer des récepteurs cytokinines. Li *et al.* (2006) ont démontré que le traitement en CK inhibe l'initiation des racines latérales en bloquant le cycle cellulaire des cellules fondatrices du péricycle pendant la phase de transition G2 à M. Étonnamment, l'auxine exogène appliquée ne peut pas lever cette inhibition médié par la CK. Elle peut toutefois lever l'inhibition induite sur les divisions cellulaires (Laplaze *et al.*, 2007 ; Li *et al.*, 2006). Cela indique que l'accumulation de CK dans les cellules du péricycle n'empêche pas l'activation de la division cellulaire induite par l'auxine. Elle bloque uniquement le programme de développement de l'initiation des racines latérales (Fukaki & Tasaka, 2009).

L'initiation du primordium des racines latérales dépend du transport basipète de l'auxine dans la racine principale (Casimiro *et al.*, 2001 ; De Smet *et al.*, 2007). L'émergence de ce primordium est influencée positivement par le transport acropète de l'auxine via le phloème (Casimiro *et al.*, 2001). Des données récentes impliquent l'existence d'interférences possibles entre la voie de signalisation des CK et le transport polaire de l'auxine de cellule à cellule lors du développement du primordium des racines latérale. En revanche, aucun effet significatif n'est montré au moment de la réponse permettant le maintien de la distribution de l'auxine (Kuderova *et al.*, 2008). Or, cette distribution est responsable : i) de l'organisation des cellules souches ; ou lors de tous changements évidents du modèle de divisions cellulaires dans le méristème racinaire principale des plantes ; ii) de l'orientation du développement vers des phénotypes intermédiaires (Kuderova *et al.*, 2008).

De la même façon qu'*Arabidopsis*, la légumineuse *Medicago truncatula* possède une voie de signalisation de la CK qui inhibe la formation des racines latérales. L'utilisation d'ARN interférant (ARNi) du CK récepteur homologue « *Cytokinin Response 1* » (*MtCRE1*) a conduit à une racine insensible à la CK. La plante a présenté un phénotype avec un nombre accru de racines latérales (Gonzalez-Rizzo *et al.*, 2006). Ces résultats indiquent un point commun entre CK et la formation des racines latérales chez les plantes supérieures (Fukaki & Tasaka, 2009).

La veille de l'augmentation transitoire en CK endogènes, la réactivité d'une plante de 3 jours est supérieure à une plante âgée de 6 jours. Ce résultat implique un rôle possible de la CK pendant la maturation du méristème primaire. Il indique également l'existence d'un mécanisme de régulation fin des niveaux de CK et temporellement de l'auxine pour des stades spécifiques du développement des racines. Lors du développement spécifique de la racine et principalement lors de la première phase de développement d'*A. thaliana,* l'expérience suggère la présence de mécanismes impliqués dans la régulation du métabolisme des CK et de sa signalisation. Chez *A. thaliana,* les différences dans la spécificité des mécanismes d'inactivation des CK par glucosylation pourraient être l'origine des facteurs responsables de la mise au point spécifique et de la sensibilité des méristèmes de racine immature (Kuderova *et al.,* 2008). Les mécanismes moléculaires qui contrôlent et régulent cette glycosylation et le métabolisme de la signalisation CK pourraient agir différemment en fonction des stades précoces et tardifs.

VI.3. L'Acide abscissique (ABA)

L'acide abscissique (ABA) est une hormone issue du métabolisme terpénique (Figures. 38 & 39 ; Cutler & Krochko, 1999). Il régule plusieurs aspects de la croissance et du développement des plantes. En l'absence de stress, de nombreux mutants de réponses à l'ABA présentent seulement de petites anomalies phénotypiques. En revanche, les mutants insensibles à l'ABA comme le mutant *abi8,* isolés sur la base de la germination résistante à l'ABA, affichent également une croissance fortement frêle et un défaut de régulations stomatiques. Chez ce mutant, les chercheurs observent une floraison retardée et la stérilité male. Le retard de croissance du mutant n'est pas levé par un apport en gibbérelline, brassinostéroïde, ou l'acide indole-acétique. Ce phénotype n'est pas attribuable à un excès d'éthylène. L'apport dans le milieu de glucose améliore la viabilité et la croissance des racines. On a constaté que la protéine issue d'une fusion ABI8-GUS et exprimée sous le contrôle de son propre promoteur est localisée principalement dans la zone d'élongation des racines et ponctuent l'intérieur du cytoplasme des cellules (Brocard-Gifford *et al.,* 2004).

Figure 38. Schéma simplifié de la biosynthèse de l'ABA. L'ABA dérive de l'isopentényl diphosphate (IPP) produit dans les plastes. La flèche hachurée indique que de l'IPP peut migrer du cytosol au plaste. La conversion de la zéaxanthine en violaxanthine est catalysée par la zéaxanthine époxidase (ZEP). A forte intensité lumineuse, la réaction inverse est catalysée par la violaxanthin dé-époxidase (VDE). La protéine ABA4 est impliquée dans la formation de la néoxanthine. Toutefois, les enzymes de synthèse des cis-isomères de la violaxanthine et néoxanthine restent inconnues. Le clivage des caroténoïdes est catalysé par la 9-cis-époxycaroténoïde dioxygénase (NCED) pour former la xanthoxine. La xanthoxine migre vers le cytosol pour y être convertie en aldéhyde abscissique par une déshydrogénase réductase à courte chaîne (ABA2), il est ensuite oxydé en ABA par l'aldéhyde abscissique oxydase (AAO3). La sulfuration du cofacteur à molybdène d'AAO3 par ABA3 est nécessaire à l'activité de l'enzyme. (Varin, 2015).

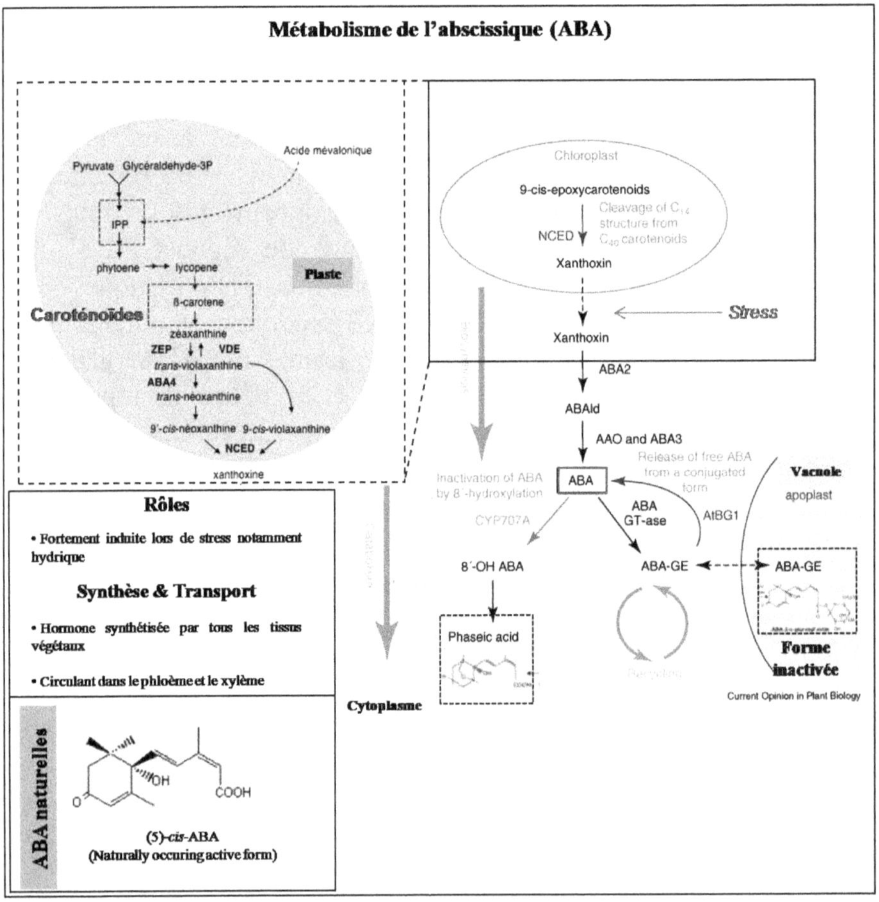

Figure 39. Métabolisme et le transport de l'acide (1)-abscissique (ABA) dans une cellule végétale modèle. Les principales voies sont représentées par des flèches en gras. Voies hypothétiques ou mineures sont indiquées en pointillés. La figure ci-dessus est adaptée d'un schéma noir et blanc. Les premières étapes de la biosynthèse de la zéaxanthine à la violaxanthine conduisant à un clivage epoxycarotenoide ont lieu dans le plaste. Le produit de clivage après réaction, xanthoxine, quitte le plaste (par un mécanisme inconnu) et est ensuite converti en ABA dans le cytoplasme. La voie métabolique principale dans le cytoplasme [de la xanthoxine à l'aldéhyde abscissique (AB-aldéhyde) à ABA] est indiqué avec des flèches noires en gras. Les voies mineures sont représentées par des flèches non-gras, et des données spéculatives ou non démontrées sont représentées par des flèches en pointillées. La voie catabolique prédominante est réalisée par 8'-hydroxylation. Mais, il y a plusieurs itinéraires alternatifs de dégradations dans laquelle la formation de conjugués de l'ABA et de ses métabolites ABA est la plus importante. Les esters de glucoses, les glucosides et d'autres conjugués sont tous représentés par G, et bien que les sites de formations de conjugués à l'intérieur de la cellule soient incertains. L'ensemble des produits de réactions s'accumulent dans la vacuole. D'autres processus de dégradations comprennent des *7'*-hydroxylation de l'ABA et de la réduction de l'ABA ce fait à la position 4'. Ces réactions produisent deux isomères *cis* et *trans* de position *1',4'* ABA diol. Cela s'explique parce que les niveaux d'ABA cellulaires sont influencées par les transports. Le mouvement de l'ABA par les transporteurs de protéines et l'absorption passive sont indiqués. L'ABA a tendance à s'accumuler passivement dans les cellules, car qu'il existe une perméabilité de la membrane sous forme protonée (pH acide, comme dans les milieux de cultures ou le liquide apoplastique) et une imperméabilité sous forme ionique (pH neutre, comme dans le cytosol). Abréviations : G, ester de glucose ; 8'-HO ABA, 8'-hydroxy ABA ; 7'-HO ABA, 7'-hydroxy ABA, AB-alcool, alcool abscissique ; AB-aldéhyde, l'aldéhyde abscissique, PA, acide phaséique ; DPA, acide dihydrophaseique ; acide Xan, acide xanthoxique (Cutler & Krochko, 1999).

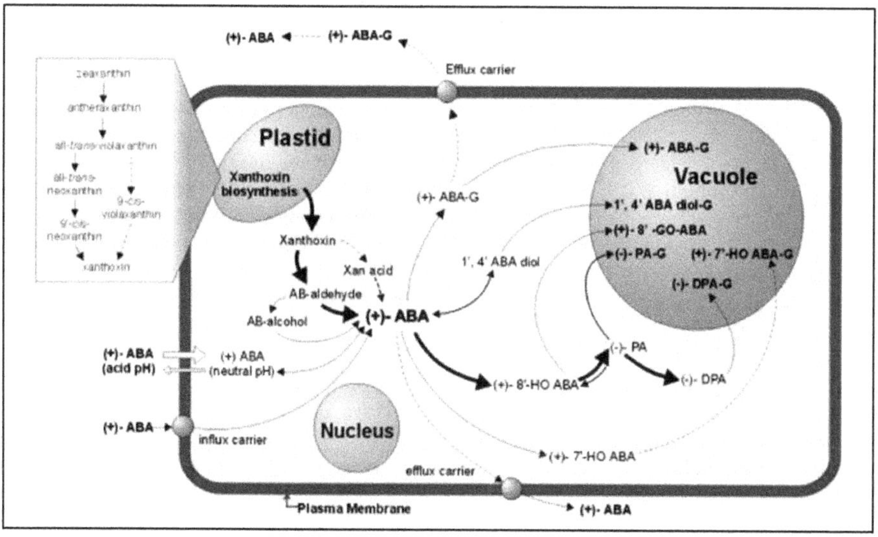

L'implication de l'acide abscissique (ABA) dans la formation des racines latérales a été étudiée essentiellement dans le cadre d'application exogène (Fukaki & Tasaka, 2009). L'apport exogène d'ABA inhibe l'émergence du primordium de racines latérales avant l'activation du méristème racinaire. L'application exogène d'auxines n'est pas capable de lever cet effet. Le mécanisme de sensibilité à l'ABA et le point de contrôle auxine indépendant sont impliqués dans une étape de post-levée de ces effets (De Smet *et al.*, 2003).

Des preuves génétiques existent en ce qui concerne les interactions et la régulation ABA-auxine au moment de la formation des racines latérales (Figure. 40 ; Fukaki & Tasaka, 2009). Le gène *abi*3 (ABA Insensitive 3) code pour un facteur de transcription de type B3 nécessaire à la signalisation de l'ABA. Il est auxine inductible dans le primordium de racines latérales (Brady *et al.*, 2003). Des mutations ABI3 atténuent la sensibilité de la formation des racines latérales à l'auxine exogène ou à l'inhibition des transporteurs de l'auxine. En revanche, les mutations du gène *era*1 (réponse améliorée à l'aba1), augmentent le nombre de racines latérales. Ce gène code pour une farnésyl transférase. Par conséquent, au moment ou l'ABA exogène régule négativement l'émergence des racines latérales, le signal ABA médié par ERA1 et ABI3 est nécessaire pour la formation des racines latérales initiées par l'auxine (Fukaki & Tasaka, 2009).

Figure 40. Interactions hormonle pendant la formation de la racine latérale (LR). L'initiation de la LR est régulée positivement par l'auxine, mais régulé négativement par CK et des concentrations élevées d'éthylène (concentrations élevées de facteurs exogènes CAC). Le transport de l'auxine polaire avec un équilibre de l'influx et l'efflux dans les deux directions (acropète & basipète) est nécessaire pour l'initiation de la LR et la mise en place du gradient d'auxines nécessaire pour organiser le *primordium* de la LR (LRP) (couleur bleue dans l'initiation LR site et *primordium*). CK inhibe l'auxine maxima en modifiant l'expression des codes PIN, le gradient d'auxine, inhibant ainsi l'initiation pour LR. Des concentrations élevées d'éthylène (concentrations élevées de facteurs exogènes ACC) améliorée à la fois les transports acropète (AP) et basipète transports (pb) de l'auxine, l'inhibition de l'initiation LR. BR favorise l'initiation LR en augmentant le transport acropète (AP) de l'auxine. De faibles concentrations d'éthylène (faibles concentrations de facteurs exogènes ACC) peuvent promouvoir l'initiation de la LR en augmentant la synthèse d'auxine Trp-dépendante médiée par WEI2 et WEI7. Normalement, la signalisation de l'ABA initiée par ABI3 est nécessaire pour une réactivité correcte de l'auxine lors de l'initiation LR. L'auxine favorise également le développement de la LR, mais inhibe le *primordium* de la LR via les CK. Le développement du LRP est affecté par les CK qui modifie le taux d'auxine maxima en modifiant l'expression des PIN. L'ABA inhibe l'émergence des LR tandis que l'auxine et l'éthylène (via des concentrations élevées de facteurs exogènes ACC) favorise l'émergence LR. Les flèches rouges et les barres bleues indiquent la régulation positive et négative pendant la formation de LR, respectivement (Fukaki & Tasaka, 2009).

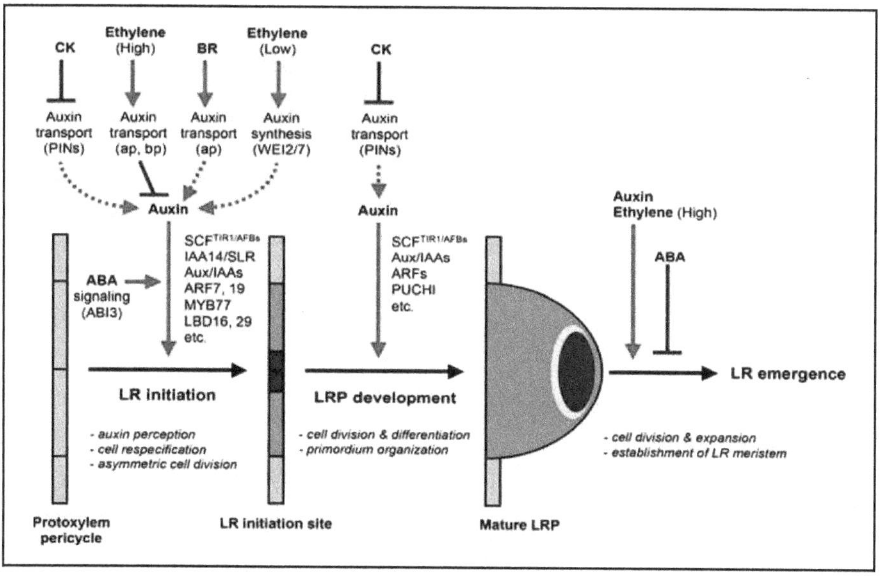

VI.4. Le Signal du glucose (Glc)/ABA

Chez *Arabidopsis*, tous les mutants de réponse à l'ABA sont morphologiquement semblables. Ils sont stériles et ont une croissance freinée à la suite d'une élongation cellulaire réduite qui n'est pas restaurée par des traitements hormonaux ou des inhibiteurs de la synthèse des hormones. L'examen microscopique des racines et des hypocotyles du mutant *abi8* montre une croissance racinaire améliorée en réponse en Glc. Chez le mutant traité, les cellules mutantes restent encore beaucoup plus courtes que celles du type sauvage. Mais, cette observation reflète une maintenance du méristème apical racinaire et une amélioration du développement vasculaire. Ces résultats suggèrent que le déficit de synthèse en cellulose inhibe encore l'élongation cellulaire. Mais, la différenciation des tissus et la morphogenèse globale de la plante sont soumises à une régulation supplémentaire. La croissance du mutant *abi8* ne dépend pas uniquement de faibles concentrations en Glc. Elle est également résistante aux effets inhibiteurs de la hausse en Glc. Cela suggère un défaut dans la voie de signalisation ou le transport des sucres. Les enzymes sont généralement codés et induits par des familles multi géniques. Les membres de cette famille spécifique présentent des réponses opposées aux sucres tels que certains sont induits par une forte quantité et d'autres par une insuffisance en sucre (Koch, 1996). A ce jour, cet effet des sucres n'est toujours pas clair. En ce qui concerne le cas des gènes d'*A. thaliana*, ils sont régulés par le Glc et l'ABA. L'ABA pourraient être impliqués dans la prévention de la production d'hydrolases nécessaires à l'émergence et la réactivation du cycle cellulaire dans les stades de croissance post germinatifs (Brocard-Gifford *et al.*, 2004). Ces auteurs expliquent la similitude des phénotypes des mutants *abi8/eld1/kob1* de la manière suivante. Les mutants fourniraient des preuves reliant l'ABA et la signalisation du Glc lors de la promotion de la biosynthèse de la cellulose et de l'organisation et la différenciation des tissus vasculaires. Ils donneraient également l'occasion de déchiffrer la fonction d'une nouvelle protéine essentielle et peut-être une nouvelle voie de signalisation associée à ces mécanismes de régulations.

VI.5. Mécanisme de régulations et de la signalisation ABA/Aux & Influence du NO_3^-

Monroe-Auguste *et al.* (2003) ont isolé *ibr5* comme mutant de réponses à l'acide indole-3-butyrique chez *Arabidopsis*. Le mutant est aussi moins sensible à l'indole-3-acétique, l'auxine synthétique, aux inhibiteurs de transports de l'auxine et aux phytohormones comme l'acide abscissique. *ibr5* code pour une protéine à 257 acides aminés dont l'identité est vérifiée avec un taux de confiance de 35%. Elle est reconnue comme possédant une activée à double spécificité. Il s'agirait d'une protéine mitogène à activités phosphatases kinases (MAPK : *Mitogen-Activated Protein Kinase*). Cette double-spécificité des phosphatases correspond souvent à l'activité de photosphorilation-déphosphorylation de composants de signalisations. Par conséquent, elles peuvent moduler les voies IBR5 régulées par l'auxine et le signal de transduction de l'ABA (Monroe-Auguste *et al.*, 2003). Elles favorisent des réponses auxiniques grâce à un nouveau mécanisme distinct de la dégradation de répresseur TIR1 lié à Aux/IAA (Strader *et al.*, 2008).

Donc deux régulations existeraient : i) une régulation génétique associée à un mécanisme de dégradation des régulateurs ; et ii) l'autre par phosphorylations enzymatiques.

Partant du fait que le mutant *ibr5* est diminué dans sa sensibilité à l'auxine, à l'ABA. De plus, il est défectueux dans sa régulation par phosphorylation enzymatique utilisant la phosphatase. On peut envisager différents rôles joués par la protéine IBR5. Une possibilité est que IBR5 déphosphoryle une MAPK unique agissant dans une voie de signalisation. Les phosphatases MAPK inactivent les MAPKs. Les mutants ayant perdu cette fonction grâce au gène *ibr5* sont moins sensibles à l'auxine et à l'ABA. Ces MAPKs putatifs peuvent normalement inhiber à la fois les réponses à l'auxine et à l'ABA. La réponse de l'intégration de ces signaux peut être le résultat direct ou indirect de cette signalisation. Il est également possible que IBR5 est plus d'un substrat pour son activité MAPK. IBR5 peut déphosphoryler une protéine ou des protéines qui ne sont pas impliquées dans une voie de signalisation canonique (Monroe-Auguste *et al.,* 2003). La perte de cette déphosphorylation ramènerait la sensibilité de la plante aux auxines et à l'ABA (Monroe-Auguste *et al.,* 2003). D'autre part, un mutant ayant un gain de fonction Aux/IAA, *axr2-1/iaa7* est résistant à l'apport exogène d'ABA. Par ailleurs, dans des tests d'inhibition de croissance de la racine primaire, le mutant *SLR-1/iaa14* est hypersensible à l'ABA (Fukaki *et al.,* 2002). Ces faits suggèrent que la voie de signalisation de l'auxine dépendante d'Aux/IAA affecte également l'activité de l'ABA dans les racines. Par conséquent, il peut y avoir plusieurs types d'interactions entre l'ABA et l'auxine dans la croissance et le développement des racines initiées par l'auxine (Fukaki & Tasaka, 2009).

L'effet inhibiteur du NO_3^- est considérablement réduit dans plusieurs mutants insensibles à l'ABA (*abi4* et *abi5*) et des mutants de la voie de synthèse de l'ABA (*aba1, aba2* et *aba3*) mais pas chez les mutants insensibles à l'ABA (*abi1, abi2 et abi3*). Cela indique que l'effet inhibiteur du NO_3^- sur le développement des racines latérales implique une voie de transduction du signal de l'ABA spécifique initiée par ABI4 et ABI5 dans les racines d'*Arabidopsis* (Fukaki & Tasaka, 2009).

VI.6. L'Ethylène & Balance Auxines/Ethylène

L'ACC synthase est une enzyme limitant la biosynthèse de l'éthylène (Figure. 41). L'expression de cette enzyme est fortement induite par l'auxine (Swarup *et al.,* 2002). L'ACC inhibe à la fois l'initiation et l'élongation des racines latérales. Cette inhibition peut être levée par l'auxine (Negi *et al.,* 2008). De nouveaux travaux s'accordent à dire que l'auxine influence l'homéostasie de l'éthylène et que l'éthylène influence l'homéostasie de l'auxine (Nibau *et al.,* 2008 ; Stepanova *et al.,* 2007). Ainsi, il existe une balance de régulation Auxine/Ethylène. Le mécanisme de l'IAA et l'antagonisme de l'éthylène au cours de la formation des racines latérales sont plus complexes à étudier pour expliquer l'action synergique de ces deux hormones sur l'élongation des racines. Nous savons que l'AUX1 est exprimé dans l'extrémité des racines, dans le méristème et lors du développement des racines latérales. Il n'est donc pas possible de déterminer lequel de ces sites contrôle le mouvement de l'auxine nécessaire à l'inhibition de la formation des racines latérales en réponse à l'éthylène (Marchant *et al.,* 2002). Le transport acropète réduit de l'aux1 peut être attribué à un chargement en auxine modifié dans le flux de transport acropète d'IAA à partir des feuilles et des cotylédons (Marchant *et al.,* 2002). Même si le rôle de l'AUX1 dans la médiation du transport de l'IAA est complexe. L'AUX1 est clairement lié à la régulation du développement des racines par l'éthylène (Negi *et al.,* 2008).

Figure 41. Voie de biosynthèse de l'éthylène. (Abréviations : ACC : acide 1-aminocyclopropane-1-carboxylique ; SAM : S-Adosyl-Méthionine ; ROS : formes actives de l'oxygène ; MACC : malonyl-ACC ; MTA : 5'-méthylthioadénosine) (schéma simplifié de Wang *et al.*, 2002). L'ACC oxydase est difficile à mettre en évidence au niveau biochimique. C'est une protéine à activité très instable. La purification de cette protéine génère une perte de cofacteurs nécessaire à son activité enzymatique correcte. Cette protéine est maintenant clonée. Il faut également noté que l'acide cynanhydrique, (HCN) est détoxifiée par conversion en B-cyanoalanine métabolisé en asparagine. L'éthylène est également catabolisé et ses pertes et dispersions s'explique par diffusion du gaz dans l'atmosphère. (Varin, 2015).

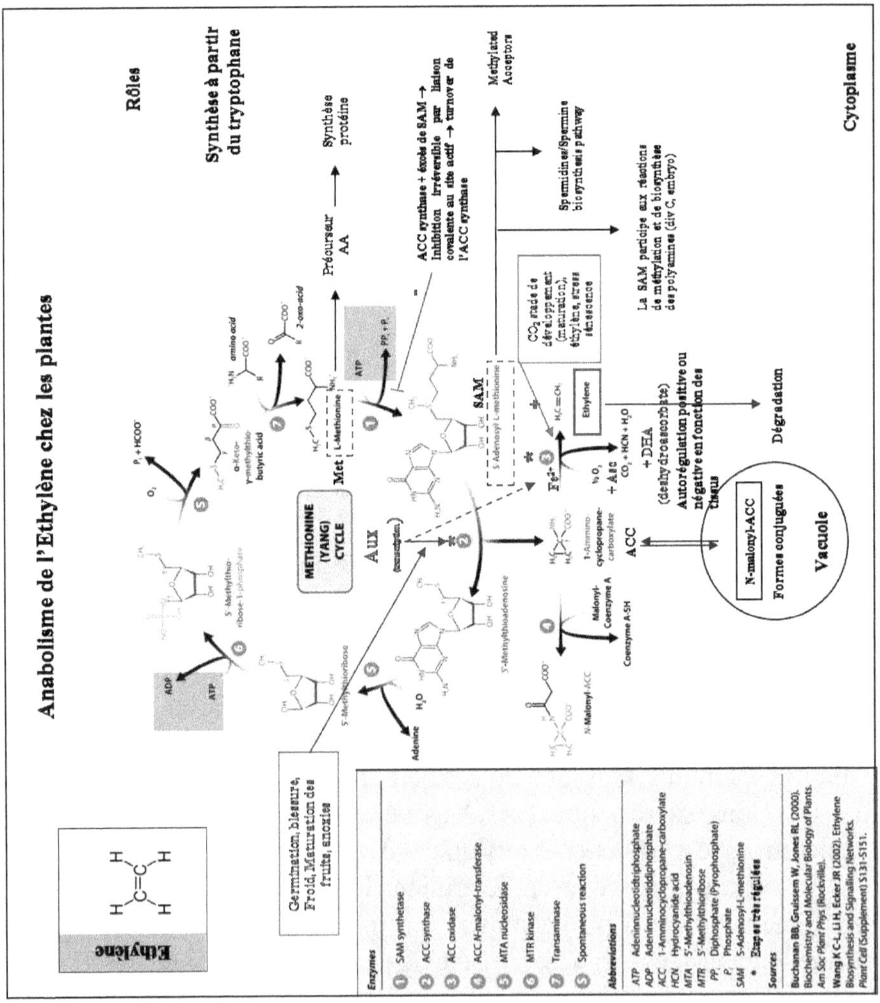

VI.7. L'Acide salicylique et autres hormones

Nos connaissances sur le rôle des autres hormones augmentent. Les figures 42 & 43 présentent les différentes voies de synthèse de ces hormones. Par exemple, l'acide salicylique favorise l'initiation des racines latérales, l'émergence et la croissance, via des systèmes de signalisations croisés entre les cytokinines ou l'auxine (Echevarria-Machado *et al.,* 2007). De nombreuses voies de signalisations indépendantes de la régulation de l'auxine permettent la formation de racines latérales. Ces voies sont connues par exemple Arabidillo-1 et -2, qui peuvent former des ubiquitines ligases E3 (Coates *et al.,* 2006) ou le mutant *alf4* (*Aberrant Lateral Root Formation 4*) ayant une absence de racines latérales. Ce mutant maintient une activité d'inhibition complète de l'auxine au moment de l'élongation des racines primaires (DiDonato *et al.,* 2004).

Figure 42. Structures chimiques des analogues de l'acide salicylique (AS). BTH : ester S-méthyl de l'acide benzo-(1,2,3)-thiadiazole-7-carbothioïque ; INA : acide 2,6-dichloroisonicotinique (Varin, 2013).

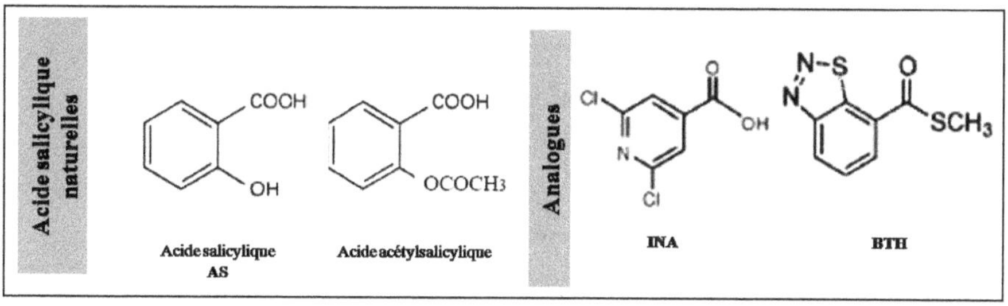

Figure 43. Voie de biosynthèse de l'acide salicylique chez les plantes. D'après le modèle d'*A. thaliana*. (Abréviations : PAL : phénylalanine amonia-lyase ; IPL : isochorismate pyruvate lyase ; BA2H : benzoic-acid-2-hydroxylase ; ICS : isochorismate synthase). **a)** Schéma de la biosynthèse et des voies métaboliques de la SA et des phénylpropanoïdes (d'après Lee *et al.,* 1995 ; Shah, 2003 ; Hayat *et al.,* 2007). **b)** Conversion de l'acide salicylique (AS) en catéchol chez des plantes transgéniques possédant le gène *NahG* codant la salicylate hydroxylase. **c)** Principaux rôles de l'AS chez les plantes. (Varin, 2015).

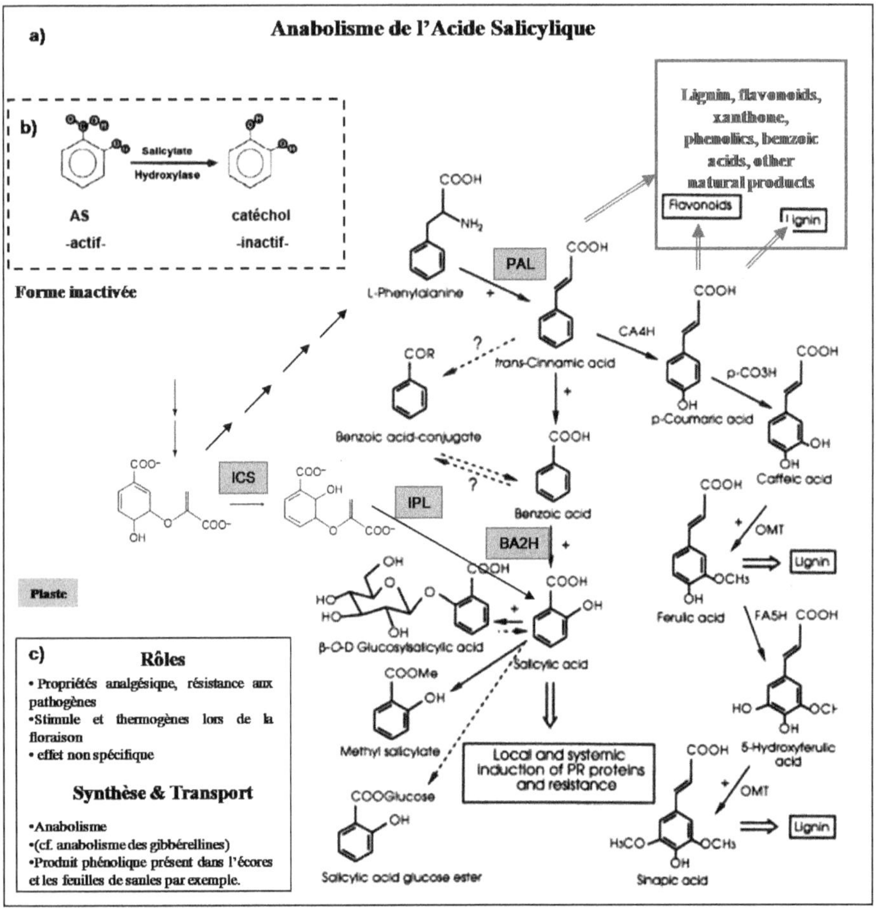

VI.8. Les Gibbérellines (GA)

La biosynthèse de l'acide gibbérellique (GA) a lieu dans extrémité des racines de différentes plantes (Figure. 44). La signalisation de l'GA est nécessaire pour la croissance des racines primaires (Fu & Harberd 2003 ; Kaneko *et al.,* 2003 ; Osmont *et al.,* 2007). Toutefois, un rôle majeur de l'GA dans les racines latérales n'a jamais été clairement démontré. Bien que l'GA agit en synergie avec l'éthylène et soutient à la fois l'initiation et la croissance des racines adventives des plantes comme le riz en conditions immergés (Steffens *et al.,* 2006). Des mutants d'*Arabidopsis* déficients en GA réduisent la croissance de leurs racines primaires (Fu & Harberd, 2003). L'GA attenue la réponse aux déficiences en Pi (Jiang *et al.,* 2007). Par ailleurs, il participe à la régulation et à la formation de nodules sur les racines de pois (Ferguson *et al.,* 2005).

Figure 44. Voie de Biosynthèse de la GA. a). Présentation des molécules d'auxines les plus courantes. **b) Les trois étapes de la biosynthèse des GA.** Au stade 1, l'isopenténtyl diphosphate est converti (non représenté) en géranylgéranyl diphosphate (GGPP). Il est ensuite converti en *ent*-kaurène via l'*ent*-copalyl-diphosphate dans les plastes. Dans la phase 2, qui se déroule sur l'enveloppe membranaire des plastes et du réticulum endoplasmique, l'*ent*-kaurène est converti en GA12. Dans de nombreuses plantes, le GA12 est converti en GA53 par hydroxylation en C-13. Dans la plupart des plantes, la voie 13-hydroxylation prédomine, bien que chez *Arabidopsis* et quelques autres végétaux, la voie du *non-13*-OH est la principale voie. Au stade 3, dans le cytosol le GA12 ou GA53 est converti par des voies parallèles à d'autres gaz. Cette conversion se déroule avec une série d'oxydations en C-20, entraînant la perte éventuelle du C-20 et la formation de C19-gazeux. Dans la voie *non-13*-hydroxylation, cela conduit à la production de GA9. Le GA9 est ensuite oxydé par le GA4 bioactif via une réaction de 3β-hydroxylation. Dans la voie de la 13-hydroxylation, le GA53 est séquentiellement oxydée en position C-20. Cela conduit à la formation du GA20 qui est ensuite 3β-hydroxylés pour donner la GA1 bioactif. Enfin, l'hydroxylation en position C-2 convertit la GA4 et GA1 sous formes inactives, respectivement en GA34 et GA8. (Abréviations : CPS = *ent*-copalyl diphosphate synthase ; KS = *ent*-kaurène synthase ; KO = oxydase *ent*-kaurène ; KAO = acide oxydase *ent*-kaurénoïque ; GA13ox = GA 13-oxydase ; GA20ox = GA 20-oxydase ; GA3ox = GA 3-oxydase ; GA2ox = 2 GA-oxydase ; OL = open lactone). (Varin, 2015).

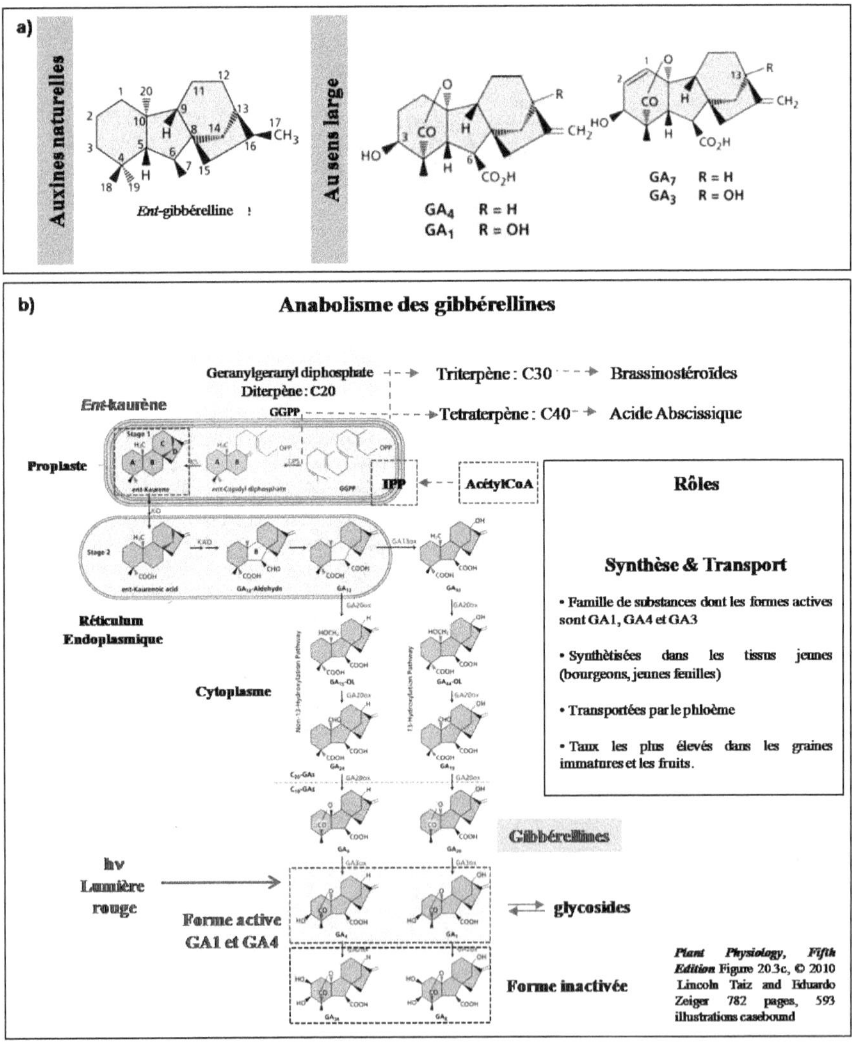

VI.9. Brassinostéroïdes (BR)

Les brassinostéroïdes sont des régulateurs de croissance. Ce sont des stérols voisins des terpènes, famille à laquelle appartiennent les gibbérellines et acides abscissiques (Figures. 44 & 45). En 1930, des extraits de divers pollens étaient actifs sur la croissance de segments d'organes végétaux. En 1979, Beltsville parvient à isoler ce composé à partir dc 225 Kg de pollen de colza. Il obtient 10 mg d'une substance notée Brassinolide. En 1982, une seconde molécule de stérol, nommée castastérone a été isolée à partir de pollen de châtaigne.

Figure 45. Structures chimiques des Brassinostèroïdes (Varin, 2015).

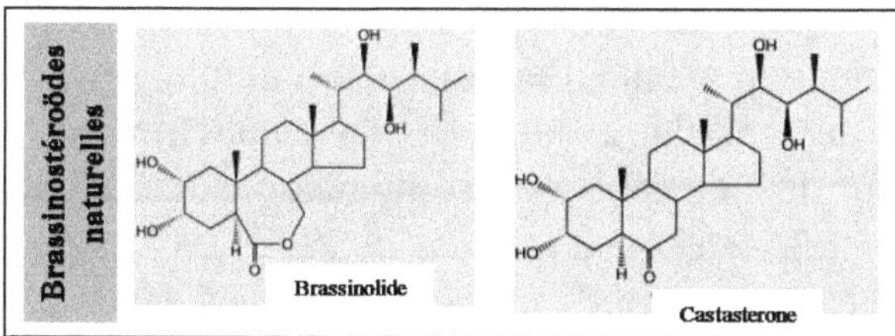

Rôles

• Régulateur

Synthèse & Transport

• Stérols voisins des terpènes, famille où l'on trouve les gibbérellines et acides abscissique.

•Anabolisme des barssinostéroïdes
(cf. figure anabolisme des gibbérellines)

Les premières mises en évidence du rôle des brassinostéroïdes ont été faites lors d'études sur les auxines. Il faut noter que l''auxine joue un rôle crucial pour le développement et l'émergence des racines latérales. Le développement de ces racines peut être bloqué par l'inhibiteur de transports de l'auxine : l'acide **N**-(1-naphtyl) **p**htal**a**mique (NPA) (Reed *et al.,* 1998 ; Casimiro *et al.,* 2001). 2 µM NPA inhibe la formation de racines latérales dans les plantes de type sauvage et réduit la quantité de **b**rassino**l**ide (BL) (Figure. 40).

Ces résultats impliquent une interaction potentielle entre les brassinosteroïdes (BR) et l'auxine de manière proportionnelle à la quantité de racines latérales formées. C'est-à-dire que les BR peuvent agir sur l'activité de développements des racines latérales via la voie de l'auxine (Bao *et al.,* 2004).

Les expérimentations utilisant un schéma d'expression du gène GUS grâce à un transposon DR5::GUS au sein de plantes transgéniques facilitent l'examen des différentes étapes de formation du primordium de racines latérales. Le transposon DR5::GUS est exprimé dans chaque étape de la formation du primordium de racines latérales (Benkova *et al.,* 2003). Il permet d'identifier plus aisément les stades précoces de développement du primordium des racines latérales (Bao *et al.,* 2004). Des chercheurs ont trouvé intéressant que le NPA ait presque totalement supprimé l'augmentation du nombre de cellules en phase 1 du primordium induit par le BL. Une quantité de

NPA de 2M diminue considérablement le nombre de primordium de racines latérales (LRP) en stade 2-7 mais, augmente légèrement le nombre des LRP en stade 1. Les BR régulent le transport de l'auxine et offrent un nouveau mécanisme pour les interactions hormonales chez les plantes. Une hypothèse consiste à dire que les BRs favorisent le développement des racines latérales en augmentant le transport acropète de l'auxine sans affecter le niveau global de l'IAA (ou AIA) dans la plante entière (Bao *et al.,* 2004). Il y aurait une meilleure gestion systémique des quantités d'IAA et de sa répartition dans la plante.

En outre, ces auteurs disent qu'il demeure possible que les interférences dans les dialogues moléculaires croisés entre les BR et l'auxine impliquent principalement l'action d'accumulation de l'auxine ou la sensibilité cellulaire aux BR. Actuellement, de nombreuses questions sur les mécanismes d'interactions entre ces deux hormones demeurent sans réponse (Bao *et al.,* 2004). Quelques réponses génétiques ont été démontrées chez les poacées. Chez les graminées (ou poacées) comme le riz, un gène codant pour une caséine kinase I (OsCK) est stimulé par les deux acides : acide brassinostéroïde et l'acide abscissique (ABA). Il favorise la formation de racines latérales, adventives et l'élongation cellulaire. Pour cette plante, OsCKI peut affecter le développement des racines latérales par la régulation des niveaux d'auxines endogènes (Liu *et al.,* 2003 ; Malamy, 2005).

VII. Contrôle moléculaire de la ramification des racines chez les monocotylédones céréales de grandes cultures

Beaucoup de progrès ont été accomplis sur le plan des mécanismes de contrôles moléculaires du RSA. En particulier, sur les mécanismes de la ramification des racines d'*Arabidopsis*. Ces mécanismes sont relativement moins connus chez les monocotylédones dont les céréales font partie. La majorité des recherches menées sur ce sujet a porté sur les espèces *O.sativa* et *Z. mays*. Concernant le mutant de maïs affecté au niveau de la couronne racinaire et les racines séminales nommée « *rootless concerning crown and seminal roots* » *(rtcs)*, et leurs homologues chez le riz comme « *adventitious rootless 1* » *(arl1)* and « *crown rootless 1* » *(crl1)*, un manque en racines primaires et en racines séminales chez le maïs, conduit à une dépendance pour le système racinaire primaire et latérale que l'on retrouve également chez les dicotylédones. Chez les mutants du riz, l'émergence des racines latérales présentes sur la racine principale est également fortement réduite. Les mutants de maïs rtcs et de riz arl1/crl1 sont étroitement similaires aux gènes *LBD16* et *LBD29* d'*Arabidopsis* ; et les deux organes latéraux sont activés et limités par des gènes *ARF7/ARF19* (Okushima *et al.,* 2007 ; Shuai *et al.,* 2002 ; Majer *et al.,* 2012). Le contrôle génétique *RTCS* et l'expression de l'*ARF34* chez le maïs sont décrits par Majer *et al.* (2012).

Les mutants sans racines ou disposant de méristèmes indétectables nommées « *Lateral rootless 1* » *(lrt1)*, « *rootless with undetectable meristems 1* » *(rum1*) ou à racines latérales courtes nommées « *short lateral roots 1* » *(slr1*) and *slr2* sont quatre mutants du maïs. Leurs utilisations démontrent une anomalie du développement des racines latérales chez cette monocoylédone. Les mutants *lrt1* (Hochholdinger, 1998) et *rum1* (Woll *et al.,* 2005) ne parviennent pas à entamer l'initiation de racines latérales et semblent être perturbés au niveau du transport de l'auxine. Les mutants *slr1* et *slr2* (Hochholdinger *et al.,* 2001) sont affectés après l'initiation des racines latérales. Leurs élongations racinaires mènent à la réduction des racines latérales. Les Mutants affectant l'élongation des racines au niveau de la couronne fasciculé sont également trouvés chez le riz. Le mutant pour un facteur de transcription de la famille AP2/ERF nommé *crl5* n'est pas en mesure d'induire de la cytokinine de type A qui est un régulateur de réponse *OsRR1*. Généralement, il réprime négativement la signalisation de la cytokinine. En absence de cette répression, la cytokinine inhibe l'initiation des racines de couronnes chez le riz. Ce mécanisme est similaire à l'inhibition des racines latérales par la cytokinine observée chez *Arabidopsis* (Kitomi *et al.,* 2011). OsGNOM est un facteur d'échanges nucléotides-guanines pour un facteur de GTPase-ADP-ribosylation (ARF) impliqué dans le transport polaire de l'auxine. Il présente un degré élevé d'homologie avec la protéine GNOM d'*Arabidopsis.* Les Mutants de l'OsGNOM présentent des défauts dans le développement de la couronne racinaire en raison d'une perturbation de la distribution de l'auxine dans les tissus des parties aériennes et des sites d'initiations de racines primordiales présentes au niveau de la couronne racinaire (Liu *et al.,* 2009). *Rtcs, arl1/crl1* et *Osgnom* sont des exemples choisis pour leurs similitudes lors des recherches utilisant la plante modéle *Arabidopsis* et autres plantes cultivées. Mais, la complexité ajoutée au système racinaire type des monocotylédones n'est pas simple à expliquer et à interpréter. L'insuffisance d'*Arabidopsis* comme un organisme modèle dans le contexte de l'étude des processus de développement est claire. Chez les monocotylédones, tous les mutants découverts à ce jour pour l'étude des phénotypes de racines latérales ne touchent que l'aspect embryonnaire du développement racinaire des monocotylédones (Hochholdinger & Tuberosa, 2009 ; Zhu *et al.*, 2012). Cela démontre que les mécanismes qui contrôlent l'architecture doivent être différents pour les racines post-embryonnaires et embryonnaires.

Cependant, malgré une certaine connaissance des processus d'initiations du développement racinaire de céréales comme le maïs et le riz, il n'existe actuellement aucun mutant qui pourrait expliquer une aberration lors de la formation de racines latérales chez des plantules de céréales. Un modèle candidat est possible. Il pourrait aider à combler les écarts de connaissances entre les modèles de céréales et d'*Arabidopsis* thaliana Col-0. Il s'agit de *Brachypodium distachyon* (L.) P. Beauv. d'écotypes 21-1 ou 21-3. Cette espèce a beaucoup d'avantages en tant qu'espèce modèle. Elle présente des caractéristiques techniques similaires à *Arabidopsis*, tel qu'un morphotype de petite taille physique, un cycle de vie relativement courte et une petite taille de génome. Mais, elle a fondamentalement une architecture racinaire typique des monocotylédones. Cette plante modèle appartient à la famille des *Poaceae* comme le riz, le maïs, le blé et l'orge. En outre, Pacheco-Villalobos & Hardtke (2012) et Ingram *et al.* (2012) discute encore de la pertinence de *Brachypodium* comme un modèle pour les études profondes du système racinaire des monocotylédones. Bien que cette plante soit validée par le consortium international de *Brachypodium* qui favorise également la production de mutants de cette espèce de *poaceae*.

VIII. Développement racinaire et Environnement

VIII.1. Croissance des racines latérales en lien avec leur environnement d'évolution

La plante est un espace régulé par des processus physiologiques, hormonaux et développementaux. Les processus physiologiques des plantes sont principalement chapotés par des processus hormonaux. Les phytohormones sont les principaux régulateurs et coordinateurs de nombreuses fonctions biologiques au sein du végétal. Une réponse particulière pour chaque végétal est développée. Elle est le résultat de l'interaction de ces deux systèmes régulateurs et de différents facteurs. Les voies de régulation intrinsèques et les facteurs externes à la plante sont en équilibre dynamique avec les effets environnementaux dans la limite de la variabilité du génotype de la plante. Des notions du concept de la plasticité se définissent dans le cadre du schéma de développement du système racinaire (cf. Tome 1).

Contrairement à la relative spécificité d'action des hormones animales, chez les végétaux, il y a une grande diversité de tissus ou de réponses des organes aux phytohormones. Chez les plantes, les facteurs externes, c'est-à-dire abiotiques comme la lumière, gravité, etc. ou biotiques comme les parasites, bactéries, variations nutritionnelles, ont un haut degré d'influence sur les réactions phytohormonales. La plupart des réponses physiologiques sont régulées par la participation de deux ou plusieurs phytohormones. Ces signalisations hormonales sont impliquées dans les voies de réponses au développement et à l'environnement (Malamy, 2005).

De nombreuses études scientifiques ont permis de réunir les preuves que certains réseaux de signalisations sont spécifiques de la formation des racines latérales (LR) (Hochholdinger *et al.,* 2004 ; Rogg. *et al.,* 2001 ; Coates *et al.,* 2006). A ce jour, de nouvelles stratégies de recherches tendent à manipuler les ramifications racinaires chez les plantes cultivées par l'homme (Nibau *et al.,* 2008). Il est actuellement important d'aller de l'avant et d'identifier des plantes adaptées pour une agriculture durable et écologique. D'autant que les mécanismes de développements racinaires mis en œuvre chez les plantes cultivées peuvent différer de celui mis en avant chez la plante modèle *Arabidopsis* (Nibau *et al.,* 2008).

Les connaissances scientifiques actuelles montrent que les racines latérales de la plupart des végétaux commencent par une croissance horizontale et éventuellement à la verticale. Les racines semblent être programmées à croître en fonction d'un angle dépendant du vecteur gravité et sont fonction du mécanisme de gravitropisme (GSA : a gravitropic set-point angle). Cet angle peut être génétiquement perturbé. Ainsi, le GSA peut être décrit comme une composante importante et intrinsèque. Cette composante de l'architecture du système racinaire est largement négligée par les chercheurs (Malamy, 2005). Le mécanisme responsable de la structuration spatiale et de la formation des racines latérales et du *primodium* les formants reste inconnu. Cependant, chez *Arabidopsis thaliana*, dc nouvelles mesures pratiques des paramètres de la racine latérale (LR), de la densité et de la structuration de son primordium sont développées avec l'utilisation d'une ligne dite « *protoxylem pericycle specific enhancer trap line* » qui piége spécifiquement le protoxylème en renforçant le péricycle (Dubrovsky *et al.,* 2006).

VIII.2. Impact de l'environnement sur le système racinaire

Les facteurs environnementaux influencent la croissance des racines. Par exemple, la disponibilité des nutriments, de l'eau et l'état de distribution spatial et temporel sous forme de patchs nutritionnels, la densité du sol, la salinité et la température et les interactions micro-organismes sont variables et complexes. Ainsi, les racines ont une nécessité à être plastique au niveau de leur architecture et fonctionnement. Cette plasticité est particulièrement bien démontrée dans la recherche et l'acquisition de nutriment issu du sol. Les éléments nutritifs tels que le nitrate NO_3^{2-}, l'ammonium NH_4^+ et les phosphates inorganiques PO_4^{2-} sont répartis de manière hétérogène dans le sol. En effet, l'activité racine, elle-même, aggrave l'hétérogénéité du sol en ces éléments nutritifs. Par conséquent, les plantes exploitent les réserves nutritives concentrées grâce à une modification contrôlée de leur architecture racine. Par exemple, l'allongement préférentiel des racines latérales vers des zones localement riches en nitrate, et encore plus nettement, dans des zones riches en phosphate (Casimiro *et al.,* 2003 ; Herrera-Estrella *et al.,* 2003).

VIII.2.1. L'azote

L'azote, provenant du sol sous forme de nitrate conditionne la plante. Cet élément est retenu par les cultures. Il permet la formation de macromolécules essentielles comme l'ADN et les protéines. De nombreuses études ont démontré une relation entre les niveaux de nitrates présents dans le sol et l'architecture des racines. Les chercheurs ont montré une croissance des racines latérales inhibées pour des concentrations faibles en nitrate dans le sol. Alors que localement, l'apport correctif d'azote pour obtenir des sols riches en nitrate stimule l'allongement des racines latérales afin d'augmenter l'absorption du N chez les plantes (Boukcim *et al.,* 2006). Cependant, il est important de distinguer les effets nutritionnels des effets de signalisations lors de l'examen des phénotypes racinaires issus de sols enrichis en NO_3^{2-}.

Récemment, un mécanisme explicatif de l'effet inhibiteur des faibles concentrations en NO_3^{2-} du sol sur l'allongement des racines latérales a été décrit. Il fait intervenir le transporteur de nitrate NRT1.1 (Tsay *et al.,* 1993). Le transporteur NRT1.1 a une double fonction : 1) il s'agit d'un capteur NO_3^{2-} du sol ; et 2) il facilite l'absorption de l'auxine, couplant ainsi la détection d'éléments nutritifs avec une réponse hormonale localisée dans la racine au sein de la plante (Krouk *et al.,* 2010 ; Ho *et al.,* 2009). À faible concentration en NO_3^{2-}, le transport NRT1.1 modifie le transport de l'auxine. Il favorise le transport basipète dans les racines latérales. Il inhibe ainsi la formation et la croissance de ce type de ramification racinaire.

La faible concentration en nitrates peut également inhiber la croissance simplement par les mécanismes de déficience en N qui « affame » la plante et génère un mécanisme de nanisme déjà démontré lors d'études sur la plasticité fonctionnelle par Varin (2009) chez le trèfle blanc. Cet effet est indépendant du signal émis lors de faible teneur en NO_3^2sur NRT1.1. En outre, une teneur élevée en NO_3^{2-} inhibe l'activité du transporteur auxinique NRT1.1. Aini, ce constat explique l'inhibition de la formation des racines latérales et de la croissance observée lors de fortes concentrations en NO_3^{2-} et au moment d'une distribution de ce trait non homogène dans le sol. A l'inverse, la croissance des racines primaires d'*Arabidopsis* semble largement insensible au NO_3^2 (Herrera-Estrella *et al.,* 2003). Bien que pour des niveaux modérément élevés en nitrates, des auteurs ont rapporté une plus forte élongation des racines primaires chez le maïs.

VIII.2.2. Le phosphate

Le phosphore, sous forme de phosphate, est un oligo-élément important qui est souvent un facteur limitant en raison de la tendance du phosphore à former des composés insolubles dans la solution du sol. En revanche, le nitrate est très mobile dans le sol et à tendance à s'infiltrer facilement. Le phosphate a également une mobilité dans les sols pauvres. Il tend à se concentrer dans les couches supérieures du sol (Lynch, 2011). Les plantes cultivées dans des conditions pauvres en phosphore présentent généralement une élongation réduite de la racine primaire et une augmentation de la densité des racines latérales et de leur longueur (Peret *et al.,* 2011). A la suite des recherches sur la nutrition minérale, ces mécanismes sont considérés comme une réponse adaptative. En effet, un autre type de racines dites « *cluster root* », présent une morphologie en grappes denses de radicelles sur la racine mère. Elles sont observées chez certaines espèces, notamment les membres de la famille des *Proteaceae*. Ces « *cluster roots* » sont formés dans le cadre d'un programme de développement normal de la racine plutôt que lors d'un changement sensible du milieu (Lambers *et al.,* 2011), et sont un exemple de structure de racinaire qui semble avoir évolué principalement pour maximiser l'acquisition du phosphore dans le sol (Shane *et al.,* 2005 ; Lambers *et al.,* 2006). Nussaume *et al.* (2012) mettent en avant une nouvelle technique d'imagerie qui permet la visualisation de l'absorption des nutriments. Cette technique est fortement utile lors d'une étude couplée de l'alimentation minérale et l'architecture de leurs synthèses racinaires des plantes.

VIII.2.3. L'H_2O et le stress salin NaCl

La sécheresse a un effet majeur sur l'architecture des racines. De nombreuses plantes préfèrent réaliser une élongation de la racine primaire et une suppression des racines latérales en réponse à ce type de contrainte. Beaucoup de plantes adaptées à la sécheresse telles que le sorgho, maintiennent leur « fitness » en orientant leur structure racinaire verticalement (Singh *et al.,* 2010). Ce qui semble être une tendance naturelle chez ce type de plantes (Singh *et al.,* 2010).

La salinité du sol a aussi un effet sur l'architecture des racines en raison du stress osmotique et ionique que subissent les racines. Ce sont ces deux conditions qui caractérisent la contrainte de stress hydrique chez la plante. Ce stress hydrique est dissociable en : 1) une perturbation osmotique-mécanique et une contrainte ionique et éléctrique similaire à la perturbation induite dans le cas du froid. Mais contrairement à la sécheresse, la salinité élevée du sol inhibe l'élongation des racines primaires, tout en favorisant l'émergence des racines latérales dans les glycophytes comme chez *Arabidopsis* (Galvan-Ampudia & Testerink, 2011 ; Zolla *et al.,* 2010). La sécheresse est souvent associée à des températures élevées par exemple Hund *et al.* (2012) ont étudié les effets de la température élevée du sol sur la croissance des racines du maïs.

VIII.2.4. Le pH et résistance mécanique du sol

Les effets du pH du sol et de la résistance mécanique du sol sont moins bien compris. La forte acidité du sol peut solubiliser et augmenter la disponibilité en aluminium issu du sol pour les plantes. Or, l'aluminium devient toxique pour les plantes à forte concentration. Des études chez les graminées et les céréales ont en général démontré une réduction de l'élongation racinaire en réponse à la toxicité de l'aluminium (Simpson *et al.,* 2011 ; Richardson *et al.,* 2010) et au sol acide. De même, les sols durs, c'est-à-dire à pH alcalin ou basique entravent la croissance des racines, en particulier des racines latérales (Simpson *et al.,* 2011 ; Bengough, *et al.,* 2006 ; Bengough *et al.,* 2011).

La résistance du sol est un facteur complexe intervenant dans la croissance des racines. L'augmentation croissante de la résistance mécanique du sol diminue la croissance racinaire. D'autres contraintes telles que le stress hydrique, le stress nutritionnel et l'hypoxie racinaire peuvent induire une compaction du sol de plus en plus importante (Bengough *et al.,* 2006). La structure physique du sol est également importante (cf. Tome 3). L'absence de pores dans un sol compacté peut présenter des problèmes. Les racines utilisent généralement ses pores présents dans le sol pour faciliter leur croissance, l'augmentation des poils racinaires, leur ancrage sur le sol et leur expansion dans l'espace (Whitmore & Whalley, 2009).

VIII.3. Gravitropisme, oscillation des racines latérales, phototropisme et auxine

À propos de gravitropisme, toutes les racines n'ont pas la même sensibilité. Si les racines primaires ont un gravitropisme très fort, les racines adjacentes l'ont beaucoup moins (Waligora & Vian, 2010). Bien qu'encore peu connu, le premier déterminisme de la croissance racinaire est génétique. L'extension dans le temps et dans l'espace du système racinaire est gouvernée par des facteurs génétiques, eux-mêmes modulés par les conditions environnementales.

Les racines latérales se développent dans un espace régulier et en alternance gauche-droite. Ce modèle de morphogenèse racinaire est en interaction avec l'action de la force de gravité (gravitropisme). Les deux réponses racinaires sont dépendantes du transporteur AUX1 permettant un afflux d'auxine. Par ailleurs, la sensibilité cellulaire à l'auxine permet une oscillation basale et périodique du méristème racinaire. Cette oscillation est en corrélation avec le calendrier de formation des racines latérales. Cela se produit uniquement sous certaines conditions comme le montre les expérimentations de De Smet *et al.* (2007) utilisant des boites de Pétries inclinées contenant de l'agarose.

Un mécanisme interne de l'espace d'initiation des racines latérales existe à l'intérieur de chaque racine. Il peut être déplacé par les réponses au gravitropisme (De Smet *et al.,* 2007). Des auteurs ont observé qu'un gradient latéral d'auxine est responsable de la formation d'un maximum de cellules du protoxylème issu de l'accumulation de l'auxine. Cette hormone est suffisante pour l'initiation des cellules fondatrices des racines latérales (De Smet *et al.,* 2007 ; Nibau *et al.,* 2008). Toutefois, plusieurs facteurs cherchent à être indépendants de la voie de signalisation de l'auxine tout en régulant la formation des racines latérales. Lucas *et al.* (2008) proposent un modèle de co-régulation entre la formation de racines latérales et le gravitropisme. L'auxine concentrée à un certain point est localisée de manière précise dans les racines latérales. Telle une piscine, l'utilisation de l'auxine évite l'émission de nouvelles racines latérales jusqu'à un seuil maximal de remplissage qui déclenche l'initiation de nouvelles racines latérales. Ce mécanisme de « jauge » serait accéléré dans certaines zones de la racine par le gravitropisme (Lucas *et al.,* 2008).

VIII.4. Colonisation efficace des sols par les racines

La colonisation efficace du sol par les racines de la plante dépend de l'initiation et de la compétence des nouvelles racines latérales (Swarup *et al.,* 2008). La plupart des procédés de la racine latérale sont auxine dépendant. Ils interagissent indirectement avec les voies complexes de contrôles déployer lors de chaque étape du développement des racines latérales (Casimiro *et al.,* 2003).

Les phytohormones principalement impliquées dans le développement des racines latérales sont l'auxine et la cytokinine. Elles sont les moteurs de nombreux processus. Dans certains cas, elles agissent comme antagonistes. En fonction de leur concentration, elles affectent de nombreuses réactions, modulent l'ampleur de celle-ci et affectent certains modes de transports.

Depuis longtemps, en raison de leur effet de stimulation lors de la formation de racines latérales, l'auxine et les autres régulateurs de croissance sont intensivement étudiés (Blakely *et al.,* 1972). Leur suppression par inhibiteurs endogènes peut être responsable de la fréquence et la distribution des racines latérales sur la racine primaire (ou principale ou mère) (Rue & Roberts, 1952).

Un système intégrant les interactions spécifiques entre les différentes phytohormones et les diverses étapes de régulation reste à découvrir. Depuis la fin du XIXe siècle, l'ontogenèse des racines latérales est l'objet de nombreuses analyses (Bell *et al.,* 1970 ; Blakely *et al.,* 1972 ; Byrne, 1973 ; Van Thieghem & Douliot, 1888) De nos jours, l'utilisation de nouvelles méthodes et techniques d'études ont permis à ce sujet de prendre de l'avance rapidement. Comme nous pouvons le voir, la disponibilité des nutriments affecte à la fois le nombre et la localisation des sites d'initiations des racines latérales (De Smet *et al.,* 2007 ; Drew, 1975 ; Drew & Saker, 1975 ; Drew &

Saker, 1978 ; Lloret *et al.,* 1998 ; Lucas *et al.,* 2008). Les plantes peuvent « sentir » la qualité du sol directement via des capteurs externes. Elles peuvent également surveiller et répondre à leurs propres statuts nutritionnels internes. Basé sur ces informations environnementales et de diagnostiques internes, les plantes doivent décider si oui ou non elles doivent déclencher l'initiation des racines latérales. Les déterminants intrinsèques de l'architecture du système racinaire (RSA : « *the Root System Architecture* ») sont essentiels pour la formation-structuration et le développement du *primordium* de la racine latérale, l'initiation et la croissance des racines latérale. (Malamy, 2005).

Ainsi, la formation de racines latérales dans le système racinaire constitue un bon modèle pour étudier comment le développement des plantes est coordonné avec les conditions environnementales (Malamy & Ryan, 2001).

IX. Visualisation de la complexité de l'architecture du système racinaire

L'étude de l'architecture du système racinaire (RSA) a toujours compris des difficultés inhérentes aux techniques d'études employées pour explorer ce système. Elle doit fonctionner nécessairement dans un environnement de type sous-sol. L'extraction de la totalité du système racinaire d'un sol, tout en conservant l'exhaustivité et en évitant d'endommager les éléments les plus fins du système racinaire, est un défi. Il faut savoir que certains résultats ont été générés de cette manière, par exemple via la « *shovelomics* ». Il s'agit d'une méthode d'excavation, de lavage et de phénotypage racines (Lynch, 2011 ; Trachsel *et al.,* 2010).

Pour ces difficultés d'exploration, plusieurs autres méthodes ont été développées permettant l'étude de la croissance de racines telles que la croissance sur rouleaux de papier ou de pochettes imbibées permettant la germination (Hetz *et al.,* 1996 ; Trachsel *et al.,* 2009), de rhizotrons contenant du sable (Chapman *et al.,* 2011) ou de bases gélifiées (Iyer-Pascuzzi *et al.,* 2010 ; Bengough *et al.,* 2004). Ainsi, les effets phénotypiques peuvent être visualisés à l'aide de scanners en positionnant le système racinaire à plat, d'appareils photographiques numériques à prises de vues automatisées ou de lasers (Fang *et al.,* 2009). Ce qui permet la mise en place de plateforme de phénotypages à plus ou moins haute débit.

Wells *et al.* (2012) présentent de nouvelles méthodes d'acquisitions d'images et d'analyses de la croissance & du développement racinaire.

Cependant, ces méthodes ne sont pas encore une solution adéquate pour ce type d'étude. L'architecture des racines est influencée par les propriétés physico chimique du sol qui sont nombreuses comme je l'ai présenté dans le tome 3. Nous pouvons mentionner la résistance mécanique, la densité du sol, la présence de poches d'air dans le sol, la température & le pH du sol, et une variété de nutriments et facteurs biotiques initiant des interactions biotiques, qui ne peuvent être facilement reproduits dans les systèmes de croissances artificiels.

A l'heure actuelle, pour produire des observations de fonctionnement vraiment significatives sur le système d'architecture racinaire des plantes, le défi pour l'étude des racines dans le sol peut s'orienter vers une stratégie d'analyses via l'imagerie médicale comme l'utilisation de rayons X et de la tomodensitométrie (TDM) ou X-ray computed tomography (CT) (Heeraman, *et al.,* 1997 ; Tracy *et al.,* 2010 ; Smith & De Smet. 2012) ou d'autres modes d'explorations par imageries associés à des marqueurs moléculaires ou atomiques comme l'imagerie positronique. Ces méthodes anciennes du monde médical vont révolutionner l'agroécologie et l'agronomie. Elles permettent aux chercheurs d'avoir la capacité de visualiser l'architecture des racines de manière *in situ.* La collecte de nombreuses tranches d'images transversales à partir duquel une image tridimensionnelle complète du système racinaire peut être reconstituée, sans endommager le système racinaire est possible. Cette technique peut être utilisée pour étudier l'architecture des racines dans de nombreuses conditions de disponibilité en éléments nutritifs, d'humidité et de type de sol d'une manière physiologiquement pertinente. La résonance magnétique nucléaire (RMN) a été utilisée d'une manière similaire à la X-ray computed tomography (CT) pour étudier l'architecture des racines *in situ*, mais la CT est la méthode préférée des chercheurs actuels en raison de problèmes liés aux interférences issues des ions paramagnétiques présents dans les sols riches en fer (Heeraman *et al.,* 1997). Dans les deux systèmes TDM, CT et RMN, le coût est un inconvénient majeur.

Une approche alternative est la simulation et la modélisation mathématique. Le point de départ de la programmation correspond aux règles issues de : 1) la base des observations directes et des données phénotypiques et moléculaires ; 2) des modélisations mathématiques qui s'avèrent utile pour la cartographie et l'intégration de la croissance racinaire et de la plante dans son ensemble ; et 3) les interactions en réponse aux multiples variables environnementales. La modélisation est couramment utilisée pour prédire les tendances de croissance des racines sous différentes conditions, y compris la réponse à l'eau et aux approvisionnements en éléments nutritifs (Dunbabin *et al.,* 2002) comme l'adaptation racinaire aux variations nutritionnelles en phosphate (Fang *et al.,* 2012), l'adaptation des plantes cultivées sur sol pauvre en azote sous des modifications des flux de carbones modifiés (Brun *et al.,* 2010), et la formation de racines issue de l'aérenchyme corticale en réponse à l'état nutritionnel du sol (Postma & Lynch, 2011).

Des logiciels de simulations spécifiquement conçus pour l'étude de l'architecture du système racinaire ont été développés tels que SIMROOT (Lynch *et al.,* 1997). Dans le passé, les approches de modélisation ont été critiquées pour être trop simplistes et ne tenant pas compte des nombreuses variables complexes de l'environnement et de l'hydraulique du sol (Hopmans & Bristow, 2002). Néanmoins, les progrès récents dans l'élucidation des processus biologiques, chimiques et physiques qui affectent la croissance des racines dans le sol permettent d'obtenir des modèles plus récents à partir de logiciel mieux équipés pour intégrer des tableaux de variables complexes dans un cadre mathématique qui était auparavant théoriquement possible mais complexe à mettre en place (de Dorlodot *et al.,* 2007 ; Draye *et al.,* 2010).

Remarque : le logiciel est choisi en fonction des performances utiles et des objectifs de mesures établies lors des plans d'expérimentations via différents logiciels gratuits ou payants disponibles sur le marché et sur les sites internet spécialisés comme « plant Image Analysis » : http://www.root-image-analysis.org.

Conclusion

Cette recherche bibliographique a examiné et présenté les mécanismes de régulations et les facteurs internes ou externes qui prennent part au processus de formation de l'architecture du système racinaire (RSA). Elle a permis de répondre aux questions suivantes : Comment ces mécanismes fonctionnent-ils dans diverses plantes modéles ?

Une partie importante et très variable du système racinaire sont les racines latérales. Les racines latérales émergent de la périphérie du cylindre vasculaire à des distances différentes du méristème apical. A la suite de constat, nous pouvons poser une interogation : Quelle est l'origine des racines latérales ? Quelles sont les mécanismes de développement des racines latérales ? Nous savons que l'origine des racines latérales est endogène à partir des tissus en profondeur dans la racine et non de la surface. On peut définir le rang de la racine. Il est fonction de la position du point d'apparition. Ainsi, selon le rang de celle-ci, l'initiation donne lieu à des latéraux Iaire et IIaire. Ces dernières sont souvent désignées comme les racines secondaires, racines tertiaires, et ainsi de suite (Esau, 1965). Le plus souvent, la racine latérale de gymnosperme et d'angiosperme est émise d'une nouvelle racine Iaire, de racines adventives voir d'un embranchement latéral ou des racines secondaires. Elles sont originaires du péricycle (Lloret *et al.,* 1989). Mais, nous ne pouvons pas généraliser les informations à l'ensemble des plantes. Par exemple, chez les fougères contrairement aux autres plantes modèles, la racine latérale est émise par l'endoderme.

Beaucoup de similitudes se retrouvent entre les caractéristiques anatomiques et de développement des racines latérales de diverses espèces. Cependant, face aux facteurs environnementaux, les espèces et la variabilité des traits ontogéniques doivent être prises en compte. De ce point, l'anatomie simple d'*Arabidopsis thaliana* est bien connue. Elle a été exhaustivement étudiée et comparée par rapport à d'autres plantes modèles notamment les monocotyledones.

Cette synthèse montre qu'il y a encore beaucoup de choses à étudier et à comprendre concernant l'écologie fonctionnelle-écophysiologie, la physiologie et génétique de la plante. La structuration, la production des racines et racines latérales sont déjà un grand scénario de la vie de la plante au sein duquel la découverte de nombreuses interactions complexes internes et avec l'environnement de la plante ont eu lieu.

Les racines sont ancrées sur le substrat. Elles sont dépendantes de leurs conditions environnementales et du développement de la plante dans son ensemble. Les concentrations minérales des sols, les facteurs biotiques, la disponibilité compacité, la porosité, de l'eau disponible influencent les voies de régulations et signalisations croisées avec le jeu des signaux phytohormonaux. Les racines peuvent « sentir » les besoins internes nécessaires à la plante. Elles ne sont pas isolées des parties aériennes. Au contraire, elles ont le pouvoir de réagir très rapidement à l'état nutritionnel immédiat, à des facteurs externes comme la lumière, des agents pathogènes, gaz, etc., agissant sur les surfaces d'échanges aeriens et souterrains.

Le domaine de développement des racines latérales évolue rapidement. Bien que plusieurs processus et schémas conceptuels « fonctionnels » des racines soient mis en avant. En jouant sur ce point clef du fonctionnement des plantes, les scientifiques et les agriculteurs sont déjà en train d'améliorer et d'adapter les plantes aux environnements pour optimiser et rentabiliser la production des plantes. Une meilleure compréhension de ces voies et mécanismes va nous aider dans de nombreux domaines contigus et complémentaires utilisant les ressources végétales de la planète.

La plasticité de l'architecture du système racinaire joue un énorme rôle dans l'acquisition des nutriments, de l'eau (absorption ; assimilation), l'efficience d'utilisation de ces éléments et la prospection des ressources du sol voir le déplacement à plus ou moins long terme des végétaux dans leur environnement. Il sera intéressant de comprendre comment fonctionnent les voies de production des parties souterraines. Ainsi, nous pourrons exploiter ces informations sur des possibles expressions génétiques élégamment réalisées de manière artificielles. Elles permettront : i) la production de plantes génétiquement modifiées ou améliorées et adaptées à la spécificité des sols ; et ii) de conquérir les zones non ou peu cultivables ou de jouer sur les cycles de développement et vitesse d'exploitation du sol par les végétaux pour augmenter le rendement et la valorisation des agro-écosytèmes.

Alors que pendant les dernières décennies, les chercheurs ont abouti à une vue détaillée de l'architecture du système racinaire, principalement chez la plante modèle *Arabidopsis* mais, aussi dans certaines cultures céréalières, il y a encore divers aspects de la croissance des racines et de ses ramifications qui doivent être pris en compte. Nous devons fournir des réponses à certaines questions qui restent, à l'heure actuelle, en suspens et offrir de nouveaux outils pour relever les défis restants tels que présentés dans la figure 46 plaçant la technologie de la rhyzoingéniérie dans le cadre des changements globaux notamment du carbone. Ils nous restent encore à éclairer ce chemin qui sera constitué de nouvelles études et de nouvelles approches pluridisciplinaires.

Figure 46. Évaluation de diverses techniques de géo-ingénierie sur la base de l'efficacité et de l'abordabilité économique. (Abréviations : CCS : le captage et stockage du carbone (CCS au niveau des sources inclut à des fins de comparaison) ; BECS : Biomasse avec la séquestration du carbone). Figure de la UK Royal Society (2009). Reproduit avec la permission (d'après Williamson, 2011). Localisation de la technologie utilisant les interactions rhizobactéries PGPR-plantes séquestratrices de carbone et autres minéraux pour l'utilisation sous forme de biomasse et production d'éthanol & solvants et phyto-microrémédiations.

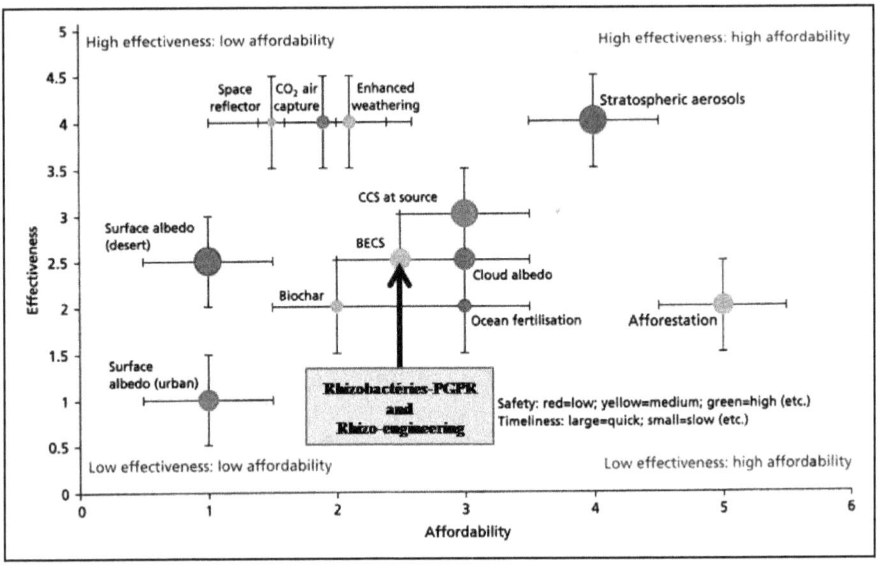

RÉFÉRENCES BIBLIOGRAPHIQUES

Les références citées dans les articles de ce manuscrit ne sont pas reprises dans cette bibliographie.

A

Aloni R., Schwalm K., Langhans M., Ullrich C.I., 2003. Gradual shifts in sites of free-auxin production during leaf-primordium development and their role in vascular differentiation and leaf morphogenesis in *Arabidopsis. Planta* 216, 841–853.

Armengaud P., Breitling R., Amtmann A., 2004. The potassium-dependent transcriptome of Arabidopsis reveals a prominent role of jasmonic acid in nutrient signaling. *Plant Physiology* 136, 2556-2576.

ADEME (Agence de l'Environnement et de la Maîtrise de l'Energie)., 2011. Evolution du prix des énergies dans le secteur de l'habitat. http://franche-comte.ademe.fr/contenu.php?id=318

B

Babé A., LavigneT., Séverin J.P., Nagel K.A.,Walter A., Chaumont F., Batoko H., Beeckman T., Draye X., 2012. Repression of early lateral root initiation events by transient water deficit in barley and maize. *Phil. Trans. R. Soc. B* 367, 1534–1541.

Badescu G.O., Napier R.M., 2006. Receptors for auxin: will it all end in TIRs? *Trends Plant Sci.* 11, 217-223.

Baima S., Possenti M., Matteucci A., Wisman E., Altamura M.M., Ruberti I., Morelli G., 2001. The *Arabidopsis* ATHB-8 HD-zip protein acts as a differentiation-promoting transcription factor of the vascular meristems. *Plant Physiol.* 126, 643-655.

Bandman O., Coleman R.T., Loring J.F., Seilhamer J.J., Cocks B.G., 2002. Complexity of inflammatory responses in endothelial cells and vascular smooth muscle cells determined by microarray analysis. *Ann. N.Y. Acad. Sci.* 975, 77-90.

Bao F., Shen J., Brady S.R., Muday G.K., Asami T., Yang Z., 2004. Brassinosteroids Interact with Auxin to Promote Lateral Root Development in *Arabidopsis. Plant Physiol.* 134, 1624-1631.

Barlow P.W., 2006. Polarity in roots. *In: polarity in plants* (K. Lindey, eds), blackwell publishing, oxford, 192- 104.

Bartel B., LeClere S., Magidin M., Zolman B.K., 2001. Inputs to the active indole-3-acetic acid pool: de novo synthesis, conjugate hydrolysis, and indole-3- butyric acid beta-oxidation. J*ournal Plant Growth Regulation.* 20, 198-216.

Bates T.R., Lynch J.P., 2000. The efficiency of *Arabidopsis thaliana* (*Brassicaceae*) root hairs in phosphorus acquisition. *Am. J. Bot.* 87, 964–970.

Beeckman T., Burssens S., Inzé D., 2001. The pericell- cycle in *Arabidopsis. J. Exp. Bot.* 52, 403–411.

Beemster G.T., Fiorani F, Inzé D., 2003. Cell cycle: the key to plant growth control? *Trends Plant Sci.* 8, 154- 158.

Belham C., Roig J., Caldwell J.A., Aoyama Y., Kemp B.E., Comb M., Avruch J., 2003. A mitotic cascade of NIMA family kinases. Nercc1/Nek9 activates the Nek6 and Nek7 kinases. *J. Biol. Chem.* 278, 34897-34909.

Bell J.K., McCully M.E., 1970. A histological study of lateral root initiation and development in *Zea mays* In Esau, 1965. *Protoplasma* 70, 179-205.
Benfey P.N., 2005. Developmental networks. *Plant Physiology* 138, 548-549.
Benfey P.N. Scheres B., 2000. Root development. *Current Biology* 10, R813-R815.
Bengough A.G., Bransby M.F., Hans J., McKenna S.J., Roberts T.J., Valentine T.A., 2006. Root responses to soil physical conditions; growth dynamics from field to cell. *J. Exp. Bot.* 57, 437–447.
Bengough A.G., Gordon D.C., Al-Menaie H., Ellis R.P., Allan D., Keith R., Thomas W.T.B., Forster B.P., 2004. Gel observation chamber for rapid screening of root traits in cereal seedlings. *Plant Soil* 262, 63–70.
Bengough A.G., McKenzie B.M., Hallett P.D., Valentine T.A., 2011. Root elongation, water stress, and mechanical impedance: a review of limiting stresses and beneficial root tip traits. *J. Exp. Bot.* 62, 59–68.
Benkova E., Michniewicz M., Sauer M., Seifertova D., Jürgens G., Friml J., Teichmann T., 2003. Local, Efflux-Dependent Auxin Gradients as a Common Module for Plant Organ Formation. *Cell* 115, 591-602.
Benková E., Michniewicz M., Sauer M., Teichmann T., Seifertová D., Jürgens G., Friml J., 2003. Local, efflux-dependent auxin gradients as a common module for plant organ formation. *Cell.* 115, 591- 602.
Bennett M.J., Marchant A., Green H.G., May S.T., Ward S.P., Millner P.A., Walker A.R., Schulz B., Feldmann K.A., 1996. *Arabidopsis* AUX1 gene: a permease-like regulator of root gravitropism. Science. 273, 948- 950.
Bennett T., Scheres B., 2010. Root development: two meristems for the price of one? *Curr. Top. Dev. Biol.* 91, 67–102.
Bielach A., Duclercq J., Marhavy P., Benkova E., 2012. Genetic approach towards the identification of auxin–cytokinin crosstalk components involved in root development. *Phil. Trans. R. Soc. B* 367, 1469–1478.
Blakely L.M., Blakely R.M., Colowit P.M., Elliott D.S., 1988. Experimental studies on lateral root formation in radish seedling roots: II. Analysis of the dose–response to exogenous auxin. *Plant Physiol.* 87, 414–419.
Blakely L.M., Durham M., Evans T.A., Blakely R.M., 1982. Experimental Studies on Lateral Root Formation in Radish Seedling Roots. I. General Methods, Developmental Stages, and Spontaneous Formation of Laterals. *Botanical Gazette* 143, 341.
Blakely L.M., Rodaway J., Hollen B., Croker S.G., 1972. Control and kinetics of branch root formation in cultured root segments of Haplopappus ravenii. *Plant Physiol.* 50, 35-42.
Blakeslee J.J., Peer W.A., Murphy A.S., 2005. Auxin transport. *Current Opinion in Plant Biology* 8, 494-500.
Blilou I., Xu J., Wildwater M., Willemsen V., Paponov I., Friml J., Heidstra R., Aida M., Palme K., Scheres B., 2005. The PIN auxin efflux facilitator network controls growth and patterning in *Arabidopsis* roots. *Nature* 433, 39-44
Bloom A.J., Frensch J., Taylor A.R., 2006. Influence of inorganic nitrogen and pH on the elongation of maize seminal roots. *Ann. Bot.* 97, 867–873.
Bloom A.J., Meyerhoff P.A., Taylor A.R., Rost T.L., 2003. Root development and absorption of ammonium and nitrate from the rhizosphere. *Journal of Plant Growth Regulation* 21, 416-431.
Bohn-Courseau I., 2010. Auxin: a major regulator of organogenesis. *C R Biol.* 333, 290–296.

Bonnett H., 1969. Cortical cell death during lateral root formation. *Journal of Cell Biology* 40,144- 159.

Boukcim H., Pages L., Mousain D., 2006. Local NO_3^- or NH_4^+ supply modifies the root system architecture of Cedrus atlantica seedlings grown in a split-root device. *Journal of Plant Physiology* 163, 1293-1304.

Bouquin T., Meier C., Foster R., Nielsen M.E., Mundy J., 2001. Control of specific gene expression by gibberellin and brassinosteroid. *Plant Physiol* 127, 450-458.

Boutté Y., Crosnier M.T., Carraro N., Traas J., Satiat- Jeunemaitre B., 2006. The plasma membrane recycling pathway and cell polarity in plants: studies on PIN proteins. *J Cell Sci.* 119, 1255-1265.

Brady S.M., Sarkar S.F., Bonetta D., McCourt P., 2003. The Abscisic Acid Insensitive 3 (Abi3) Gene Is Modulated by Farnesylation and Is Involved in Auxin Signaling and Lateral Root Development in *Arabidopsis. Plant Journal* 34, 67-75.

Brocard-Gifford I., Lynch T.J., Garcia M.E., Malhotra B., Finkelstein R.R., 2004. The *Arabidopsis thaliana* abscisic acid insensitive 8 locus encodes a novel protein mediating abscisic acid and sugar responses essential for growth. *Plant Cell* 16, 406–421.

Brun F., Richard-Molard C., Pages L., Chelle M., Ney B., 2010. To what extent may changes in the root system architecture of *Arabidopsis thaliana* grown under contrasted homogenous nitrogen regimes be explained by changes in carbon supply? A modelling approach. *J. Exp. Bot.* 61, 2157–2169.

Byrne J.M., 1973. The root apex of *Malva sylvestris*. III. Lateral root development and the quiescent center. *American Journal of Botany* 60, 657-662.

C

Casero P., Casimiro I., Lloret P., 1996. Pericycle proliferation pattern during the lateral root initiation in adventitious roots ofAllium cepa. *Protoplasma* 191, 136-147.

Casero P.J., Casimiro I., Lloret P.G., 1995. Lateral root initiation by asymmetrical transverse divisions of pericycle cells in four plant species: *Raphanus sativus, Helianthus annuus, Zea mays, and Daucus carota. Protoplasma* 188, 49-58.

Casero P.J., Casimiro I., Rodriguez-Gallardo L., Martin-Partido G., Lloret P.G., 1993. Lateral root initiation by asymmetrical transverse divisions of pericycle cells in adventitious roots of *Allium cepa. Protoplasma* 176, 138-144.

Casimiro I., Beeckman T., Graham N., Bhalerao R., Zhang H., Casero P., Sandberg G., Bennett M.J., 2003. Dissecting *Arabidopsis* lateral root development. *Trends in Plant Science* 8, 165-171.

Casimiro I., Marchant A., Bhalerao R.P., Beeckman T., Dhooge S., Swarup R., Graham N., Inzé D., Sandberg G., Casero P.J., Bennett M., 2001. Auxin transport promotes *Arabidopsis* lateral root initiation. *Plant Cell.* 13, 843-852.

Chandler V.L., Brendel V., 2002. The maize genome sequencing project. *Plant Physiol.* 130, 1594–1597.

Chapman K., Groot E.P., Nichol S.A., Rost T.L., 2003. Primary Root Growth and the Pattern of Root Apical Meristem Organization are Coupled. 28-3-2003.

Chapman N., Whalley W.R., Lindsey K., Miller A.J., 2011. Water supply and not nitrate concentration determines primary root growth in *Arabidopsis. Plant Cell Environ.* 34, 1630–1638.

Charlton W.A., 1991. Lateral root initiation in plant roots. *In: Malamy and Benfey* 1977.m, (Y. Waisel, A. Eshel, U. Kajkafi, eds.) *The hidden hald.* [Marcel Dekker inc.], 107-128.

Chen A., Yanai A., Arama E., Kilfin G., Motro B., 1999. NIMA-related kinases: isolation and characterization of murine *nek3* and *nek4* cDNAs, and chromosomal localization of *nek1*, *nek2* and *nek3*. *Gene* 234, 127-137.

Cheng J.C., Seeley K.A., Sung Z.R. 1995. Rml1 and Rml2, Arabidopsis Genes Required for Cell- Proliferation at the Root-Tip. Plant Physiology 107, 365-376.

Christensen S.K., Dagenais N., Chory J., Weigel D., 2000. Regulation of auxin response by the protein kinase PINOID. *Cell* 100, 469-478.

Coates J.C., Laplaze L., Haseloff J., 2006. Armadillo-related proteins promote lateral root development in *Arabidopsis*.. *Proceedings of the National Academy of Sciences of the United States of America* 103, 1621-1626.

Cohen J.D., Slovin J.P., Hendrickson A.M., 2003. Two genetically discrete pathways convert tryptophan to auxin: more redundancy in auxin biosynthesis. *Trends Plant Sci.* 8, 197-199.

Cordell D., Drangert J.O. White S., 2009. The story of phosphorus: global food security and food for thought. Glob. Environ. Change Hum. *Policy Dimens.* 19, 292–305.

Coudert Y., Perin C., Courtois B., Khong N.G., Gantet P., 2010. Genetic control of root development in rice, the model cereal. *Trends Plant Sci.* 15, 219–226.

Cutler A.J., Krochko J.E., 1999. Formation and breakdown of ABA. *Trends Plant Science* 4, 472-478.

D

Davidson D., 1965. Cytological chimeras in roots of Vicia faba. Bot.Gaz. 126, 149-154.

Davies W.P., 2003. An historical perspective from the green revolution to the gene revolution. *Nutr. Rev.* 61, S124–S134.

de Dorlodot S., Forster B., Pages L., Price A., Tuberosa R., Draye X., 2007. Root system architecture: opportunities and constraints for genetic improvement of crops. *Trends Plant Sci.* 12, 474–481.

De Smet I., Signora L., Beeckman T., Inze D., Foyer C.H., Zhang H.M., 2003. An abscisic acid sensitive checkpoint in lateral root development of *Arabidopsis*. *Plant Journal* 33,543-555.

De Smet I., Tetsumura T., De Rybel B., Frey N.Fd., Laplaze L., Casimiro I., Swarup R., Naudts M., Vanneste S., Audenaert D., Inzé D., Bennett M.J., Beeckman T., 2007. Auxin-dependent regulation of lateral root positioning in the basal meristem of *Arabidopsis*. *Development* 134, 681- 690.

De Smet I., Vanneste S., Inzé D., Beeckman T., 2006. Lateral root initiation or the birth of a new meristem. *Plant Molecular Biology* 60, 871-887.

De Smet I., Zhang H., Inzé D., Beeckman T., 2006. A novel role for abscisic acid emerges from underground. *Trends Plant Sci.* 11, 434–439.

De Smet I., Vassileva V., De Rybel B., Levesque M.P., Grunewald W., Van Damme D., Van Noorden G., Naudts M., Van Isterdael G., De Clercq R., Wang J.Y., Meuli N., Vanneste S., Friml J., Hilson P., Jürgens G., Ingram G.C., Inzé D., Benfey P.N., Beeckman T., 2008. Receptor-like kinase ACR4 restricts formative cell divisions in the *Arabidopsis* root. *Science* 322, 594–597.

Demchenko N.P., Demchenko K.N., 2001. Resumption of DNA synthesis and cell division in wheat roots as related to lateral root initiation 54. *Russian Journal of Plant Physiology* 48, 755-763.

Den Herder G., Van Isterdael G., Beeckman T., De Smet I., 2010. The roots of a new green revolution. *Trends Plant Sci.* 15, 600–607.

Denning G., Kabambe P., Sanchez P., Malik A., Flor R., Harawa R., Nkhoma P., Zamba C., Banda C., Magombo C., Keating M., Wangila J., Sachs J., 2009. Input subsidies to improve smallholder maize productivity in Malawi: toward an African green revolution. *PLoS Biol.* 7, e23.

DeSmet I., Lau S., Voβ U., Vanneste S., Benjamins R., Rademacher E.H., Schlereth A., De Rybel B., Vassileva V., Grunewald W., Naudts M., Levesque M., Ehrismann J.S., Inzé D., Luschnig C., Benfey P.N., Weijers D., Van Montagu M.C.E., Bennett M.J., Jürgens G., Beeckman T., 2010. Bimodular auxin response controls organogenesis in *Arabidopsis*. *Proc. Natl Acad. Sci. USA* 107, 2705–2710.

Dharmasiri N., Dharmasiri S., Estelle M., 2005a. The Fbox protein TIR1 is an auxin receptor. *Nature* 435, 441-445.

Dharmasiri N., Dharmasiri S., Weijers D., Lechner E., Yamada M., Hobbie L., Ehrismann J.S., Jürgens G., Estelle M., 2005b. Plant development is regulated by a family of auxin receptor F box proteins. *Dev Cell.* 9, 109-119.

Dharmasiri S., Swarup R., Mockaitis K., Dharmasiri N., Singh SK., Kowalchyk M., Marchant A., Mills S., Sandberg G., Bennett M.J., Estelle M., 2006. AXR4 Is Required for Localization of the Auxin Influx Facilitator AUX1. *Science.* 312, 1218-1220.

Dharmasiri S., Swarup R., Mockaitis K., Dharmasiri N., Singh S.K., Kowalchyk M., Marchant A., Mills S., DiDonato R.J., Arbuckle E., Buker S., Sheets J., Tobar J., Totong R., Grisafi P., Fink G.R., Celenza J.L., 2004. *Arabidopsis* ALF4 encodes a nuclear-localized protein required for lateral root formation. *The Plant Journal* 37, 340-353.

DiDonato R.J., Arbuckle E., Buker S., Sheets J., Tobar J., Totong R., Grisafi P., Fink G.R., Celenza J.L., 2004. *Arabidopsis* ALF4 encodes a nuclear-localized protein required for lateral root formation. *Plant J.* 37, 340–353.

Doerner P., 2003. Plant meristems: a merry-go-round of signals. *Curr. Biol.* 13, R368-374.

Doerner P., 2008. Plant roots: recycled auxin energizes patterning and growth. *Curr Biol* 18, R72-74.

Dolan L., Janmaat K., Willemsen V., Linstead P., Poethig S., Roberts K., Scheres B., 1993. Cellular organisation of the *Arabidopsis thaliana* root. *Development* 119, 71-84.

Dolan L., Scheres B., 1998. Root pattern: shooting in the dark? *Semin Cell Dev Biol.* 9, 201-206.

Dong L., Wang L., Zhang Y., Zhang Y.S., Deng X.W., Xue Y.B., 2006. An auxin-inducible f-box protein CEGENDUO negatively regulates auxin-mediated lateral root formation in *Arabidopsis*. In Nibau et al., 2008. *Plant Molecular Biology* 60, 599-615.

Doonan J.H., 1992. Cell division in *Aspergillus*. J. Cell Sci. 103 (Pt 3), 599-611.

Draye X., Kim Y., Lobet G., Javaux M., 2010. Model-assisted integration of physiological and environmental constraints affecting the dynamic and spatial patterns of root water uptake from soils. *J. Exp. Bot.* 61, 2145–2155.

Dreher K.A., Brown J., Saw R.E., Callis J., 2006. The Arabidopsis Aux/IAA protein family has diversified in degradation and auxin responsiveness, IN Nibau et al., 2008. *Plant Cell* 18, 699-714.

Drew M.C., Saker L.R., 1975. Nutrient Supply and Growth of Seminal Root System in Barley .2. Localized, Compensatory Increases in Lateral Root Growth and Rates of Nitrate Uptake When Nitrate Supply Is Restricted to Only Part of Root System. *J.Exp.Bot.* 26, 79-90.

Drew M.C., Saker L.R., 1978. Effects of Direct Drilling and Plowing on Root Distribution in Spring Barley, and on Concentrations of Extractable Phosphate and Potassium in Upper Horizons of A Clay Soil. *Journal of the Science of Food and Agriculture* 29, 201-206.

Drew M.C., 1975. Comparison of Effects of A Localized Supply of Phosphate, Nitrate, Ammonium and Potassium on Growth of Seminal Root System, and Shoot, in Barley. *New Phytol* 75, 479-490.

Dubrovsky J., Rost T.L., 2003. Lateral root initiation. *In: Encyclopedia of apllied plant Sciences,* (B. Thomas; M. Murray, eds), 1101-1107.

Dubrovsky J.G., Doerner P.W., Colon-Carmona A., Rost T.L., 2000. Pericycle cell proliferation and lateral root initiation in *Arabidopsis*. *Plant Physiol.* 124, 1648–1657.

Dubrovsky J.G., Gambetta G.A., Hernandez-Barrera A., Shishkova S., Gonzalez I., 2006. Lateral Root Initiation in *Arabidopsis*: Developmental Window, Spatial Patterning, Density and Predictability. *Ann.Bot.* 97(5), 903-915.

Dubrovsky J.G., Ivanov V.B., 1984. Certain mechanisms of lateral root initiation in germinating maize roots. *Fiziol Biokhim Kul't Rast* 16, 279–284.

Dubrovsky J.G., Rost T.L., Colon-Carmona A., Doerner P., 2001. Early primordium morphogenesis during lateral root initiation in *Arabidopsis thaliana. Planta* 214, 30–36.

Dubrovsky J.G., Sauer M., Napsucialy-Mendivil S., Ivanchenko M.G., Friml J., Shishkova S., Celenza J., Benkova E., 2008. Auxin acts as a local morphogenetic trigger to specify lateral root founder cells. *Proceedings of the National Academy of Sciences* 105, 8790-8794.

Dunbabin V.M., Diggle A., Rengel Z., van Hugten R., 2002. Modelling the interactions between water and nutrient uptake and root growth. *Plant Soil* 239, 19–38.

E

Echevarria-Machado I., Escobedo-GM R.M., Larque-Saavedra A., 2007. Responses of transformed *Catharanthus roseus* roots to ferntomolar concentrations of salicylic acid. In Nibau et al., 2008. *Plant Physiology and Biochemistry* 45, 501-507.

Esau K., 1965. Vascular differentiation in plants. (New York, Holt, Rinehart and Winston).

Esau K., 1965.Anatomy of seed plants. 2nd edition (1977). (J. Wiley & Sons, eds), New York, 576p

F

Fang S., Yan X., Liao H., 2009. 3D reconstruction and dynamic modeling of root architecture in situ and its application to crop phosphorus research. *Plant J.* 60, 1096–1108.

Faragher A.J., Fry A.M., 2003. Nek2A kinase stimulates centrosome disjunction and is required for formation of bipolar mitotic spindles. *Mol. Biol. Cell.* 14, 2876-2889.

Ferguson B.J., Ross J.J., Reid J.B., 2005. Nodulation phenotypes of gibberellin and brassinosteroid mutants of pea. *Plant Physiology* 138, 2396-2405.

Ferreira F.J., Kieber J.J., 2005. Cytokinin signaling. IN Kunderova et al 2008. *Current Opinion in Plant Biology* 8, 518-525.

Finkelstein R.R., Gampala S.S., Rock C.D., 2002. Abscisic acid signaling in seeds and seedlings. *Plant Cell* 14, S15–S45.

Franco-Zorrilla J.M., Martin A.C., Leyva A., Paz-Ares J., 2005. Interaction between Phosphate- Starvation, Sugar, and Cytokinin Signaling in *Arabidopsis* and the Roles of Cytokinin Receptors CRE1/AHK4 and AHK3. *Plant Physiology* 138, 847-857.

French A., Ubeda-Tomas S., Holman T.J., Bennett M.J., Pridmore T., 2009. High-throughput quantification of root growth using a novel image-analysis tool. *Plant Physiol.* 150, 1784–1795.

Friml J., Palme K., 2002. Polar auxin transport-old questions and new concepts? *Plant Mol Biol.* 49, 273-284.

Friml J., Vieten A., Sauer M., Weijers D., Schwarz H., Hamann T., Offringa R., Jurgens G., 2003. Efflux-dependent auxin gradients establish the apical-basal axis of *Arabidopsis. Nature* 426,147-153.

Friml J., 2003. Auxin transport - Shaping the plant. *Current Opinion in Plant Biology* 6, 7-12.

Fromer A., 1942. « Food est la réponse à la production accrue?" *Saturday Night* (12 Décembre 1942), 42-3. & http://wartimecanada.ca/essay/eating/food-home-front-during-second-world-war

Fry A.M., Arnaud L., Nigg E.A., 1999. Activity of the human centrosomal kinase, Nek2, depends on an unusual leucine zipper dimerization motif. *J. Biol. Chem.* 274, 16304-16310.

Fry A.M., Mayor T., Meraldi P., Stierhof Y.D., Tanaka K., Nigg E.A., 1998. C-Nap1, a novel centrosomal coiled-coil protein and candidate substrate of the cell cycle-regulated protein kinase Nek2. *J. Cell Biol.* 141, 1563-1574.

Fry A.M., Meraldi P., Nigg E.A., 1998. A centrosomal function for the human Nek2 protein kinase, a member of the NIMA family of cell cycle regulators. *Embo J.* 17, 470-481.

Fry A.M., 2002. The Nek2 protein kinase: a novel regulator of centrosome structure. *Oncogene* 21, 6184-6194

Fu X.D., Harberd N.P., 2003. Auxin promotes *Arabidopsis* root growth by modulating gibberellin response. *Nature* 421, 740-743.

Fukaki H., Nakao Y., Okushima Y., Theologis A., Tasaka M., 2005. Tissue-specific expression of stabilized SOLITARY-ROOT/IAA14 alters lateral root development in *Arabidopsis. Plant J.* 44, 382-395.

Fukaki H., Okushima Y., Onoda M., Theologis A., Tasaka M., 2007. ARF7 and ARF19 regulate lateral root formation via direct activation of LBD/ASL genes in *Arabidopsis. Plant Cell* 19, 118–130.
Fukaki H., Okushima Y., Tasaka M., 2007. Auxin Mediated Lateral Root Formation in Higher Plants. *In: International Review of Cytology A Survey of Cell Biology*, (W.-J. Kwang, eds), Academic Press, 111-137.
Fukaki H., Okushima Y., Tasaka M., 2007. Auxin mediated lateral root formation in higher plants. *Int. Rev. Cytol.* 256, 111–137.
Fukaki H., Tameda S., Masuda H., Tasaka M., 2002. Lateral root formation is blocked by a gain of function mutation in the SOLITARY-ROOT/IAA14 gene of *Arabidopsis. Plant Journal* 29, 153-168.
Fukaki H., Tasaka M., 2009. Hormone interactions during lateral root formation. *Plant Molecular Biology* 69, 437-449.

G

Gallois J.L., Woodward C., Reddy G.V., Sablowski R., 2002. Combined *SHOOT MERISTEMLESS* and *WUSCHEL* trigger ectopic organogenesis in *Arabidopsis. Development* 129, 3207-3217.
Galvan-Ampudia C.S., Testerink C. 2011. Salt stress signals shape the plant root. *Curr. Opin. Plant Biol.* 14, 296–302.
Gälweiler L., Guan C., Müller A., Wisman E., Mendgen K., Yephremov A., Palme K., 1998. Regulation of polar auxin transport by AtPIN1 in Arabidopsis vascular tissue. *Science.* 282, 2226-2230.
Gan Y.B., Filleur S., Rahman A., Gotensparre S., Forde B.G., 2005. Nutritional regulation of ANR1 and other root-expressed MADS-box genes in *Arabidopsis thaliana. Planta* 222, 730-742.
Garnett T., Conn V., Kaiser B.N., 2009. Root based approaches to improving nitrogen use efficiency in plants. *Plant Cell Environ* 32, 1272–1283.
Geisler M., Blakeslee J.J., Bouchard R., Lee O.R., Vincenzetti V., Bandyopadhyay A., Titapiwatanakun B., Peer W.A., Bailly A., Richards E.L., Ejendal K.F., Smith A.P., Baroux C., Grossniklaus U., Müller A., Hrycyna C.A., Dudler R., Murphy A.S., Martinoia E., 2005. Cellular efflux of auxin catalyzed by the *Arabidopsis* MDR/PGP transporter AtPGP1. *Plant J.* 44, 179-194.
Geldner N., Anders N., Wolters H., Keicher J., Kornberger W., Muller P., Delbarre A., Ueda T., Nakano A., Jürgens G., 2003. The *Arabidopsis* GNOM ARF-GEF mediates endosomal recycling, auxin transport, and auxin dependent plant growth. *Cell.* 112, 219-230.
Geldner N., Richter S., Vieten A., Marquardt S., Torres-Ruiz R.A., Mayer U., Jürgens G., 2004. Partial loss-of function alleles reveal a role for GNOM in auxin transport-related, post-embryonic development of *Arabidopsis. Development.* 131, 389-400.
Gilroy S., Jones D.L., 2000. Through form to function: root hair development and nutrient uptake. Trends *Plant Sci.* 5, 56–60.
Glatzmaier G.A., Roberts P.H., 1995a. A three-dimensional convective dynamo solution with rotating and finitely conducting inner core and mantle. *Phys. Earth Planet. Inter,* 91, 63-75.
Glatzmaier G.A., Roberts P.H., 1995b. A three dimensional self-consistent computer simulation of a geomagnetic field reversal. *Nature*, 377, 203-209.

Godfray H.C.J., Beddington J.R., Crute I.R., Haddad L., Lawrence D., Muir J.F., Pretty J., Robinson S., Thomas S.M., Toulmin C., 2010. Food security: the challenge of feeding 9 billion people. *Science* 327, 812–818.

Goh T., Kasahara H., Mimura T., Kamiya Y., Fukaki H., 2012. Multiple AUX/IAA–ARF modules regulate lateral root formation: the role of *Arabidopsis* SHY2/IAA3-mediated auxin signalling. *Phil. Trans. R. Soc. B* 367, 1461–1468.

Gomez-Roldan V., Fermas S., Brewer P.B., Puech-Pagès V., Du E.A., Pillot J.P., Letisse F., Matusova R., Danoun S., Portais J.C., Bouwmeester H., Bécard G., Beveridge C.A., Rameau C., Rochange S.F., 2008. Strigolactone inhibition of shoot branching. *Nature* 455, 189–194.

Gonzalez-Rizzo S., Crespi M., Frugier F., 2006. The Medicago truncatula CRE1 cytokinin receptor regulates lateral root development and early symbiotic interaction with *Sinorhizobium meliloti.* In: fukaki and Tasaka, 2009. *Plant Cell* 18, 2680-2693.

Goodman H.M., Ecker J.R., Dean C., 1995. The genome of *Arabidopsis thaliana.* Proc. Natl. Acad. Sci. U.S.A. 92, 10831-10835.

Griffon M., 2013. Qu'est-ce que l'agriculture écologiquement intensive? Collection Matière à débattre & décider, Editions Quae. 221p.

Guyomarc'h S., Léran S., Auzon-Cape M., Perrine-Walker F., Lucas M., Laplaze L., 2012. Early development and gravitropic response of lateral roots in *Arabidopsis thaliana. Phil. Trans. R. Soc. B* 367, 1509–1516.

H

Haecker A., Laux T., 2001. Cell-cell signaling in the shoot meristem. *Curr. Opin. Plant Biol.* 4, 441-446.

Hames R.S., Fry A.M., 2002. Alternative splice variants of the human centrosome kinase Nek2 exhibit distinct patterns of expression in mitosis. *Biochem J.* 361, 77-85.

Hammer G.L., Dong Z.S., McLean G., Doherty A., Messina C., Schusler J., Zinselmeier C., Paszkiewicz S., Cooper M., 2009. Can changes in canopy and/or root system architecture explain historical maize yield trends in the US Corn Belt? *Crop Sci.* 49, 299–312.

Hardtke C.S., Berleth T., 1998. The *Arabidopsis* gene *MONOPTEROS* encodes a transcription factor mediating embryo axis formation and vascular development. *Embo J.* 17, 1405-1411.

Hayashi K., Igarashi H., Ogawa M., Sakaguchi N., 1999. Activity and substrate specificity of the murine STK2 Serine/Threonine kinase that is structurally related to the mitotic regulator protein NIMA of *Aspergillus nidulans. Biochem. Biophys. Res. Commun.* 264, 449-456.

Heeraman D.A., Hopmans J.W., Clausnitzer V., 1997. Three-dimensional imaging of plant roots in situ with X-ray computed tomography. *Plant Soil* 189, 167–179.

Herrera-Estrella L., Lopez-Bucio J., Cruz-Ramirez A., 2003 The role of nutrient availability in regulating root architecture. *Curr. Opin. Plant Biol.* 6, 280–287.

Hetz W.H.F., Schwall M., Feix G., 1996 Isolation and characterisation of rtcs, a mutant deficient in the formation of nodal roots. *Plant J.* 10, 845–857.

Himanen K., Boucheron E., Vanneste S., Engler J.D., Inzé D., Beeckman T., 2002. Auxin-mediated cell cycle activation during early lateral root initiation, *Plant Cell* 14, 2339-2351.

Ho C.H., Lin S.H., Hu H.C., Tsay Y.F., 2009. CHL1 functions as a nitrate sensor in plants. *Cell* 138, 1184–1194.

Ho M.D., McCannon B.C., Lynch J.P., 2004. Optimization modeling of plant root architecture for water and phosphorus acquisition. *Journal of Theoretical Biology* 226, 331-340.

Hobbie L., Estelle M., 1995. The Axr4 Auxin-Resistant Mutants of Arabidopsis-Thaliana Define A Gene Important for Root Gravitropism and Lateral Root Initiation. *Plant Journal* 7, 211-220.

Hochholdinger F., Park W.J., Feix G.H., 2001. Cooperative action of SLR1 and SLR2 is required for lateral root-specific cell elongation in maize. *Plant Physiol.* 125, 1529–1539.

Hochholdinger F., Park W.J., Sauer M., Woll K., 2004. From weeds to crops: genetic analysis of root development in cereals. *Trends Plant Sci.* 9, 42–48.

Hochholdinger F., Tuberosa R., 2009. Genetic andgenomic dissection of maize root development and architecture. *Curr. Opin. Plant Biol.* 12, 172–177.

Hochholdinger F., Woll K., Sauer M., Dembinsky D., 2004. Genetic dissection of root formation in maize (*Zea mays*) reveals root-type specific developmental programmes. *Ann Bot* 93, 359-368.

Hochholdinger F., Zimmermann R., 2008. Conserved and diverse mechanisms in root development. *Curr. Opin. Plant Biol.* 11, 70–74.

Hochholdinger F.F.G., 1998. Early post-embryonic root formation is specifically affected in the maize mutant lrt1. *Plant J.* 16, 247–255.

Hodge A., Berta G., Doussan C., Merchan F., Crespi M., 2009. Plant root growth, architecture and function. *Plant Soil* 321, 153–187.

Hopmans J.W., Bristow K.L., 2002. Current capabilities and future needs of root water and nutrient uptake modeling. *Adv. Agron.* 77, 103–183.

Hou G.C., Hill J.P., Blancaflor E.B., 2004. Developmental anatomy and auxin response of lateral root formation in *Ceratopteris richardii*. *Journal of Experimental Botany* 55, 685-693.

Hund A., Reimer R., Stamp P., Walter A., 2012. Can we improve heterosis for root growth of maize by selecting parental inbred lines with different temperature behaviour? *Phil. Trans. R. Soc. B* 367, 1580–1588.

I

Ingram P.A., Zhu J., Shariff A., Davis I.W., Benfey P.N., Elich T., 2012. High-throughput imaging and analysis of root system architecture in *Brachypodium distachyon* under differential nutrient availability. *Phil. Trans. R. Soc. B* 367, 1559–1569.

IPM IMMO., 2012. Architecture intelligences Urbaines. Dossier réalisé par IPM IMMO.

Ivanchenko M.G., Coffeen W.C., Lomax T.L., Dubrovsky J.G., 2006. Mutations in the Diageotropica (Dgt) gene uncouple patterned cell division during lateral root initiation from proliferative cell division in the pericycle. Plant Journal 46, 436-447.

Iyer-Pascuzzi A.S., Symonova O., Mileyko Y., Hao Y., Belcher H., Harer J., Weitz J.S., Benfey P.N., 2010. Imaging and analysis plat form for automatic phenotyping and trait ranking of plant root systems. *Plant Physiol.* 152, 1148–1157.

J

Jaillais Y., Santambrogio M., Rozier F., Fobis-Loisy I., Miege C., Gaude T., 2007. The retromer protein VPS29 links cell polarity and organ initiation in plants. *Cell* 130, 1057-1070.

Jaillais Y., Chory J., 2010. Unraveling the paradoxes of plant hormone signaling integration. *Nature structural & molecular biology* 17(6), 642-446

Jansen L., Roberts I., De Rycke R., Beeckman T., 2012. Phloem-associated auxin response maxima determine radial positioning of lateral roots in maize. *Phil. Trans. R. Soc. B* 367, 1525–1533.

Jansson S., Douglas C.J., 2007. *Populus*: a model system for plant biology. *Annu. Rev. Plant Biol.* 58, 435-458.

Jasinski M., Ducos E., Martinoia E., Boutry M., 2003. The ATP-binding cassette transporters: structure, function, and gene family comparison between rice and *Arabidopsis. Plant Physiol.* 131, 1169-1177.

Jiang C., Gao X., Liao L., Harberd N.P., Fu X., 2007. Phosphate Starvation Root Architecture and Anthocyanin Accumulation Responses Are Modulated by the Gibberellin-DELLA Signaling Pathway in *Arabidopsis Plant Physiology* 145, 1460-1470. And In Nibau *et al.*, 2008.

Johnson J.F., Vance C.P., Allan D.L., 1996. Phosphorus Deficiency in Lupinus albus (Altered Lateral Root Development and Enhanced Expression of Phosphoenolpyruvate Carboxylase). *Plant Physiology* 112, 31-41.

K

Kaneko M., Itoh H., Inukai Y., Sakamoto T., Ueguchi-Tanaka M., Ashikari M., Matsuoka M., 2003. Where do gibberellin biosynthesis and gibberellin signaling occur in rice plants? *Plant Journal* 35, 104-115.

Kanno S., Yamawaki M., Isibashi H., Kobayashi N.I., Hirose A., Tanoi K., Nussaume L., Nakanishi T.M., 2012. Development of real-time radioisotope imaging systems for plant nutrient uptake studies. *Phil. Trans. R. Soc.* B 367, 1501–1508.

Karas I., McCully M.E., 1973. Further studies of the histology of lateral root development in *Zea mays. Protoplasma* 77, 243-269.

Katsir L., Davies K.A., Bergmann D.C., Laux T., 2011. Peptide signaling in plant development. *Curr. Biol.* 21, R356–R364.

Kell D.B., 2011. Breeding crop plants with deep roots: their role in sustainable carbon, nutrient and water sequestration. *Ann. Bot.* 108, 407–418.

Kell D.B., 2012. Large-scale sequestration of atmospheric carbon via plant roots in natural and agricultural ecosystems: why and how. *Phil. Trans. R. Soc. B* 367, 1589–1597.

Kepinski S., Leyser O., 2005a. Plant development: auxin in loops. *Curr Biol.* 15, R208-R210.

Kepinski S., Leyser O., 2005b. The *Arabidopsis* F-box protein TIR1 is an auxin receptor. *Nature.* 435, 446- 451.

Kepinski S., 2006. Integrating hormone signaling and patterning mechanisms in plant development. *Curr Opin Plant Biol* 9, 28-34.

Kerr I.D., Bennett M.J., 2007. New insight into the biochemical mechanisms regulating auxin transport in plants. *Biochem J.* 401, 613-622.

Kitomi Y., Ito H., Hobo T., Aya K., Kitano H., Inukai Y., 2011. The auxin responsive AP2/ERF transcription factor crown rootless 5 is involved in crown root initiation in rice through the induction of OsRR1, a type-A response regulator of cytokinin signaling. *Plant J.* 67, 472–484.

Koch K.E., 1996. Carbohydrate-modulated gene expression in plants. *Annual Review of Plant Physiology and Plant Molecular Biology* 47, 509-540.

Koltai H., 2011. Strigolactones are regulators of root development. *New Phytol.* 190, 545–549.

Kramer E.M., Bennett M.J., 2006. Auxin transport: a field in flux. Trends Plant Sci. 11: 382-386.

Krouk G., Lacombe B., Bielach A., Perrine-Walker F., Malinska K., Mounier E., Hoyerova K., Tillard P., Leon S., Zazimalova E., Benkova E., Nacry P., Gojon A., 2010. Nitrate-regulated auxin transport by NRT1.1 defines a mechanism for nutrient sensing in plants. *Dev. Cell* 18, 927–937.

Krusell,L., Madsen,L.H., Sato,S., Aubert,G., Genua,A., Szczyglowski,K., Duc,G., Kaneko,T., Tabata,S., de Bruijn F., Pajuelo E., Sandal N., Stougaard J., 2002. Shoot control of root development and nodulation is mediated by a receptor-like kinase. *Nature* 420, 422-426.

Kuderova A., Urbankova I., Valkova M., Malbeck J., Brzobohaty B., Nemethova D., Hejatko J., 2008. Effects of Conditional IPT-Dependent Cytokinin Overproduction on Root Architecture of *Arabidopsis* Seedlings. *Plant Cell Physiol.* 49, 570-582.

Kutschera L., 1960. Wurzelatlas mitteleuropäischer Ackerunkräuter und Kulturpflanzen. *DLG, Frankfurt am Main.*

Kutz A., Muller A., Henning P., Kaiser W.M., Piotrowsky M., Weiler E.W., 2002. A role for nitrilase 3 in the regulation of root morphology in sulphur-starving *Arabidopsis thaliana. Plant Journal* 30, 95-106.

L

Lambers H., Finnegan P.M., Laliberte E., Pearse S.J., Ryan M.H., Shane M.W., Veneklaas E.J., 2011. Update on phosphorus nutrition in Proteaceae. Phosphorus nutrition of Proteaceae in severely phosphorus- impoverished soils: are there lessons to be learned for future crops? *Plant Physiol.* 156, 1058–1066.

Lambers H., Shane M.W., Cramer M.D., Pearse S.J., Veneklaas E.J., 2006. Root structure and functioning for efficient acquisition of phosphorus: Matching morphological and physiological traits. *Ann. Bot.* 98, 693–713.

Laplaze L., Benkova E., Casimiro I., Maes L., Vanneste S., Swarup R., Weijers D., Calvo V., Parizot B., Herrera-Rodriguez M.B., Offringa R., Graham N., Doumas P., Friml J., Bogusz D., Beeckman T., Bennett M., 2007. Cytokinins Act Directly on Lateral Root Founder Cells to Inhibit Root Initiation. *Plant Cell* 19, 3889-3900.

Laplaze L., benkova E., Casimiro I., Maes L., Vanneste S., Swarup R., Weijers D., Calvo V., Parizot B., Herrera-Rodriguez M.B., Offringa R., Graham N., Doumas P., Friml J., Bogusz D., Beeckman T., Bennett M., 2007. Cytokinins act directly on lateral root founder cells to inhibit root initiation. *Plant Cell* 19, 3889–3900.

Laskowski M., Biller S., Stanley K., Kajstura T., Prusty R., 2006. Expression Profiling of Auxin-Treated Arabidopsis Roots: Toward a Molecular Analysis of Lateral Root Emergence. *Plant Cell Physiol.* 47, 788- 792.

Laskowski M.J., Williams M.E., Nusbaum H.C., Sussex IM., 1995. Formation of lateral root meristems is a two-stage process. *Development* 121, 3303-3310.
Lau S., De Smet I., Kolb M., Meinhardt H., Jurgens G., 2011. Auxin triggers a genetic switch. *Nat. Cell Biol.* 13, 611–615.
Lee H.I., Leon J., Raskin I., 1995. Biosynthesis and metabolism of salicylic acid. *Proceeding of the National Academy of Sciences of the United States of America 92*, 4076-4079.
Leibfried A., To J.P., Busch W., Stehling S., Kehle A., Demar M., Kieber J.J., Lohmann J.U., 2005. WUSCHEL controls meristem function by direct regulation of cytokinin-inducible response regulators. *Nature* 438, 1172-1175.
Leitner D., Klepsch S., Ptashnyk M., Marchant A., Kirk G.J., Schnepf A., Roose T., 2010. A dynamic model of nutrient uptake by root hairs. *New Phytol.* 185, 792–802.
Lelandais-Briere C., Jovanovic M., Torres G.A.M., Perrin Y., Lemoine R., Corre-Menguy F., Hartmann C., 2007. Disruption of AtOCT1, an organic cation transporter gene, affects root development and carnitine-related responses in *Arabidopsis. Plant Journal* 51, 154-164.
Lewis D.R., Negi S., Sukumar P., Muday G.K., 2011. Ethylene inhibits lateral root development, increases IAA transport and expression of PIN3 and PIN7 auxin efflux carriers. *Development* 138, 3485– 3495.
Leyser O., 2006. Dynamic integration of auxin transport and signalling. *Curr Biol.* 16, R424-R433.
Li X., Mo X.R., Shou H.X., Wu P., 2006. Cytokinin-mediated cell cycling arrest of pericycle founder cells in lateral root initiation of *Arabidopsis. Plant Cell Physiol.* 47, 1112-1123.
Libault M., Brechenmacher L., Cheng J., Xu D., Stacey G., 2010. Root hair systems biology. *Trends Plant Sci.* 15, 641–650.
Lindsey K., Casson S., Chilley P., 2002. Peptides: new signalling molecules in plants. *Trends Plant Sci.* 7, 78–83.
Ling H.Q., Bauer P., Bereczky Z., Keller B., Ganal M., 2002. The tomato fer gene encoding a bHLH protein controls iron-uptake responses in roots. *Plant Physiol.* 99, 13938-13943.
Liscum E., Reed J.W., 2002. Genetics of Aux/IAA and ARF action in plant growth and development *Plant Molecular Biology* 49, 387-400. And In Nibau *et al.*, 2008.
Liu S., Wang J., Wang L., Wang X., Xue Y., Wu P., Shou H., 2009. Adventitious root formation in rice requires OsGNOM1 and is mediated by the OsPINs family. *Cell Res.* 19, 1110–1119.
Liu W., Xu Z.H., Luo D., Xue H.W., 2003. Roles of OsCKI1, a rice casein kinase I, in root development and plant hormone sensitivity. *Plant Journal* 36, 189-202.
Ljung K., Bhalerao R.P., Sandberg G., 2001. Sites and homeostatic control of auxin biosynthesis in *Arabidopsis* during vegetative growth. *Plant J.* 28, 465-474.
Ljung K., Hull A.K., Celenza J., Yamada M., Estelle M., Normanly J., Sandberg G., 2005. Sites and regulation of auxin biosynthesis in *Arabidopsis* roots. *Plant Cell.* 17, 1090-1104.
Ljung K., Hull A.K., Kowalczyk M., Marchant A., Celenza J., Cohen J.D., Sandberg G., 2002. Biosynthesis, conjugation, catabolism and homeostasis of indole- 3-acetic acid in *Arabidopsis thaliana. Plant Mol Biol.* 49, 249-272.

Lloret P.C., Pulgarin A., Casimiro I., Casero P.J., Molina M., 1998. Effect of a treatment with naphthaleneacetic acid on the arrangement of lateral roots in onion (*Allium cepa* L.): General pattern and coordination between ranks. *Botanica Acta* 111, 55-61.

Lloret P.G., Casero P.J., Pulgarin A., Navascues J., 1989. The Behaviour of Two Cell Populations in the Pericycle of *Allium cepa, Pisum sativum,* and *Daucus carota* During Early Lateral Root Development. *Ann Bot* 63, 465-475.

Lo Ioio R., Linhares F.S., Scacchi E., Casamitjana-Martinez E., Heidstra R., Costantino P., Sabatini S., 2007. Cytokinins determine Arabidopsis root-meristem size by controlling cell differentiation. *Current Biology* 17, 678-682.

Lohar D.P., Schaff J.E., Laskey J.G., Kieber J.J., Bilyeu K.D., Bird D.M., 2004. Cytokinins play opposite roles in lateral root formation, and nematode and Rhizobial symbioses. *Plant J.* 38, 203–214.

Long S.P., Ort D.R., 2010. More than taking the heat: crops and global change. *Curr. Opin. Plant Biol.* 13, 241–248.

Lopez B.C., Cruz-Ramirez A., Herrera-Estrella L., 2003. The role of nutrient availability in regulating root architecture. *Current Opinion in Plant Biology* 6, 280-287.

Lopez-Bucio J., Hernandez-Abreu E., Sanchez-Calderon L., Nieto-Jacobo M.F., Simpson J., Herrera-Estrella L., 2002. Phosphate availability alters architecture and causes changes in hormone sensitivity in the Arabidopsis root system. *Plant Physiol.* 129, 244-256.

Lopez-Bucio J., Millan-Godinez M., Mendez-Bravo A., Morquecho-Contreras A., Ramirez-Chavez E., Molina-Torres J., Perez-Torres A., Higuchi M., Kakimoto T., Herrera-Estrella L,. 2007. Cytokinin receptors are involved in alkamide regulation of root and shoot development in *arabidopsis. Plant Physiology* 145, 1703-1713.

Lucas M., Godin C., Jay-Allemand C., Laplaze L., 2008. Auxin fluxes in the root apex coregulate gravitropism and lateral root initiation. *J.Exp.Bot.* 59, 55-66.

Lynch J., 1995. Root architecture and plant productivity. *Plant Physiol.* 109, 7–13.

Lynch J.P., Nielsen K., Davis R.D., Jablokow A.G., 1997. SimRoot: modelling and visualization of root systems. *Plant Soil* 188, 139–151.

Lynch J.P., 2011. Root phenes for enhanced soil exploration and phosphorus acquisition: tools for future crops. *Plant Physiol.* 156, 1041–1049.

M

MacLeod R.D., McLachlan S.M., 1975. The development of large primordia inVicia faba L.: Some cytological and anatomical changes. *Protoplasma* 85, 291-304.

Mahonen A.P., Bishopp A., Higuchi M., Nieminen K.M., Kinoshita K., Tormakangas K., Ikeda Y., Oka A., Kakimoto T., Helariutta Y., 2006. Cytokinin signaling and its inhibitor AHP6 regulate cell fate during vascular development. *Science* 311, 94-98.

Majer C., Hochholdinger F., 2010. Defining the boundaries: structure and function of LOB domain proteins. *Trends Plant Sci.* 16, 47–52.

Majer C., Xu C., Berendzen K.W., Hochholdinger F., 2012. Molecular interactions of rootless concerning crown and seminal roots a LOB domain protein regulating shoot-borne root initiation in maize (*Zea mays* L.). *Phil. Trans. R. Soc B* 367, 1542–1551.

Malamy J.E., Benfey P.N., 1997. Organization and cell differentiation in lateral roots of *Arabidopsis thaliana. Development* 124, 33-44.

Malamy J.E., Ryan K.S., 2001. Environmental regulation of lateral root initiation in *Arabidopsis. Plant Physiol.* 127, 899-909.

Malamy J.E., 2005. Intrinsic and environmental response pathways that regulate root system architecture. *Plant, Cell and Environment* 28, 67-77.

Marchant A., Bhalerao R., Casimiro I., Eklöf J., Casero P.J., Bennett M., Sandberg G., 2002. AUX1 promotes lateral root formation by facilitating indole-3-acetic acid distribution between sink and source tissues in the *Arabidopsis* seedling. *Plant Cell.* 14, 589-597.

Marchant A., Kargul J., May S.T., Muller P., Delbarre A., Perrot-Rechenmann C., Bennett M.J., 1999. AUX1 regulates root gravitropism in Arabidopsis by facilitating auxin uptake within root apical tissues. *EMBO J.* 18, 2066-2073.

Martinoia E., Klein M., Geisler M., Bovet L., Forestier C., Kolukisaoglu U., Müller-Röber B., Schulz B., 2002. Multifunctionality of plant ABC transporters-- more than just detoxifiers. *Planta.* 214, 345-355.

Maruyama-Nakashita A., Nakamura Y., Yamaya T., Takahashi H., 2004. Regulation of highaffinity sulphate transporters in plants: towards systematic analysis of sulphur signalling and regulation. *J.Exp.Bot.* 55, 1843-1849.

McCully M.E., 1975. & 2006. The development of LR. *In: the development and function of roots. In Ivanchenko,* (J.-G. Torrey, D.-T Clarkson, eds), New York; Academic Press, 105-125.

Mellerowicz E.J., Baucher M., Sundberg B., Boerjan W., 2001. Unravelling cell wall formation in the woody dicot stem. *Plant Mol. Biol.* 47, 239-274.

Miyawaki K., Tarkowski P., Matsumoto-Kitano M., Kato T., Sato S., Tarkowska D., Tabata S., Sandberg G., Kakimoto T., 2006 Roles of Arabidopsis ATP/ADP isopentenyltransferases and tRNA isopentenyltransferases in cytokinin biosynthesis. *Proc. Natl Acad. Sci. USA* 103, 16 598–16 603.

Miyawaki K., Matsumoto-Kitano M., Kakimoto T., 2004. Expression of cytokinin biosynthetic isopentenyltransferase genes in Arabidopsis: tissue specificity and regulation by auxin, cytokinin, and nitrate. *Plant Journal* 37, 128-138.

Möller S., Croning M.D., Apweiler R., 2001. Evaluation of methods for the prediction of membrane spanning regions. *Bioinformatics.* 17, 646-653.

Monroe-Augustus M., Zolman B.K, Bartel B., 2003. IBR5, a Dual-Specificity Phosphatase-Like Protein Modulating Auxin and Abscisic Acid Responsiveness in *Arabidopsis. The Plant Cell* 15, 2979- 2991.

Murashige T., Skoog F., 1962. A revised medium for rapid growth and bioassays with tobacco tissue cultures. *Physiol Plant.* 15, 473-497.

N

Nacry P., Canivenc G., Muller B., Azmi A., Van Onckelen H., Rossignol M., Doumas P., 2005. A role for auxin redistribution in the responses of the root system architecture to phosphate starvation in *Arabidopsis. Plant Physiology* 138, 2061-2074.

Nagao M., 1942. Studies on the growth hormones of plants. V. Polar formation on root segments cultured under sterile conditions. *Sci. Rep. Tohoku Imp. Univ. Ser 4 (Biol.)* 17, 137–158.

Nagpal P., Walker L.M., Young J.C., Sonawala A., Timpte C., Estelle M., Reed J.W., 2000. AXR2 encodes a member of the Aux/IAA protein family. *Plant-Physiol.* 123, 563–574.

Negi S., Ivanchenko M.G., Muday G.K., 2008. Ethylene regulates lateral root formation and auxin transport in *Arabidopsis thaliana. Plant Journal* 55, 175-187.

Nemhauser J.L., Hong F.X., Chory J., 2006. Different plant hormones regulate similar processes through largely nonoverlapping transcriptional responses. *Cell* 126, 467–475.

Neuteboom L.W., Ng J.M., Kuyper M., Clijdesdale O.R., Hooykaas P.J., van der Zaal B.J., 1999a. Isolation and characterization of cDNA clones corresponding with mRNAs that accumulate during auxin-induced lateral root formation. *Plant Mol Biol.* 39, 273-287.

Neuteboom L.W., Veth-Tello L.M., Clijdesdale O.R., Hooykaas P.J., van der Zaal B.J., 1999b. A novel subtilisin-like protease gene from Arabidopsis thaliana is expressed at sites of lateral root emergence. *DNA Res.* 6, 13-19.

Nibau C., Gibbs D.J., Coates J.C. 2008. Branching out in new directions: the control of root architecture by lateral root formation. *New Phytol* 179, 595-614.

Nigg E.A., 2001. Mitotic kinases as regulators of cell division and its checkpoints. *Nat. Rev. Mol. Cell Biol.* 2, 21-32

Nikiforova V.J., Daub C.O., Hesse H., Willmitzer L., Hoefgen R., 2005. Integrative gene metabolite network with implemented causality deciphers informational fluxes of sulphur stress response. *J.Exp.Bot. 56*, 1887-1896.

Nishimura R., Hayashi M., Wu G.J., Kouchi H., Imaizumi-Anraku H., Murakami Y., Kawasaki S., Akao S., Ohmori M., Nagasawa M., Harada K., Kawaguchi M., 2002. HAR1 mediates systemic regulation of symbiotic organ development. *Nature* 420, 426-429.

Noguchi K., Fukazawa H., Murakami Y., Uehara Y., 2002. Nek11, a new member of the NIMA family of kinases, involved in DNA replication and genotoxic stress responses. *J. Biol. Chem.* 277, 39655-39665.

Noguchi K., Fukazawa H., Murakami Y., Uehara Y., 2004. Nucleolar Nek11 is a novel target of Nek2A in G1/S-arrested cells. *J. Biol. Chem.* 279, 32716-32727.

O

O'Connell M.J., Krien M.J., Hunter T., 2003. Never say never. The NIMA-related protein kinases in mitotic control. *Trends Cell Biol.* 13, 221-228.

O'Connell M.J., Norbury C., Nurse P., 1994. Premature chromatin condensation upon accumulation of NIMA. Embo J. 13, 4926-4937.

Okushima Y., Fukaki H., Onoda M., Theologis A., Tasaka M., 2007. ARF7 and ARF19 regulate lateral root formation via direct activation of LBD/ASL genes in *Arabidopsis*. *Plant Cell* 19, 118–130.

Okushima Y., Overvoorde P.J., Arima K., Chan A., Chang C., Hughes B., Lui A., Nguyen D., Onodera C., Quach H., Smith A., Yu G., Theologis A., Alonso J.M., Ecker J.R., 2005. Functional genomic analysis of the AUXIN RESPONSE FACTOR gene family members in *Arabidopsis thaliana*: Unique and overlapping functions of ARF7 and ARF19. *Plant Cell* 17, 444-463.

Okushima Y., Overvoorde P.J., Arima K., Alonso J.M., Chan A., Chang C., Ecker J.R., Hughes B., Lui A., Nguyen D., Onodera C., Quach H., Smith A., Yu G.,

Theologis A., 2005. Functional genomic analysis of the auxin response factor gene family members in *Arabidopsis thaliana*: unique and overlapping functions of ARF7 and ARF19. *Plant Cell* 17, 444–463.

Oparka K.J., Prior D.A.M., Wright K.M., 1995. Symplastic Communication Between Primary and Developing Lateral Roots of *Arabidopsis thaliana. J.Exp.Bot.* 46, 187-197.

Osmani S.A., May G.S., Morris N.R., 1987. Regulation of the mRNA levels of *nimA*, a gene required for the G2-M transition in *Aspergillus nidulans. J. Cell Biol.* 104, 1495-1504.

Osmani S.A., Ye X.S., 1996. Cell cycle regulation in *Aspergillus* by two protein kinases. *Biochem. J.* 317, 633-641.

Osmont K.S., Sibout R., Hardtke C.S., 2007. Hidden Branches: Developments in Root System Architecture. *Annual Review of Plant Biology* 58, 93-113.

Overvoorde P.J., Okushima Y., Alonso J.M., Chan A., Chang C., Ecker J.R., Hughes B., Liu A., Onodera C., Quach H., Smith A., Yu G., Theologis A., 2005. Functional genomic analysis of the auxin/indole-3-acetic acid gene family members in *Arabidopsis thaliana. Plant Cell* 17, 3282–3300.

P

Pacheco-Villalobos D., Hardtke C.S., 2012. Natural genetic variation of root system architecture from *Arabidopsis* to *Brachypodium:* towards adaptive value. *Phil. Trans. R. Soc. B* 367, 1552–1558.

Paciorek T., Friml J., 2006. Auxin signaling. *J Cell Sci.* 119, 1199-1202.

Parizot B., 2007. Etude d'un déterminant de l'architecture racinaire chez *Arabidopsis thaliana* : l'identité des cellules du péricycle associées aux pôles de xylème. *Thèse de l'école Doctorale des Sciences de la vie et de la santé d'Aix Marseille II.*

Parizot B., Laplaze L., Ricaud L., Boucheron-Dubuisson E., Bayle V., Bonke M., De Smet I., Poethig S.R., Helariutta Y., Haseloff J., Chriqui D., Beeckman T., Nussaume L., 2008. Diarch Symmetry of the Vascular Bundle in Arabidopsis Root Encompasses the Pericycle and Is Reflected in Distich Lateral Root Initiation. *Plant Physiol.* 146, 140-148.

Parizot B., Roberts I., Raes J., Beeckman T., De Smet I., 2012. *In silico* analyses of pericycle cell populations reinforce their relation with associated vasculature in *Arabidopsis. Phil. Trans. R. Soc. B* 367, 1479–1488.

Parry G., Delbarre A., Marchant A., Swarup R., Napier R., Perrot-Rechenmann C., Bennett M.J., 2001a. Novel auxin transport inhibitors phenocopy the auxin influx carrier mutation aux1. *Plant J.* 25, 399-406.

Parry G., Marchant A., May S., Swarup R., Swarup K., James N., Graham N., Allen T., Martucci T., Yemm A., Napier R., Manning K., King G., Bennett M., 2001b. Quick on the uptake : Characterization of a family of plant auxin influx carriers. *J Plant Growth Reg.* 20, 217-225.

Pazourek J., Votrubova O., 1997. *Atlas of Plant Anatomy*. Prague: PERES Publishers.

Peterson R.L., 1979. Root buds in *Hieracium florentinum*: effects of nitrogen and observations on bud outgroth. *In E. Husakova Bc. Bot.Gaz.* 140, 407-413.

Peret B., Clement M., Nussaume L., Desnos T., 2011. Root developmental adaptation to phosphate starvation: better safe than sorry. *Trends Plant Sci.* 16, 442–450.

Peterson R.L., Peterson C.A., 1986. Ontogeny and anatomy of lateral roots. *In: New root formation in Plants and cuttings* (M.-B. Jackson, eds.) Volume 20 of the series Developments in Plants and Soil Science, Long Ashton Research Station, University of Bristol UK, 1-30.

Peterson R.L., 1967. Differentiation and maturation of primary tissues in white mustard root tips. *Canadian Journal of Botany* 45, 319-331.

Petrasek J., Mravec J., Bouchard R., Blakeslee J.J., Abas M., Seifertová D., Wisniewska J., Tadele Z., Kubes M., Covanová M., Dhonukshe P., Skupa P., Benková E., Perry L., Krecek P., Lee O.R., Fink G.R., Geisler M., Murphy A.S., Luschnig C., Zazimalova E., Friml J., 2006. PIN Proteins Perform a Rate-Limiting Function in Cellular Auxin Efflux. *Science.* 312, 914-918.

Petroski M.D., Deshaies R.J., 2005. Function and regulation of cullin-RING ubiquitin ligases. *Nature Reviews* 6, 9-20.

Phillips T.P., 1983. An overview of cassava consumption and production. *In: Cassava Toxicity and Thyroid;* (International Development Research Centre Monograph 207e), Proceedings of a Workshop 1982, Ottawa, 83-88 [F. Delange and R. Ahluwalia. editors]. Ottawa. Canada: International Development Research Centre. http://en.wikipedia.org/wiki/Cassava#cite_note-0 (Consultation le 03/05/2013)

Pnueli L., Gutfinger T., Hareven D., Ben-Naim O., Ron N., Adir N., Lifschitz E., 2001. Tomato SP-interacting proteins define a conserved signaling system that regulates shoot architecture and flowering. *Plant Cell* 13, 2687-2702.

Pophan R.A., 1955. Levels of tissue differentiation in primary roots of *Pisum sativum.* Riopel, Studies on the root of *Musa acuminata. American Journal of Botany* 42, 529-540.

Postma J.A., Lynch J.P., 2011. Root cortical aerenchyma enhances the growth of maize on soils with suboptimal availability of nitrogen, phosphorus, and potassium. *Plant Physiol.* 156, 1190–1201.

Pu R.T., Xu G., Wu L., Vierula J., O'Donnell K., Ye X.S., Osmani S.A., 1995. Isolation of a functional homolog of the cell cycle-specific NIMA protein kinase of *Aspergillus nidulans* and functional analysis of conserved residues. *J. Biol. Chem.* 270, 18110-18116.

Q

Quint M., Gray W.M., 2006. Auxin signaling. *Curr Opin Plant Biol.* 8, 448-453.

R

Raghothama K.G., 1999. Phosphate acquisition. *Annu. Rev. Plant Physiol. Plant Mol. Biol.* 50, 665–693.

Raun W.R., Johnson G.V., 1999. Improving nitrogen use efficiency for cereal production. *Agron. J.* 91, 357–363.

Rebouillat J., Dievart A., Verdeil J.L., Escoute J., Giese G., Breitler J.C., Gantet P., Espeout S., Guiderdoni E., Perin C., 2009. Molecular genetics of rice root development. *Rice* 2, 15–34.

Reed RC, Brady SR, Muday GK., 1998. Inhibition of auxin movement from the shoot into the root inhibits lateral root development in *Arabidopsis. Plant Physiol.* 118, 1369-1378.

Remans T, Nacry P, Pervent M, Filleur S, Diatloff E, Mounier E, Tillard P, Forde BG, Gojon, A., 2006. The *Arabidopsis* NRT1.1 transporter participates in the signaling pathway triggering root colonization of nitrate-rich patches. *Proc. Natl Acad. Sci. USA* 103, 19 206–19 211.

Richardson A.E., Haling R.E., Simpson R.J., Delhaize E., Hocking P.J., 2010. Effect of lime on root growth, morphology and the rhizosheath of cereal seedlings growing in an acid soil. *Plant Soil* 327, 199–212.

Riopel J.L., 1964. Studies on the roots of *Musa acuminata*. I. The anatomy and development of main roots. Ann.Bot. 28, 475-490.

Rogg L.E., Lasswell J., Bartel B., 2001. A Gain-of-Function Mutation in IAA28 Suppresses Lateral Root Development. *Plant Cell* 13:465-480.

Rounsevell M.D.A., Ewert F., Reginster I., Leemans R., Carter T.R., 2005. Future projections of European agricultural land-use. II: Projecting changes in cropland and grassland. *Agriculture, Ecosystems and Environment* 107, 117-135.

Rupp H.M., Frank M., Werner T., Strnad M., Schmulling T., 1999. Increased steady state mRNA levels of the *STM* and *KNAT1* homeobox genes in cytokinin overproducing *Arabidopsis thaliana* indicate a role for cytokinins in the shoot apical meristem. *Plant J.* 18, 557-563.

Ruyter-Spira C., Kohlen W., Charnikhova T., Van Zeijl A., Van Bezouwen L., de Ruijter N., Cardoso C., Lopez-Raez J.A., Matusova R., Bours R., Verstappen F., Bouwmeester H., 2010. Physiological effects of the synthetic strigolactone analog GR24 on root system architecture in *Arabidopsis:* another belowground role for strigolactones? *Plant Physiol.* 155, 721–734.

S

Sabatini S., Beis D., Wolkenfet H., Murfett J., Guilfoyle T., Malamy J., Benfey P., Leyser O., Bechtold N., Weisbeek P., Scheres B., 1999 An auxin-dependent distal organizer of pattern and polarity in the *Arabidopsis* root. *Cell* 99, 463–472.

Sakakibara H., 2006. Cytokinins: activity, biosynthesis, and translocation. *Annual Review of Plant Biology* 57, 431-449.

Sandberg G., Bennett M.J., Estelle M., 2006. AXR4 is required for localization of the auxin influx facilitator AUX1. *Science* 312, 1218-1220.

Santner A., Calderon-Villalobos L.I.A., Estelle M., 2009. Plant hormones are versatile chemical regulators of plant growth. *Nature chemical biology* 5 (5), 301-307.

Santi S., Schmidt W., 2008. Laser microdissection-assisted analysis of the functional fate of iron deficiency-induced root hairs in cucumber. *J.Exp.Bot.* 59, 697-704.

Sauer M., Balla J., Luschnig C., Wisniewska J., Reinöhl V., Friml J., Benková E., 2006. Canalization of auxin flow by Aux/IAA-ARF-dependent feedback regulation of PIN polarity. *Genes Dev.* 20, 2902- 2911.

Scarpella E., Meijer A.H., 2004. Pattern formation in the vascular system of monocot and dicot plant species. *New Phytol.* 164, 209-242.

Schade C, von Guttenberg H., 1951. Über die Entwicklung des Wurzelvegetations-Punktes der Monokotyledonen. *Planta* 40, 170-198.

Scheres B., McKhann H.I., Van Den Berg C., 1996. Roots Redefined: Anatomical and Genetic Analysis of Root Development. *Plant Physiol.* 111, 959-964.
Scheres B., Wolkenfelt H., Terlou M., Lawson E., Dean C., Weisbeek P., 1994. Embryonic origin of the *Arabidopsis* primary root and root meristem initials. *Development* 120, 2487. And In Laskowski *et al.,* 1995.
Schmulling T., Werner T., Motyka V., Laucou V., Smets R., Van Onckelen H., 2003. Cytokinin deficient transgenic *Arabidopsis* plants show multiple developmental alterations indicating opposite functions of cytokinins in the regulation of shoot and root meristem activity. *Plant Cell* 15, 2532–2550.
Schmulling T., Werner T., Motyka V., Strnad M., 2001. Regulation of plant growth by cytokinin. *Proc. Natl Acad. Sci.* USA 98, 10487–10492.
Schnabel E.L., Frugoli J., 2004. The PIN and LAX families of auxin transport genes in *Medicago truncatula. Mol Genet Genomics.* 272, 420-432.
Schonrock N., Exner V., Probst A., Gruissem W., Hennig L., 2006. Functional genomic analysis of CAF-1 mutants in *Arabidopsis thaliana. J. Biol. Chem.* 281, 9560-9568.
Schrader J., Baba K., May S.T., Palme K., Bennett M., Bhalerao R.P., Sandberg G., 2003. Polar auxin transport in the wood-forming tissues of hybrid aspen is under simultaneous control of developmental and environmental signals. *Proc. Natl. Acad. Sci. U.S.A.* 100, 10096-10101.
Schulze J., Temple G., Temple S.J., Beschow H., Vance C.P., 2006. Nitrogen fixation by white lupin under phosphorus deficiency. *Ann Bot* 98, 731-740.
Schwager K.M., Calderon-Villalobos L.I.A., Dohmann E.M.N., Willige B.C., Knierer S., Nill C., Schwechheimer C., 2007. Characterization of the VIER F-BOX PROTEINE genes from *Arabidopsis* reveals their importance for plant growth and development. *Plant Cell* 19, 1163-1178.
Seago J.L., Marsh L.C,. 1990. Origin and development of lateral roots in *typha-glauca. American Journal Of Botany* 77, 713-721.
Seago J.L., 1973. Developmental anatomy in roots of *Ipomoea purpurea.* I. Radicle and primary root. II. Initiation and development of secondary roots.*American Journal of Botany* 60, 607-618. *American Journal of Botany* 58, 604-615.
Shah J., 2003. The salicylic acid loop in plant defence. *Curr Opin Plant Biol* 6, 365–371.
Shane M.W., Dixon K.W., Lambers H., 2005. The occurrence of dauciform roots amongst Western Australian reeds, rushes and sedges, and the impact of phosphorus supply on dauciform-root development in *Schoenus unispiculatus* (*Cyperaceae*). *New Phytol.* 165, 887–898.
Shin R., Burch A.Y., Huppert K.A., Tiwari S.B., Murphy A.S., Guilfoyle T.J., Schachtman D.P., 2007. The *Arabidopsis* transcription factor MYB77 modulates auxin signal transduction. *Plant Cell* 19, 2440- 2453.
Shuai B., Reynaga-Pena C.G., Springer P.S., 2002. The lateral organ boundaries gene defines a novel, plant-specific gene family. *Plant Physiol.* 129, 747–761.
Sieburth L.E., Deyholos M.K., 2006. Vascular development: the long and winding road. *Curr. Opin. Plant Biol.* 9, 48-54.
Sieburth L.E., 1999. Auxin is required for leaf vein pattern in *Arabidopsis. Plant Physiol.* 121, 1179-1190.
Signora L., De Smet I., Foyer C.H., Zhang H.M., 2001. ABA plays a central role in mediating the regulatory effects of nitrate on root branching in *Arabidopsis. Plant Journal* 28, 655-662.

Simpson R.J., Haling R.E., Culvenor R.A., Lambers H., Richardson A.E., 2011 Effect of soil acidity, soil strength and macropores on root growth and morphology of perennial grass species differing in acid-soil resistance. *Plant Cell Environ.* 34, 444–456.

Singh V., van Oosterom E.J., Jordan D.R., Messina C.D., Cooper M., Hammer G.L., 2010 Morphological and architectural development of root systems in sorghum and maize. *Plant Soil* 333, 287–299.

Siwi (Stockholm International Water Institute), Iwmi (International Water Management Institute)., 2004. Water–more nutrition per drop, towards sustainable food production and consumption patterns in a rapidly changing world. Stockholm, Sweden: Stockholm International Water Institute.

Smith D.L., 2006. Nod factor enhances calcium uptake by soybean. *Plant Physiol Biochem.* 44, 866-872.

Smith S., De Smet I., 2012. Root system architecture: insights from *Arabidopsis* and cereal crops. *Philosophical Transactions of The Royal Socety B* 367, 1441–1452.

Stahl Y., Simon R., 2010. Plant primary meristems: Schared functions and regulatory mechanisms. *Current Opinion in Plant Biology* 13, 53-58.

Stahl Y., Simon, R., 2012. Peptides and receptors controlling root development. *Phil. Trans. R. Soc. B* 367, 1453–1460.

Stals H., Inzé D., 2001. When plant cells decide to divide. *Trends Plant Sci.* 6, 359-364.

Steffens B., Wang J.X., Sauter M., 2006. Interactions between ethylene, gibberellin and abscisic acid regulate emergence and growth rate of adventitious roots in deepwater rice. *Planta* 223, 604-612.

Stepanova A.N., Yun J., Likhacheva A.V., Alonso J.M., 2007. Multilevel Interactions between Ethylene and Auxin in *Arabidopsis* Roots. *Plant Cell* 19, 2169-2185.

Strader L.C., Monroe-Augustus M., Bartel B., 2008. The IBR5 phosphatase promotes *Arabidopsis* auxin responses through a novel mechanism distinct from TIR1-mediated repressor degradation. Bmc Plant Biology 8.

Street H.E., Roberts E.H., 1952. Factor controlling meristematic activity in exciced root. I. Experiments showing the operation of internal factor. *Physiologia Plantarum* 5, 498-509.

Swarup K., Benkova E., Swarup R., Casimiro I., Peret B., Yang Y., Parry G., Nielsen E., De Smet I., Vanneste S., Levesque M.P., Carrier D., James N., Calvo V., Ljung K., Kramer E., Roberts R., Graham N., Marillonnet S., Patel K., Jones J.D.G., Taylor C.G., Schachtman D.P., May S., Sandberg G., Benfey P., Friml J., Kerr I., Beeckman T., Laplaze L., Bennett M.J., 2008. The auxin influx carrier LAX3 promotes lateral root emergence. *Nature Cell Biology* 10, 946-954.

Swarup R., Friml J., Marchant A., Ljung K., Sandberg G., Palme K., Bennett M.J., 2001. Localization of the auxin permease AUX1 suggests two functionally distinct hormone transport pathways operate in the *Arabidopsis* root apex. *Genes Dev.* 15, 2648-2653.

Swarup R., Kargul J., Marchant A., Zadik D., Rahman A., Mills R., Yemm A., May S., Williams L., Millner P., Tsurumi S., Moore I., Napier R., Kerr I.D., Bennett M.J., 2004. Structure-function analysis of the presumptive Arabidopsis auxin permease AUX1. *Plant Cell.* 16, 3069-3083.

Swarup R., Kramer E.M., Perry P., Knox K., Leyser H.M., Haseloff J., Beemster G.T., Bhalerao R., Bennett M.J., 2005. Root gravitropism requires lateral root cap and epidermal cells for transport and response to a mobile auxin signal. *Nat Cell Biol.* 7, 1057-1065.

Swarup R., Parry G., Graham N., Allen T., Bennett M., 2002. Auxin cross-talk: integration of signalling pathways to control plant development. Plant Molecular Biology 49, 409-424.

T

Tatematsu K., Kumagai S., Muto H., Sato A., Watahiki M.K., Harper R.M., Liscum E., Yamamoto K.T., 2004. MASSUGU2 encodes Aux/IAA19, an auxin-regulated protein that functions together with the transcriptional activator NPH4/ARF7 to regulate differential growth responses of hypocotyl and formation of lateral roots in *Arabidopsis thaliana. Plant Cell* 16, 379-393.

Taiz L., Zeiger E., 2006. *Plant physiology. 4 ed. Sunderland, MA: Sinauer.*

Teale W.D., Paponov I.A., Palme K., 2006. Auxin in action: signalling, transport and the control of plant growth and development. *Nat Rev Mol Cell Biol.* 7, 847-859.

Terasaka K., Blakeslee J.J., Titapiwatanakun B., Peer W.A., Bandyopadhyay A., Makam S.N., Lee O.R., Richards E.L., Murphy A.S., Sato F., Yazaki K., 2005. PGP4, an ATP binding cassette P-glycoprotein, catalyzes auxin transport in *Arabidopsis thaliana* roots. *Plant Cell.* 17, 2922-2939.

Terpstra I., Heidstra R., 2009. Stem cells: the root of all cells. *Semin. Cell Dev. Biol.* 20, 1089–1096.

Thimann K.V., 1936. Auxins and the growth of roots. *Am. J. Bot.* 23, 561–569.

Tian Q., Nagpal P., Reed J.W., 2003. Regulation of *Arabidopsis* SHY2/IAA3 protein turnover. *Plant J.* 36, 643–651.

Tominaga-Wada R., Ishida T., Wada T., 2011. New insights into the mechanism of development of *Arabidopsis* root hairs and trichomes. *Int. Rev. Cell Mol. Biol.* 286, 67–106.

Trachsel S., Messmer R., Stamp P., Hund A., 2009 Mapping of QTLs for lateral and axile root growth of tropical maize. *Theor. Appl. Genet.* 119, 1413–1424.

Trachsel S.K.S., Brown K.M., Lynch J.P., 2010. Shovelomics: high throughput phenotyping of maize (*Zea mays* L.) root architecture in the field. *Plant Soil* 341, 75–87.

Tracy S.R., Roberts J.A., Black C.R., McNeill A., Davidson R., Mooney S.J., 2010. The X-factor: visualizing undisturbed root architecture in soils using X-ray computed tomography. *J. Exp. Bot.* 61, 311–313.

Traw M.B., Bergelson J., 2003. Interactive effects of jasmonic acid, salicylic acid, and gibberellin on induction of trichomes in Arabidopsis. *Plant Physiol* 133, 1367-1375.

Tsay Y.F., Schroeder J.I., Feldmann K.A., Crawford N.M., 1993. The herbicide sensitivity gene Chl1 of *Arabidopsis* encodes a nitrate-inducible nitrate transporter. *Cell* 72, 705–713.

Tuominen H., Puech L., Fink S., Sundberg B., 1997. A radial concentration gradient of indole-3-acetic acid is related to secondary xylem development in hybrid aspen. Plant Physiol. 115, 577-585.

U

Uto K., Nakajo N., Sagata N., 1999. Two structural variants of Nek2 kinase, termed Nek2A and Nek2B, are differentially expressed in *Xenopus* tissues and development. *Dev. Biol.* 208, 456-464.

V

Van der Weele C.M., Spollen W.G., Sharp R.E., Baskin T.I., 2000. Growth of *Arabidopsis thaliana* seedlings under water deficit studied by control of water potential in nutrient-agar media. *J.Exp.Bot.* 51, 1555-1562.

van Hemert M.J., Steensma H.Y., van Heusden G.P., 2001. 14-3-3 proteins: key regulators of cell division, signalling and apoptosis. *Bioessays* 23, 936-946

Van Thieghem P., Douliot H., 1888. Recherches comparatives sur ¾origine des membres endogénes dans les plantes vasculaires. *Annales Des Sciences Naturelles (Botanique)* 8, 660.

Vance C.P., 2001. Symbiotic nitrogen fixation and phosphorus acquisition. Plant nutrition in a world of declining renewable resources. *Plant Physiol.* 127, 390-387.

Vanneste S., De Rybel B., Beemster G.T.S., Ljung K., De Smet I., Van Isterdael G., Naudts M., Iida R., Gruissem W., Tasaka M., Inzé D., Fukaki H., Beeckman T., 2005a. Cell cycle progression in the pericycle is not sufficient for SOLITARY ROOT/IAA14-mediated lateral root initiation in *Arabidopsis thaliana. Plant Cell* 17, 3035-3050.

Vanneste S., De Rybel B., Beemster G.T.S., Ljung K., De Smet I., Van Isterdael G., Naudts M., Lida R., Gruissem W., Tasaka M., Inzé D., Fukaki H., Beeckmn T., 2005. Cell cycle progression in the pericycle is not sufficient for SOLITARY ROOT/ IAA14-mediated lateral root initiation in *Arabidopsis thaliana. Plant Cell* 17, 3035–3050.

Vanneste S., Maes L., De Smet I., Himanen K., Naudts M., Inzé D., Beeckman T., 2005b. Auxin regulation of cell cycle and its role during lateral root initiation. *Physiol Plant.* 123, 139-146.

Veit B., 2006. Stem cell signalling networks in plants. *Plant Mol. Biol.* 60, 793-810.

Vieten A., Vanneste S., Wisniewska J., Benkova E., Benjamins R., Beeckman T., Luschnig C., Friml J., 2005. Functional redundancy of PIN proteins is accompanied by auxin-dependent cross-regulation of PIN expression. *Development* 132, 4521-4531.

Vörösmarty C.J., McIntyre P.B., Gessner M.O., Dudgeon D., Prusevich A., Green P., Glidden S., Bunn S.E., Sullivan C.A., Reidy Liermann C.R., Davies P.M., 2011. Global threats to human water security and river biodiverty. *Nature* 467, 555-561. And in Global change issue 76 janvier 2011: 6.

W

Waines J.G., Ehdaie B., 2007. Domestication and crop physiology: roots of green-revolution wheat. *Ann. Bot.* 100, 991–998.

Waisel Y., Eshel A., Beeckman T., Kafkaki U., 2005. Plant roots: the hidden half, 1st edn. New York, NY: Marcel Dekker.

Waligora C., Vian J.F., 2010. Relations racine et sol : Un monde de communications et d'équilibres. *Techniques culturales simplifiées* 57, 18-28.

Wang H., Zhou Y., Gilmer S., Whitwill S., Fowke L.C., 2000. Expression of the plant cyclin-dependent kinase inhibitor ICK1 affects cell division, plant growth and morphology. *Plant J.* 24, 613-623.

Weiss D., Ori N., 2007. Mechanisms of Cross Talk between Gibberellin and Other Hormones. *Plant Physiology* 144, 1240-1246.

Wells D.M., French A.P., Naeem A., Ishaq O., Traini R., Hijazi H., Bennett M.J., Pridmore T.P., 2012. Recovering the dynamics of root growth and development using novel image acquisition and analysis methods. *Phil. Trans. R. Soc. B* 367, 1517–1524.

Werner T., Motyka V., Laucou V., Smets R., Van Onckelen H., Schmulling T., 2003. Cytokinindeficient transgenic Arabidopsis plants show multiple developmental alterations indicating opposite functions of cytokinins in the regulation of shoot and root meristem activity. *Plant Cell* 15, 2532-2550.

Whitmore A.P, Whalley W.R., 2009. Physical effects of soil drying on roots and crop growth. *J. Exp. Bot.* 60, 2845–2857.

Wightman F., Schneider E.A., Thimann K.V., 1980. Hormonal factors controlling the initiation and development of lateral roots 2. Effects of exogenous growth-factors on lateral root-formation in pea roots. *Physiologia Plantarum* 49, 304–314.

Williamson P., 2011. Climate GeoEngineering. Could We? Should We? Radical technological responses to counteract global warming are receiving increased attention as a possible policy option. But is geoengineering a potential safety net, a distraction or a dead end? Phil Williamson explores. *Global change* 76 (janvier), 21p.

Williamson L.C., Ribrioux S.P.C.P., Fitter A.H., Leyser H.M.O., 2001. Phosphate availability regulates root system architecture in *Arabidopsis. Plant Physiology* 126, 875-882.

Wisniewska J., Xu J., Seifertova D., Brewer P.B., Ruzicka K., Blilou I., Rouquie D., Benkova E., Scheres B., Friml J., 2006. Polar PIN localization directs auxin flow in plants. *Science* 312, 883.

Woll K., Borsuk L.A., Stransky H., Nettleton D., Schnable P.S., Hochholdinger F., 2005. Isolation, characterization, and pericycle-specific transcriptome analyses of the novel maize lateral and seminal root initiation mutant rum1. *Plant Physiol.* 139, 1255–1267.

Woodward A.W., Bartel B., 2005. Auxin: regulation, action, and interaction. *Ann Bot.* 95, 707-735.

X

Xie X., Yoneyama K., 2010. The strigolactone story. *Annu. Rev. Phytopathol.* 48, 93 117.

Xiong L.M., Wang R.G., Mao G.H., Koczan J.M., 2006. Identification of drought tolerance determinants by genetic analysis of root response to drought stress and abscisic acid. *Plant Physiology* 142, 1065-1074.

Y

Ymehara M., Hanada A., Yoshida S., Akiyama K., Arité T., Takeda-Kamiya N., Magome H., Kamiya Y., Shirasu K., Yoneyama K., Kyozuka J., Yamaguchi S.,

2008. Inhibition of shoot branching by new terpenoid plant hormones. *Nature* 455, 195–200.

Ye ZH., 2002. Vascular tissue differentiation and pattern formation in plants. *Annu. Rev. Plant Biol.* 53, 183-202.

Young G.B., Jack D.L., Smith D.W., Saier M.H., 1999. The amino acid/auxin:proton symport permease family. *Biochim Biophys Acta.* 1415, 306-322.

Z

Zhao M., Running SW., 2010. Drought-Induced Reduction in Global Terrestrial Net Primary Production from 2000 Through 2009. *Nature* 329(5994), 940-943 in Global change issue 76 janvier 2011: 9.

Zhang H., Jennings A., Barlow P.W., Forde B.G., 1999. Dual pathways for regulation of root branching by nitrate *Proceedings of the National Academy of Sciences of the United States of America* 96, 6529-6534.

Zhang H., Scofield G., Fobert P., Doonan J.H., 1996. A nimA-like protein kinase transcript is highly expressed in meristems of *Antirrhinum majus*. *J. Microsc.* 181, 186-194.

Zhang H., Forde B.G., 1998. An *Arabidopsis* MADS Box Gene That Controls Nutrient-Induced Changes in Root Architecture. *Science* 279, 407-409.

Zhu J., Ingram P.A., Benfey P.N., Elich T., 2011. From lab to field, new approaches to phenotyping root system architecture. *Curr. Opin. Plant Biol.* 14, 310–317.

Zhu Z.X., Liu Y., Liu S.J., Mao C.Z., Wu Y.R., Wu P.A., 2012 Gain-of-function mutation in OsIAA11 affects lateral root development in rice. *Mol. Plant* 5, 154–161.

Zolla G., Heimer Y.M., Barak S., 2010. Mild salinity stimulates a stress-induced morphogenic response in *Arabidopsis thaliana* roots. *J. Exp. Bot.* 61, 211–224.

Zygalakis K.C., Kirk G.J., Jones D.L., Wissuwa M., Roose T., 2011. A dual porosity model of nutrient uptake by root hairs. *New Phytol.* 192, 676–688.

CHAPITRE 2

Arabidopsis thaliana (L.) Heynh & *Brachypodium distachyon* (L.) P. Beauv. comme plantes modèles des dicotylédones et monocotylédones

« Nous sommes ce que nous mangeons. » Janes Goodall, primatologue britannique, 2008

Résumé

Alors que les scientifiques et les ingénieurs du monde entier continuent de travailler sur des solutions technologiques complexes aux crises alimentaires et énergétiques, comme les panneaux solaires et la gestion de la sécheresse, une équipe de chercheurs a tourné le dos aux thèmes fondamentaux de la biologie végétale.

L'Initiative internationale de *Brachypodium*, basée à Oregon State University, a récemment terminé la séquence d'ADN pour l'herbe sauvage *Bracypodium distachyon.* Cette plante modèle des *Poaceae* est prévue pour servir comme aide importante dans le développement de meilleurs biocarburants à partir de plantes sauvages comme les graminées et amélioration des cultures vivrières de la famille du blé ou du riz.

La plante du genre *Arabidopsis*, qui est liée au colza, brocoli et le canola, a servi en tant que système modèle principal des *Brassicaceae* pour les biologistes végétaux au cours des dernières années (http://www.arabidopsis.org/). Pourtant, il n'est pas utile pour étudier les cultures de céréales et de graminées, comme le blé, le ray-grass et le Switchgrass ou panic érigé (*Panicum virgatum* L.), en raison de nombreuses dissemblances génétiques. D'autre part, *Brachypodium* a de fortes similitudes génétiques avec ces types de plantes, ce qui en fait un bon candidat pour un système modèle. L'information génomique de *Brachypodium* est maintenant disponible pour les chercheurs du monde entier dans une base de données intitulée "BrachyBase" (http://www.brachybase.org).

Comme la recherche sur la production alimentaire et de l'énergie continue, la séquence d'*Arabidopsis* et de *Brachypodium* nouvellement achevée servira de guide pour manipuler les cultures et optimiser leur potentiel. Ces deux plantes modèles serviront de clefs pour atteindre ces objectifs et comprendre la biologie des plantes d'intérêts.

Mots clefs : *Arabidopsis thaliana, Brachypodium distachyon, Alimentation, énergie.*

Abstract

While scientists and engineers around the world continue to work on complex technological solutions to the food and energy crises, like solar panels and drought management, one team of researchers has turned back to the basics of plant biology.

The International *Brachypodium* Initiative, based at Oregon State University, recently completed the DNA sequence for the wild grass *Bracypodium distachyon*. This plant model of *Poaceae* is expected to serve as an important aid in developing better biofuels from wild grasses and improving food crops from the wheat or rice family.

The plant genus *Arabidopsis*, which is related to rape *(brassica napus)*, broccoli and canola, has served as a primary model system for plant biologists for the past few years (http://www.arabidopsis.org/). Yet it's not useful for studying cereal and grass crops, like wheat, ray-grass and switchgrass (*Panicum virgatum* L.), due to genetic dissimilarities. On the other hand, *Brachypodium* has key genetic similarities with these types of plants, making it a strong candidate for a model system. The *Brachypodium* genomic information is now available to researchers across the globe in a database titled "BrachyBase" (http://www.brachybase.org/).

As research into food and energy production continues, the newly completed *Arabidopsis* and *Brachypodium* sequence will serve as a guide to manipulate crops and optimize their potential. Both models plants serve as key "plants" to accomplishing that goal is to understand the biology of the plants of interest.

Key words: *Arabidopsis thaliana, Brachypodium distachyon, Plants, food, energy.*

Liste des abréviations

ADN : Acide Désoxyribonucléique
AGI : *Arabidopsis* Genome Initiative
Col : Columbia
EST : *expressed sequence tag*
INRA : Institut National de la Recherche Agronomique (France)
QTLs : Quantitative Trait Loci
QTN : Quantitative Trait Nucleotide

CHAPITRE 2

Arabidopsis thaliana (L.) Heynh & *Brachypodium distachyon* (L.) P. Beauv. comme plantes modèles des dicotylédones et monocotylédones

I. Systèmes modèles en biologie végétale

Les systèmes modèles sont nécessaires non seulement pour investiguer des processus complexes difficiles à étudier chez les systèmes non modèles, mais également pour concentrer les ressources et efforts de la communauté scientifique. De cette manière, cela permettra à la recherche de progresser (Brkljacic *et al.*, 2011) (Figure. 1).

Figure 1. Taille comparée des génomes de différentes espèces modèles des domaines de recherches actuels. *Arabidopsis* et *Brachypodium* sont les plantes modèles utilisées dans mon projet. *E. coli* est également représenté comme bactérie modèle dans le monde de la recherche et la bactériothèque constituées de 19 PGPR, bien que certains *Clostridium* et *Bacillus* soient des bactéries modèles lors des études sur les composés organiques volatiles ou solvants (cf. tome 3-4).

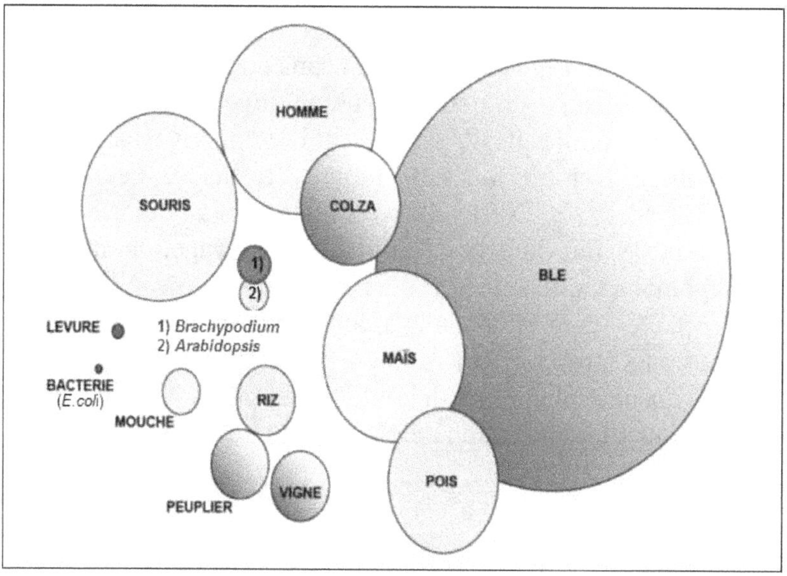

Une plante doit satisfaire à différentes conditions pour pouvoir être utilisée en tant que plante modèle :

- Des technologies de génomiques physiques doivent être mises en place pour analyser des traits biologiques de l'espèce. Celles-ci sont théoriquement applicables à tous les organismes et comprennent le séquençage du génome, des bases de données de marqueurs de séquences exprimées (EST : *expressed sequence tag*), des banques de fragments de grandes tailles, des sets de données de transcriptomes, protéomes et métabolomes et enfin des outils bioinformatiques.
- Des caractéristiques de génomiques biologiques doivent également être respectées. Le génome doit être diploïde et de petite taille, des stratégies de cartographies du génome doivent être disponibles et le génome doit être facilement transformable.
- Les techniques de cultures et du maintien des collections doivent être peu coûteuses et facilement adaptables.
- La plante doit montrer des traits biologiques importants facilement observables.
- D'autres caractéristiques biologiques doivent être présentes chez la plante pour qu'elle puisse constituer un modèle : avoir une petite taille et un cycle de développement rapide, ne pas nécessiter de conditions de croissances particulières pour pouvoir être utilisée dans le cadre de cribles à haut débit (Draper *et al.*, 2001).

I.1. Arabidopsis thaliana (L.) Heynh

Arabidopsis thaliana (L.) Heynh est sans conteste la plante modèle la plus utilisée. Mais, d'un point de vue phylogénétique, elle est assez distante de la famille des *Poaceae* qui comprend la plupart des céréales cultivées et fourrages du monde (Keller & Feuillet, 2000 ; cité par Draper *et al.*, 2001). Les céréales procurent directement et indirectement le fourrage pour animaux d'élevage, la nourriture à l'Homme, ainsi qu'une source d'énergie renouvelable. Elles occupent donc une place importante dans l'économie et plus de recherches doivent se concentrer sur leur biologie (Vain, 2011). Il apparaît donc clairement qu'une plante modèle de la famille des *Poaceae* était nécessaire pour l'identification de gènes d'intérêts agronomiques.

I.2. Brachypodium distachyon (L.) P. Beauv

Brachypodium distachyon (L.) P. Beauv a été récemment choisie en tant que plante modèle pour représenter les *Pooideae*. En effet, le genre *Brachypodium* s'est différencié des *Pooideae* ancestrales peu avant l'émergence du noyau actuel des céréales tempérées (*Triticeae*, *Bromeae*, *Poeae* et *Aveneae*) (Shi, 1991 ; Shi *et al*., 1993 ; Catalan *et al*., 1995 ; Draper *et al*., 2001). Même si la taille du génome des *Poaceae* varie beaucoup à cause de répétitions de rétro-éléments, l'ordre des gènes est hautement conservé, ce qui démontre une différenciation rapide et un ancêtre commun (Bevan *et al*., 2010). *Brachypodium* se différencie des autres espèces de *Pooideae* par une plus petite gamme de tailles de génomes (Draper *et al*., 2001). Ce genre contient entre 15 et 18 espèces distribuées mondialement (Catalan *et al*., 1997 ; Mur *et al*., 2011).

Brachypodium distachyon est la seule espèce annuelle dans le genre *Brachypodium* et a été choisie comme espèce modèle pour représenter les céréales et fourrages des régions tempérées. A ce titre, Draper *et al.* (2001) ont montré sa valeur en tant que plante modèle. Les écotypes diploïdes de *Brachypodium distachyon* possèdent le génome le plus petit parmi les *Poaceae*. Cette espèce possède également des traits importants pour l'étude des céréales des régions tempérées. *Brachypodium distachyon* présente de nombreux avantages qui sont repris et comparés avec *Arabidopsis thaliana* et d'autres céréales dans le tableau I.

Tableau I. Comparaison de caractéristiques intéressantes pour l'étude d'une plante modèle chez *Brachypodium distachyon*, *Arabidopsis thaliana* et différentes céréales de cultures (Bevan *et al*., 2010 ; Brkljacic *et al.,* 2011).

Parameter	Arabidopsis	Barley	Brachypodium	Foxtail Millet	*M. sinensis*	Maize	Rice	*S. viridis*	Sorghum	Switchgrass	Wheat
Height (cm)	15–20	50–120	15–20	120–200	150–300	120–300	100	10–250	50–250	200–300	50–100
Density[a] (plants m^{-2})	2,000	80–120	1,000	50	3–4	4	36	1,000	50	6	50
Growth requirements[b] (controlled conditions)	Simple	Intermediate	Simple	Intermediate	Demanding	Demanding	Demanding	Simple	Demanding	Demanding	Intermediate
Efficiently crossed?	Yes	Yes	Yes	No	Yes	Yes	Yes	No	Yes	Yes	Yes
Reproduction	Selfing	Selfing	Selfing	Selfing	Outcrossing	Outcrossing/ self-compatible	Selfing	Selfing	Selfing	Outcrossing	Selfing
Typical generation time (weeks)	8–12	10–20	8–12	11–13	12	8–15	12–24	6–8	13–18	26	10–20
Seeds per plant	>1,000	150–200	100–1,000	>10,000	>1,000	200–1,000	>1,000	>5,000	>1,000	>1,000	50–150
Transformation	Extremely easy	Efficient, but labor intensive	Highly efficient	Reported, but not efficient	Inefficient	Efficient, but labor intensive	Highly efficient	Efficient[c]	Inefficient	Efficient, but slow	Inefficient
Genome size (Mb)	119[d]	5,500	272[d]	515	5,000	2,300[d,f]	382[d]	515	700[d,e]	2,400	16,000
Assembled genome sequence	Finished genome sequence	Draft genome sequencing in progress	High-quality draft (finishing under way)	Draft genome	No	Draft genome[f]	Finished genome sequence	Draft genome sequencing in progress	Draft genome[d]	Sequencing in progress	Sequencing in progress
T-DNA resources	Extensive	None	10,000 lines available, 40,000 more planned	None	None	Transposon mutants are available	Extensive[g]	None	None	None	None
Cell wall type	Type 1	Type 2	Type 2	Type 2	Type 2	Type 2	Type 2	Type 2	Type 2	Type 2	Type 2
Photosynthesis	C_3	C_3	C_3	C_4	C_4	C_4	C_3	C_4	C_4	C_4	C_3

[a]High-density planting under laboratory conditions. [b]The difficulty of growing plants is dependent upon their size and the range of environmental conditions tolerated. Thus, small plants that tolerate varied conditions have simple growth requirements and large plants that need carefully controlled environmental conditions have demanding growth requirements. [c]Unpublished data (T. Brutnell). [d]Assembled genome size. [e]Approximately 20% of the genome was not assembled because of the repetitive nature. [f]Assembly consists of sequenced BACs many of which contain unordered genes because of the difficulty associated with assembling repetitive DNA. [g]While rice has extensive insertional mutant resources, the availability of the resources is constrained by quarantine restrictions and intellectual property concerns.

II. *Arabidopsis thaliana* L. Heynh comme plante modèle

II.1. Caractéristiques générales

Arabidopsis thaliana L. Heynh est une plante largement utilisée aujourd'hui dans le milieu scientifique, notamment pour les études physiologiques, biochimiques et développementales (Da Rocha Correa *et al*., 2012). Elle est surnommée la « drosophile » botanique (Koornneff & Meinke, 2010). C'est une plante étroitement liée à plusieurs centaines de milliers d'espèces (Somerville & Koornneef, 2002). Les premières personnes à s'intéresser à *Arabidopsis* furent Friedrich Laibach & George Redei, dans les années 1940. C'est face à l'extraordinaire variation naturelle que présentait le phénotype d'*Arabidopsis* que ces 2 chercheurs commencèrent la première collection systématique et la classification des mutants du type sauvage d'*Arabidopsis* (Leonelli, 2007). Au fil du temps, les études sur cette plante se sont multipliées et c'est à la fin des années 70, début des années 80 qu'elle fut proposée comme plante modèle. Plusieurs caractéristiques de l'arabette des dames lui ont donc permis de s'imposer, il y a 30 ans (Koornneef & Meinke, 2010), comme la plante de référence par excellence :

- Elle est de petite taille et a des exigences simples pour sa croissance, ce qui permet de la cultiver facilement en laboratoire (Somerville & Koornneef, 2002).
- Elle est diploïde et autogame, ce qui permet une production rapide des graines identiques au plant mère (Somerville & Koornneff, 2002). Bien que des variations génétiques d'ordres épigénétiques et plastiques existent et ne doivent pas être négligées.
- Elle est très fertile et peut produire 40 000 graines/plant (INRA).
- Elle possède un cycle de vie court d'environ 8 semaines (Somerville & Koornneef, 2002).
- Elle est transformée facilement par pulvérisation sur les fleurs, d'*Agrobacterium tumefaciens* contenant le gène d'intérêt (Somerville & Koornneef, 2002).
- Elle contient un des plus petits génomes connus parmi les Angiospermes, facilitant ainsi les études génétiques (Somerville & Koornneef, 2002).
- Il existe plus de 50.000 polymorphismes répartis entre les 2 accessions les plus communément utilisées (Columbia et Landsberg erecta), ce qui facilite l'isolation de gènes mutants (Somerville & Koornneef, 2002).
- Une large collection de mutations par insertions séquencées a été constituée. Des collections de mutations naturelles

caractérisées et de plantes transgéniques ont également été créées. Tout ceci constitue aujourd'hui une ressource génomique importante (Somerville & Koornneef, 2002).

Mais, l'avantage réellement permis avec *Arabidopsis* est qu'elle intègre à la fois la génétique et la biologie moléculaire de type génie génétique dans une nouvelle voie systématique et universelle. Ainsi, cela confère à cette plante un avantage technique non négligeable et la justifie comme plante modèle (Somerville & Koornneef, 2002). Une carte complète du génome d'*A. thaliana* a vu le jour en l'an 2000 grâce à l'*Arabidopsis* Genome Initiative (AGI) (Leonelli, 2007). L'arabette des dames est ainsi devenue la première plante supérieure dont le génome a été entièrement séquencé (Spannagl *et al.,* 2011). L'écotype Columbia (Col) est généralement vu comme le génotype de référence. Ce dernier et Landsberg erecta (Ler) sont les 2 accessions d'*Arabidopsis thaliana* qui ont été les plus utilisées au cours des dernières décennies. L'accession de Wassilewskija (Ws-1) a été employée plus tard pour certaines expériences car les scientifiques la supposaient plus adaptée à la transformation (Koornneef & Meinke, 2010), mais elle ne s'est jamais imposée comme les 2 autres accessions citées ci-dessus.

Les organismes modèles ont joué un rôle crucial pour la compréhension des processus biologiques au niveau génétique et moléculaire. L'étude de telles plantes permet d'utiliser les connaissances obtenues pour comprendre et même améliorer les plantes d'importance culturale, en visant particulièrement les traits agricoles importants qui sont traditionnellement la cible de l'amélioration végétale. Ce transfert de connaissances devrait généralement fonctionner beaucoup mieux entre les gènes orthologues qui partagent, par définition, la même fonctionnalité, mais également le même ancêtre. Cependant, des études récentes sur le génome des plantes supérieures montrent une évolution rapide et active de la structure du génome (Spannagl *et al.,* 2011). En conséquence, il est nécessaire d'être prudent lors de l'extrapolation des résultats obtenus avec *Arabidopsis* à d'autres espèces.

II.2. Morphologie et environnement naturel

Arabidopsis thaliana (L.) Heynh. est une herbe annuelle de (2-)5-30(-60) cm de haut. La/Les tige(s) se dressent à partir de la base, simple(s) ou ramifiée(s) dans le haut, à pilosité basale prédominée par des trichomes simples. La/les tiges(s) sont glabres dans la partie apicale. Les feuilles basales sont courtement pétiolées et disposées en rosette. Il y a généralement peu de feuilles au niveau d'une tige et celles-ci sont subsessiles à sessiles. Les sépales font 1-2(-2.5) mm de long et sont glabres. Elle produit de 40-70 ovules par ovaire. Les siliques sont linéaires, effilées, cylindriques, douces et font (0.8-)1-1.5(-2) cm x 0.5-0.8 mm. Les semences sont ellipsoïdes, pleines, brun clair à rougeâtre et font 0.3 à 0.5 mm de long (Al-Shejbaz & O'Kane, 2002). La figure 2 reprend les photos des différentes parties aériennes d'*Arabidopsis thaliana*. Le système racinaire d'*Arabidopsis* est un système pivotant comme chez la plupart des Dicotylées. Le pivot est constitué de la racine primaire à partir de laquelle les racines latérales se développent. L'arabette des dames est également capable de produire des racines adventives (Dastidar *et al.*, 2012).

Figure 2. Base taxonomique actuelle d'*Arabidopsis thaliana* L. Heynh (Taxon) (Lambinon *et al.*, 1992, 2004). ***Photos : Arabidopsis thaliana L.*** A gauche, la plante à l'état végétatif, avant l'apparition de la hampe florale (en bas à gauche). Au centre plante adulte au stade floraison/fructification. A droite et de haut en bas, fleur, hampe florale et graines. Les barres blanches représentent à chaque fois 1 cm, sauf dans le cas de la fleur et des graines où elles représentent 1 mm. [Source : ANONYME, 2010. *Arabidopsis thaliana* : espèce modèle de biologie végétale. INRA. http://www-ijpb.versailles.inra.fr/fr/arabido/arabido.htm (2010)].

Règne : *Planta*
Embranchement : *Spermatophytes* (Phanérogames)
Sous-embranchement : *Angiospermes*
Classe : *Magnoliopsides* (Syn. : Dicotylédones)
Ordre (34.) : *Capparales*
Famille (70.) : *Brassicaceae* **(Syn.: Cruciferae) (Crucifères)**
CRUCIFERES A SILICULES

Genre : ***Arabidopsis*** (DC.) Heynh.
Espèce : *Arabidopsis thaliana* (L.) HEYNH.
Nom vernaculaire : Arabette des dames
Arabidopsis thaliana (L.) Heynh. [Syn: Arabis thaliana L., Stenophragma thalianum (L.) Celak.] (Arabette de Thalius. Zandraket. Acker-Schmalwand). – 8-50cm _ Mars-Mai (Sep. –Oct) – Thèr. – Cultures, talus, dunes, murs, friches; espèce plutôt acidiphile. – AC, sauf Boul., Pic., Ard., Champ. Et Eifel occ.: R. – Europe et Asie tempérées, Afrique sept. Et or. (montagnes).

Dans le genre *Arabidopsis*, plusieurs nombres de chromosomes haploïdes ont été reportés : n= 5, 8, 13 et 16 mais seule *Arabidopsis thaliana* est connue pour avoir un nombre égal à cinq (Al-Shejbaz & O'Kane, 2002).

A. thaliana est native de toute l'Europe ainsi que d'une partie de l'Asie, et est aujourd'hui naturalisée partout dans le monde. Ses habitats sont ouverts ou perturbés, des sols sableux (Al-Shejbaz & O'Kane, 2002), des sols limoneux (Hoffmann, 2002), des berges de rivières, des bords de route, des pentes caillouteuses, des décharges, des sols cultivés, des prairies, sous des arbustes (Al-Shejbaz & O'Kane, 2002). Certaines publications floristiques d'Asie centrale mentionnent également que l'espèce peut être retrouvée dans les steppes sur des sols salins (Hoffmann, 2002). Elle peut s'installer à des altitudes allant du niveau de la mer jusqu'à 4.250m (Al-Shejbaz & O'Kane, 2002). Cependant, les plantes des hautes altitudes tendent à être plus petites à la fois pour les caractères végétatifs et reproductifs. De plus, le taux de croissance relatif est négativement corrélé avec la latitude (Li *et al.*, 1998 ; Pigliucci, 2002).

II.3. Taxonomie

Le genre *Arabidopsis* comprend neuf espèces, toutes indigènes d'Europe. Celles-ci sont *A. thaliana, A. suecica, A. arenosa, A. neglecta, A. croatica, A. cebennensis, A. pedemontana, A. lyrata et A. halleri.* Deux d'entre elles s'étendent au nord et à l'est de l'Asie ; une autre s'étend du nord de l'Amérique jusqu'au centre des Etats-Unis. Le genre *Arabidopsis* se distingue des autres genres proches par les critères suivants : présence de courts pétioles, les feuilles de la tige ne sont jamais auriculées ou ampexicaules, présence d'un indumentum de trichomes simples mixés avec quelques trichomes fourchus mais absence de trichomes étoilés, rosette basale généralement bien définie, fleurs blanches à lavande, rarement pourpre mais jamais jaune, fruits légèrement cyclindriques à ellipsoïdes, gonflés et rétrécis à intervalle, glabres, compressés et possédant une nervure médiane bien distincte et des graines unisériées sans ailes ou rarement avec ailes. Une description plus complète du genre *Arabidopsis* se trouve dans la publication de Al-Shejbaz & O'Kane (2002). Uniquement *A.thaliana* est aujourd'hui naturalisée à travers le monde (Al-Shejbaz & O'Kane, 2002).

II.4. Ecologie

L'arabette des dames est une herbe annuelle opportuniste qui est, dès lors, caractérisée par un cycle de vie simple et par une étroite valence écologique. Trois types d'histoires de vie ont été identifiés chez *Arabidopsis* en regard avec les exigences de vernalisation : (i) les annuelles de début d'été, qui ne répondent pas à la vernalisation (Figure. 3) ; (ii) les annuelles de fin d'été, qui retardent leur floraison lorsqu'elles sont exposées au froid ; et (iii) les annuelles d'hiver, qui fleurissent en 4-6 mois sans vernalisation, mais qui peuvent être amenées à déplacer leur moment de floraison suivant l'exposition au froid (Figure. 3). L'accession de référence, Col-0 faisant partie de ces dernières.

Figure 3. Les accessions d'*Arabidopsis* sont classées comme annuelles d'hiver ou d'été. Les accessions de type annuelles d'hiver germent durant la fin de l'été ou l'automne, passent l'hiver sous forme de rosette et croissent pour initier la phase reproductive au printemps. En serre, la floraison des annuelles d'hiver est décalée, mais peut-être accélérée par l'extension des basses températures qui donne l'équivalent du passage de l'hiver dans la nature. Les annuelles d'été sont capables de compléter toutes les étapes de leur cycle de vie durant un été, aussi longtemps que les conditions climatiques sont appropriées pour la production de graines. Ces accessions de ce type passent l'hiver sous forme de graine et montrent donc une dormance plus importante des graines (Shindo *et al.*, 2007).

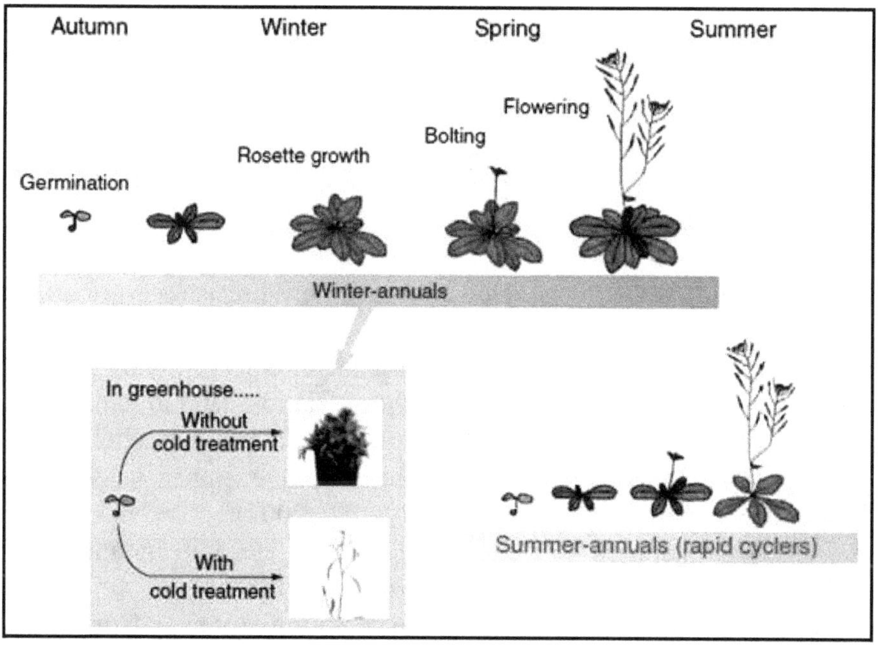

Les annuelles de fin d'été sont probablement caractéristiques des aires à hivers rudes où elles résistent sous forme de graines. Leur floraison est retardée à cause des températures basses de l'habitat naturel qui pourrait indiquer un gel tardif. A l'inverse, les annuelles d'hiver passent la saison froide sous forme de rosette dans les climats doux. L'avantage de passer l'hiver sous cette forme est le gain de compétitivité. En effet, *A. thaliana* est une faible compétitrice et fleurit aussitôt que possible durant le printemps permettant ainsi de minimiser la compétition inter-spécifique (Pigliucci, 2002). En général, la plupart des accessions du nord de l'Europe sont de floraison tardive et typiquement des annuelles d'hiver. Les populations situées au sud sont de 2 types, à la fois annuelles d'hiver et d'été (Johanson, 2000 ; Koornneef *et al.,* 2004). En Europe, les accessions d'*Arabidopsis* fleurissent généralement au printemps et en début d'été, et les semences matures sont disponibles à partir de mai jusqu'à juillet, et occasionnellement à la fin de l'été jusqu'au début de l'automne (Shindo *et al.,* 2007 ; Koorneef *et al.,* 2004 ; Al-Shejbaz & O'Kane, 2002).

II.5. Les accessions d'écotypes d'Arabidopsis thaliana

L'analyse des écotypes trouvés dans la nature fournit une importante source de variations génétiques. Ils sont répertoriés sous formes d'accessions dans une banque de semences. Cette dernière est actuellement la ressource de modèles de base la plus importante pour la biologie végétale. Son analyse chez *Arabidopsis* a permis de fournir des données conséquentes par rapport aux perspectives fonctionnelles, écologiques et évolutionnaires (Koornneef *et al.,* 2004). En effet, la variation naturelle est considérée comme étant la ressource principale de changements évolutifs et de potentiels adaptatifs d'une espèce face à un environnement qui varie dans l'espace et dans le temps (Shindo *et al.,* 2007). L'analyse moléculaire de la variation génétique naturelle ne mène pas seulement à une corrélation entre la variation allélique de gènes connus avec la variation phénotypique, mais aussi à la découverte de nouveaux gènes (Shindo *et al.,* 2007).

Dans les chapitres précédents, il a déjà été fait mention des limitations géographiques d'*Arabidopsis* dues aux conditions climatiques. Cependant, au sein de ces limitations, *Arabidopsis* présente tout de même une plus large amplitude climatique par rapport à d'autres espèces étudiées et appartenant également à la famille des *Brassicaceae* (Kornneef *et al.,* 2004). Ce dernier critère, en plus de son impressionnante gamme latitudinale (000° à 068° N), prouve que cette espèce possède une haute capacité d'adaptation à une large gamme de niches écologiques (Shindo *et al.*, 2007). C'est ce qui rend cette plante particulièrement bien appropriée pour l'analyse de la variation des traits adaptatifs. De plus, les espèces modèles facilitent l'exploitation de cette source de variations génétiques au niveau moléculaire, où certains gènes responsables ont déjà été identifiés (Kornneef *et al.*, 2004).

L'arabette des dames est une plante autogame de façon prédominante (plus de 95%) (Abbott & Gomes, 1989 ; Stenoien *et al.*, 2005 ; Shindo *et al.*, 2007), c'est pourquoi la plupart des plantes collectées dans la nature font partie de lignées fixées pratiquement homozygotes. Ces dernières sont communément référencées comme écotypes, un terme ordinairement défini comme des races distinctes d'une espèce génétiquement adaptées à un habitat particulier. Ce qui signifie que chez *Arabidopsis,* le terme « écotype » ne se réfère pas strictement à sa définition écologique (Koornnef *et al.*, 2004). Le terme accession est dès lors préféré au terme écotype car, celui-ci est plus neutre (Mitchell-Olds, 2001, cité dans Shindo *et al.*, 2007). En effet, le terme accession se réfère à un échantillon d'une espèce collectée à un endroit bien spécifique (Alonso-Blanco & Koorneef, 2000), mais n'implique pas et n'exclut pas la possibilité d'une adaptation locale (Shindo *et al.*, 2007). Les banques de ressources génétiques préfèrent donc travailler avec le terme « accession » comme le centre de ressources génomiques d'*Arabidopsis thaliana* de l'INRA à Versailles (IJPB) (Tableau II).

Tableau II. Collections noyaux d'*Arabidopsis thaliana* (*At*) 8 à 32 accessions établies par McKhann *et al.* Le nombre d'allèles représente ceux qui sont présents dans la collection mondiale initiale au niveau des 10 loci séquencés (399 au total) et qui ont été capturés dans les différentes tailles de collections noyaux. (en comparaison avec *At* Col-0 référence scientifique actuelle) (McKhann *et al.*, 2004).

Taille du noyau	N° Versailles	Nom	Pays	Nbr. d'allèles	% d'allèles
8	162AV	Ct-1	Italie		
8	224AV	Oy-0	Norvège		
8	236AV	Shahdara	Tadjikistan		
8	180AV	Blh-1	Tchécoslovaquie		
8	172AV	Bur-0	Irlande		
8	25AV	JEA	France		
8	166AV	Cvi-0	Cap Vert		
8	157AV	Ita-0	Maroc	337	84
16	101AV	Ge-0	Suisse		
16	178AV	Alc-0	Espagne		
16	62AV	St-0	Suède		
16	163AV	Can-0	Espagne		
16	8AV	PYL-1	France		
16	266AV	N13 Konchezero	Russie		
16	94AV	Mt-0	Libye		
16	215AV	Mh-1	Pologne	367	92
24	257AV	Sakata	Japon		
24	200AV	Gre-0	Etats-Unis		
24	83AV	Edi-0	Angleterre		
24	70AV	Kn-0	Lituanie		
24	91AV	Tsu-0	Japon		
24	252AV	Akita	Japon		
24	42AV	Bl-1	Italie		
24	92AV	Stw-0	Russie	384	96
32	93AV	Ms-0	Russie		
32	76AV	Bla-1	Espagne		
32	229AV	Rld-2	Russie		
32	233AV	Sah-0	Espagne		
32	56AV	Ta-0	Tchécoslovaquie		
32	231AV	Rubezhnoe-1	Ukraine		
32	267AV	Sampo Mountain	Russie		
32	253AV	Ishikawa	Japon	392	98

II.6. Biogéographie

Dans la littérature, le centre de diversité et le centre d'origine d'*Arabidopsis thaliana* a été attribué à deux différentes régions : le système montagneux au centre de l'Asie (comme l'Himalaya et le Tien Shan) et l'Europe (Hoffmann, 2002). Sur une échelle globale, le climat est considéré comme étant le facteur principal de limitation d'une gamme d'espèces (Jäger, 1990 ; Box *et al.*, 1993 ; Hoffmann, 1998, 1999 ; Hoffmann, 2002). C'est ainsi que des modèles climatiques pour certaines gammes de plantes ont été développés. Ceux-ci peuvent notamment être utilisés afin d'évaluer les frontières d'expansions d'*Arabidopsis thaliana,* et déterminer ainsi les limites potentielles d'exploitations de la variabilité naturelle de cette espèce pour les études physiologiques, génétiques et de génies génétiques des plantes de cultures (Hoffmann, 2002). La figure 4 représente la carte de distribution d'*Arabidopsis thaliana* dans l'hémisphère Nord. Afin de révéler la distribution de l'espèce le long des gradients climatiques, Hoffmann (2002) a utilisé des diagrammes de fréquences. Cela représente la gamme de distributions d'*Arabidopsis* en fonction des températures et précipitations mensuelles. C'est ainsi qu'il a pu déterminer les conditions climatiques limitant l'aire de distribution de cette plante. En conséquence, au nord de l'Europe, les températures basses de printemps (-0,1°C en Avril et 6°C en mai) et les températures d'automne (7,5°C en septembre et 0°C en octobre), semblent limiter la distribution de l'espèce. C'est-à-dire des températures basses correspondent aux périodes de floraison et de germination des plantes Ainsi, des hivers très froids et longs, comme en Sibérie, et l'absence apparente d'une période de végétation suffisamment longue constituent également des facteurs de limitation. De hautes températures et de faibles précipitations tout au long de l'année, comme au Sahara ou dans le sud-ouest de l'Asie, ou durant l'été, comme dans les terres basses de l'Asie centrale du mois de mai au mois d'aout, semblent déterminer d'autres frontières climatiques pour *A. thaliana.* Enfin, de faibles précipitations durant les mois froids (9-20 mm du mois d'octobre au mois d'avril) expliquent l'absence de cette espèce en Asie centrale. Hoffmann (2002) précise dans son étude que les diagrammes de fréquences et son modèle permettent d'indiquer l'entièreté de l'amplitude climatique de l'espèce, tout écotype compris.

Figure 4. Carte de distribution générale d'*Arabidopsis thaliana* (L.) Heynh pour l'hémisphère Nord. Les aires grisées indiquent une distribution plus ou moins continue de l'espèce, les points symbolisent quant à eux, des apparitions ponctuelles de l'espèce et les cercles ouverts représentent des indications géographiques imprécises quant à l'occurrence de l'espèce (Hoffmann, 2002).

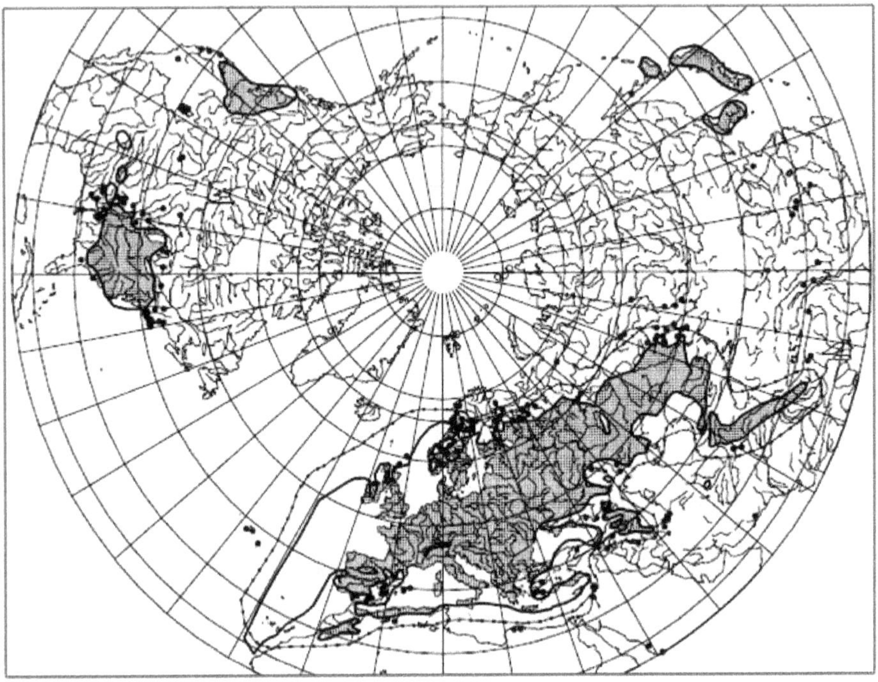

II.7. Analyse de la variation génétique naturelle chez Arabidopsis

Les études de variation naturelle chez *Arabidopsis* ont, jusqu'à présent, poursuivi deux buts principaux : (i) l'identification d'une variation allélique et/ ou l'isolement de nouveaux gènes qui contribuent à la variation phénotypique naturelle, (ii) la recherche d'empreintes de sélections par génotypage à l'échelle du génome des populations (Figure. 5) (Shindo *et al.,* 2007).

L'analyse de la variation génétique naturelle implique trois étapes : i) L'identification phénotypique de la variation génétique ; ii) la détermination des bases génétiques se cachant sous cette variation ; iii) et les bases moléculaires de la variation naturelle (Koornneef *et al.,* 2004).

Figure 5. Méthodologie schématique pour l'analyse de variations génétiques naturelles chez les accessions d'*Arabidopsis*. En plus de l'analyse génétique conventionnelle avec des lignées standards de laboratoire (Col-0, L*er*), une série d'analyses génétiques utilisant des accessions naturelles permettent l'évaluation de la signification évolutive d'un gène donné. (Abréviations : RFLP : restriction fragment length polymorphism ; AFLP : amplified fragement length polymorphism ; SNP : single nucleotid polymorphism ; QTL : quantitative Trait Loci) (Shindo *et al.*, 2007).

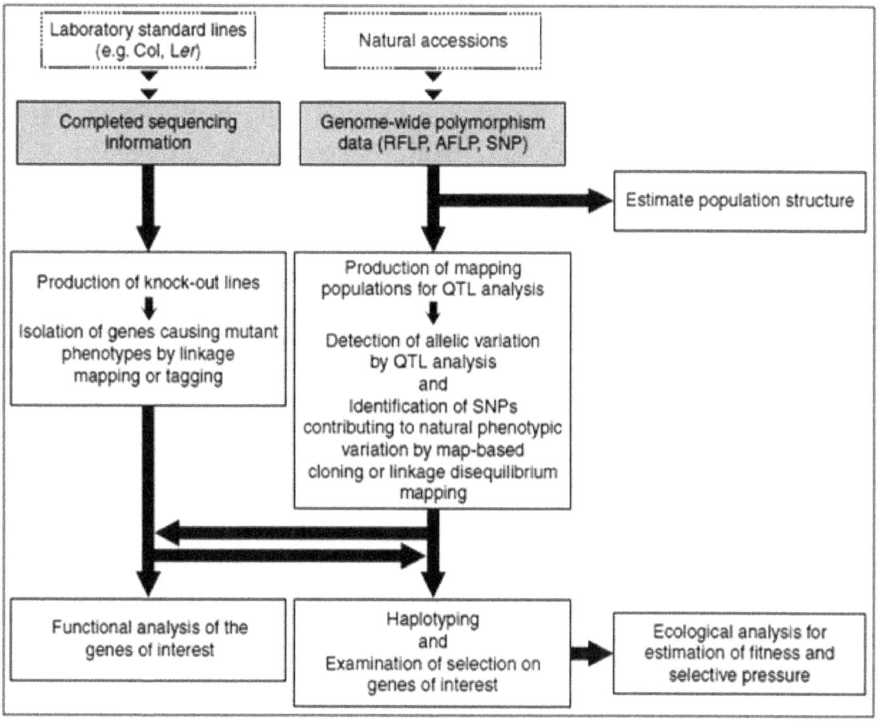

II.7.1. Identification phénotypique de la variation génétique pour les traits d'intérêts

Lorsque différentes accessions d'*Arabidopsis* sont cultivées ensemble et comparées sous des conditions environnementales similaires, la variation génétique peut être observée pour de nombreux traits. L'analyse de cette variation naturelle permet l'identification de la fonction des gènes individuels et est d'un intérêt croissant pour les perspectives écologiques et évolutives (Koornneef *et al.,* 2004).

Un des aspects important dans la compréhension de la variation naturelle est la détermination de compromis génétiques et physiologiques entre les différents traits. En effet, à cause des ressources limitées de l'organisme, chaque trait adaptatif, apparemment positif, implique un coût pour l'individu afin qu'il maintienne le trait en question (Koornneef *et al.,* 2004).

La variation génétique naturelle a été identifiée pour beaucoup de caractéristiques fonctionnelles (ou traits) et principalement par des analyses directes et des comparaisons entre accessions. Celles-ci ont été facilitées par une large collection d'accessions différentes d'*Arabidopsis* collectées à travers le monde et publiquement disponibles dans les centres de stock ou jardins botaniques (Figure. 6). Malgré tout, certaines variations génétiques ne peuvent pas être détectées par simple comparaison et sont alors révélées lors de croisements entre les accessions. Les individus ségrégeants de la progéniture montrent alors des phénotypes se trouvant en dehors de la gamme de variations des parents. C'est ce qui s'appelle une analyse par ségrégation transgressive (Koornneef *et al.,* 2004).

Figure 6. Aire de distribution des collections d'*Arabidopsis thaliana* L. (zones vertes représentent). Les points rouges représentent, quant à eux, les centres de stock dans lesquels les accessions d'*Arabidopsis* sont publiquement disponibles (Koorneef *et al.*, 2004).

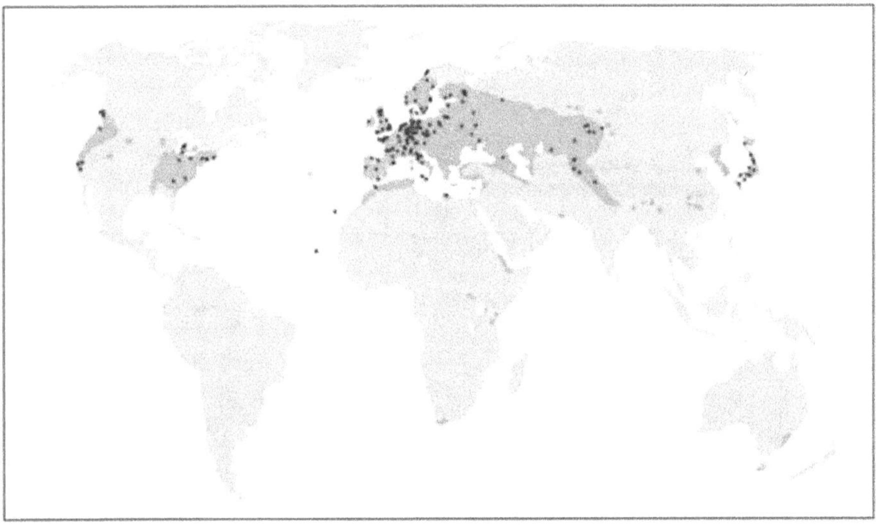

II.7.2. Du phénotype au QTL (Quantitative Trait Locus)

Une fois qu'une variation génétique est repérée parmi les accessions d'*Arabidopsis*, il est nécessaire d'identifier quels sont les *loci* concernés et où ils sont situés dans le génome. Certaines de ces variations sont de nature qualitative. Cela signifie que le trait d'intérêt est monogénique. Son étude est similaire à celle utilisée pour l'étude des mutants. Elles incluent une cartographie par analyse de liaison Mendélienne (détection de co-ségrégation avec marqueurs) et des tests d'allélismes par complémentation (Koornneef *et al.,* 2004).

Cependant, la plupart des variations parmi les accessions présentent une distribution phénotypique continue au sein ou parmi les populations (ségrégeantes). Elles sont dès lors de natures quantitatives. Celles-ci sont fréquemment contrôlées par des *loci* multiples, l'ensemble étant désigné comme QTL, qui contribuent à la variation du trait à des degrés différents (Shindo *et al.,* 2007). Le génotype au niveau de ces *loci* ne peut pas être directement connu à partir de la valeur phénotypique individuelle d'une plante. Mais, il peut seulement être indirectement déduit à partir de marqueurs liés aux *loci*. L'estimation du nombre et de la position dans le génome de QTL ségrégeant dans une population expérimentale est référée comme une cartographie QTL. Ainsi, le nombre et la position génétique des loci qui contrôlent la variation du trait dans la population, leurs effets additifs relatifs, la contribution des interactions entre *loci* (épistasie) et, dépendant du type de population, le mode d'action de chaque QTL sont calculés. En principe, n'importe quelle population expérimentale ségrégeante peut être utilisée pour la cartographie QTL. Néanmoins, l'utilisation de lignées recombinantes procure certains avantages. En effet, elles sont pratiquement homozygotes. Par conséquent, les valeurs phénotypiques peuvent être basées sur de multiples répétitions, réduisent les effets environnementaux et augmentent la capacité de détection des QTL. Par des moyens de cartographie QTL, la position de chaque QTL est assignée à un intervalle de 5 à 50 cM, dépendant de son effet relatif et de la qualité de l'essai de cartographie QTL (Koornneef *et al.,* 2004).

Récemment, une autre stratégie d'identification et de cartographie de *loci* justifiant la variation naturelle a été évaluée chez *Arabidopsis* et beaucoup d'autres plantes. Il s'agit de la cartographie de déséquilibres de liaisons. Dans la cartographie de liaisons QTL décrite ci-dessus, les populations expérimentales ségrégeantes sont développées à partir d'hybrides F1. Ces populations sont utilisées afin de maximiser le déséquilibre de liaison entre *loci* proches, et de le réduire dans les générations suivantes. Au contraire, la cartographie de déséquilibres de liaisons a pour but d'exploiter le déséquilibre de liaison entre *loci* très proches, naturellement persistants dans les accessions d'*Arabidopsis* dû à leur ancêtre commun et leur histoire évolutive (Koornneef *et al.,* 2004).

II.7.3. Des « Quantitative Trait Loci » (QTL) au « Quantitative Trait Nucleotide » (QTN)

Une fois qu'un QTL est cartographié, l'étape suivante consiste à identifier la variation moléculaire qui se trouve sous ce QTL. Ceci inclut l'identification du gène particulier et la découverte des polymorphismes nucléotidiques au sein des gènes qui déterminent les différences phénotypiques. Le clonage positionnel est alors employé et consiste en l'identification d'évènements de recombinaisons étroitement liés. Ceci nécessite l'analyse d'un grand nombre de progénitures ségrégeantes avec une forte densité de marqueurs moléculaires couvrant la région critique (Koornneef *et al.,* 2004).

En fin de compte, la preuve d'identification d'un gène QTL doit venir d'expériences de complémentation par la transformation de plantes. Le transfert d'un allèle d'un parent à un autre, et vice versa, ou le transfert de n'importe quel allèle dans un fond neutre, devrait montrer les effets prédits du QTL. Ensuite, le séquençage de l'un et l'autre allèle du gène QTL correspondant permettra d'identifier les polymorphismes de l'ADN (Koornneef *et al.,* 2004).

Ainsi, en 2004, quinze gènes participant à des variations naturelles pour divers traits ont ainsi été identifiés chez *Arabidopsis* (Koornneef *et al.,* 2004). Lors de cette analyse, la ségrégation du trait d'intérêt avec un marqueur est observée. Si les deux ségrègent indépendamment, cela signifie qu'ils ne sont pas proches l'un de l'autre sur le génome. En revanche, s'ils ségrégent ensemble, cela signifie que le trait d'intérêt et le marqueur sont très proches l'un de l'autre sur le génome.

II.7.4. Les collections noyaux

Une collection noyau d'*Arabidopsis thaliana* est un sous-ensemble de la collection mondiale d'accessions d'*Arabidopsis* contenant le maximum possible de diversités génétiques de l'espèce avec un minimum de répétitivités (Mckann *et al.,* 2004 ; Frankel, 1984).

Pour établir ces collections noyaux, Mckhann *et al.* (2004) ont procédé à des études SNP (*single-nucleotide polymorphism*) afin de caractériser la gamme de variations en ADN sur une échelle génomique. Un séquençage de dix fragments de gènes de fonctions diverses (incluant exon et intron) distribués uniformément à travers tout le génome (deux fragments par chromosome) a alors été effectué sur la collection mondiale d'accessions d'*Arabidospsis.* Ils ont choisi 95 accessions parmi les 265 accessions d'*Arabidopsis* disponibles au

Centre de Ressource Génomique de l'INRA de Versaille. Les accessions ont été choisies en fonction de leur gamme connue d'habitat écologique et géographique, en éliminant les redondances apparentes. Les dix marqueurs ont ensuite été séquencés sur l'ensemble des 95 accessions. De plus, quatre des dix marqueurs ont été testés sur les 265 accessions afin de vérifier qu'aucune variation significative n'avait été écartée lors du choix des 95 accessions. Les polymorphismes trouvés, parmi les 95 accessions désignées comme SNP, ont été utilisés afin de générer les collections noyaux. Ainsi, Mckhann *et al.* (2004) ont pu conclure que 24 à 32 accessions sont suffisantes pour représenter pratiquement toute la diversité en séquence d'ADN des marqueurs présents dans la collection mondiale initiale (Tableau. II). Ils ont été jusqu'à définir une collection noyau de 48 accessions qui permet de rassembler théoriquement la totalité de la diversité allélique.

Cependant, la collection noyau de 24 accessions permet de capturer la majorité des SNP trouvés et de maximiser la diversité morphologique. Donc, elle représente la taille optimale d'une collection noyau pour la plupart des applications au vu des difficultés et des coûts rencontrés pour la mise en place d'expériences à plus grande échelle (Mckann *et al.*, 2004). Ces collections noyaux sont fort intéressantes grâce à la concentration de la diversité génétique réunie en un petit nombre d'accessions. Elles ont déjà été utilisées dans différentes études.

Ainsi, Bouchabke *et al.* (2008), ont utilisé la collection noyau de 24 accessions afin de disséquer les bases génétiques de la réponse d'*Arabidopsis thaliana* face à la sécheresse. Ils ont pu observer que certaines accessions ne se comportaient pas comme les autres et résistaient plus facilement à la sécheresse. Celles-ci auraient développé des réponses adaptatives à ce stress abiotique. Elles pourraient être exploitées afin de déterminer quelle est la variabilité génétique responsable de cette adaptation physiologique. De même, De Pessemier *et al.* (2012) ont analysé les variations naturelles de l'architecture du système racinaire d'*Arabidopsis thaliana* face à différents apports en nitrates dans le milieu. Même cette analyse c'est révélée statistiquement peu fiable à la vue du très faible nombre d'objets statistiques.

III. *Brachypodium distachyon* (L.) P. Beauv. : Une plante modèle émergente

III.1. Caractéristiques générales

Brachypodium distachyon est la première espèce de la sous-famille des *Pooideae* dont le génome a été séquencé (Figure. 7). Jenkins *et al.* (2005) & Mur *et al.* (2011) ont vu en *B. distachyon* une « espèce pont » qui permettrait le clonage de gènes chez les céréales cultivées présentant un génome de taille importante (Figure. 8). Les « espèces ponts » sont nécessaires car les grands génomes contiennent de nombreuses répétitions d'ADN (Devos, 2010). Par contre, les petits génomes comme celui de *B. distachyon* ont des régions d'euchromatines riches en gènes avec en moyenne un gène par 5 à 15 kb (Mur *et al.*, 2011). Parmi les 16.215 familles de gènes des céréales, la plupart sont hautement conservées au niveau de la séquence génique entre *Brachypodium*, le riz, le blé, l'orge et le sorgho (Ibi, 2010). De plus, 89 % des gènes présents dans les régions orthologues de *Brachypodium* montrent une synténie avec le blé (Choulet *et al.*, 2010 ; Vain, 2011).

Figure 7. Base taxonomique actuelle de *Brachypodium distachyon* (L.) P. Beauv (Taxon) (Lambinon *et al.*, 1992, 2004). Photos : Plants de *Brachypodium distachyon* Bd21 âgés de 25 jours et cultivés avec une photopériode de 23h (Bevan *et al.*, 2010).

Règne : *Métaphytes*
Embranchement : *Spermatophytes*
Sous-embranchement : *Angiospermes*
Classe : *Monocotylédones (Liliopsida)*
Clade : *Commelinidae*
Ordre : *Poales*
Famille (162.) : *Poaceae*
Groupe 1 : Inflorescence en épi d'épillets
Sous-famille : *Pooideae*
Tribu : *Brachypodieae*
Genre (52.) : *Brachypodium Beauv.* (Brachypode. Kortsteel. Zwenke)
Espèce : *Brachypodium distachyon* (L.) P. Beauv.

Brachypodium distachyon (L.) Beauv. [Syn: Trachynia distachyos (L.) Link.]. Adventice en Europe.

Figure 8. Position phylogénétique de *B. distachyon* par rapport aux autres céréales d'importance agronomique. Arbre phylogénétique des *Poaceae*. Cette famille comprend la plupart des céréales cultivées, les fourrages et *Brachypodium distachyon* (Opanowicz *et al.*, 2008).

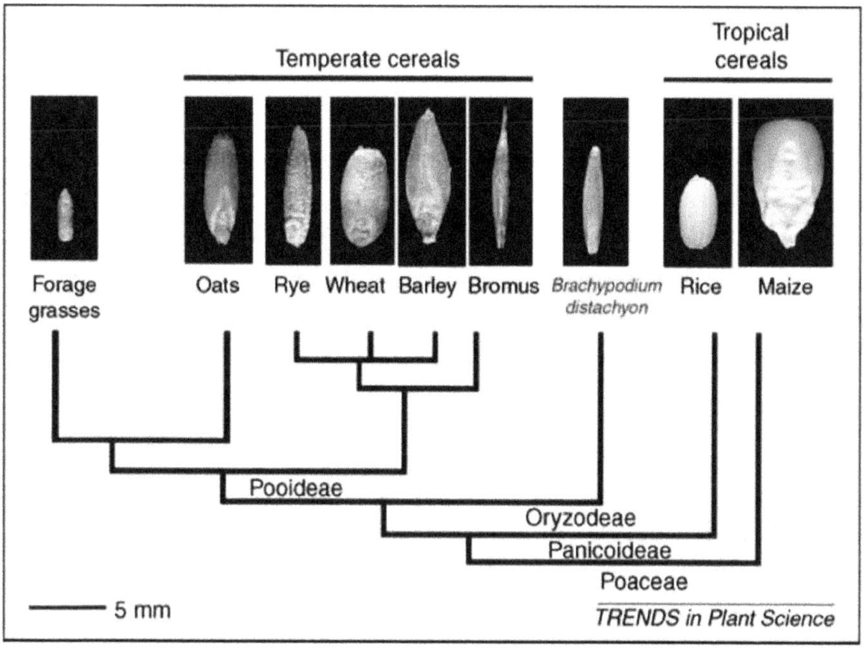

Les caractéristiques biologiques originales de *Brachypodium distachyon* ainsi que sa parenté avec les céréales cultivées permettront la découverte et l'exploitation de gènes d'intérêts agronomiques (Chochois *et al.*, 2012). En effet, l'avenir de l'amélioration des céréales ne repose plus sur la diversité génétique des espèces domestiquées (Vain, 2011). Grâce à sa petite taille, cette espèce permet de caractériser plus facilement des traits biologiques intéressants chez les céréales adultes comme le système racinaire. *Brachypodium distachyon*, étant une espèce sauvage, possède l'avantage d'avoir conservé une grande variabilité naturelle parmi ses écotypes. Elle peut donc être utilisée afin d'étudier l'influence de la sélection humaine sur la perte de variabilités génétiques rencontrées chez les espèces domestiquées (Figure. 8 ; Opanowicz *et al.*, 2008). Toutefois, étant donné que la transposition des découvertes faites chez une plante modèle aux plantes cultivées reste toujours délicate, les futures stratégies de recherches reposeront sans doute sur un système combinant les approches sur plantes modèles et sur plantes d'intérêts agronomiques immédiats (Vain, 2011).

III.2. *Brachypodium distachyon* (L.) P. Beauv : Une espèce modèle en devenir

Tout comme *Arabidopsis thaliana* (L.) Heynh (2n = 10) pour les Dicotylédones, ou *Oryza sativa* L. (2n = 24) pour les Monocotylédones tropicales, l'étude des céréales tempérées au niveau génomique, transcriptomique, ou métabolomique, nécessite l'utilisation d'une plante modèle répondant à un certain nombre d'impératifs biologiques. *B. distachyon*, de part la simplicité de son génome (2n = 10), sa petite taille, son cycle de développement court, ses capacités à faire l'objet de modifications génétiques, sa vulnérabilité à l'égard de pathogènes fréquemment rencontrés sur céréales, ainsi que sa facilité de productions et de mises en culture, a été proposé comme espèce modèle pour les céréales tempérées (Draper *et al.*, 2001 ; Garvin, 2007 ; Ma *et al.*, 2010 ; Wolny *et al.*, 2011). La position phylogénétique proche du genre *Brachypodium* à l'égard de la tribu des *Triticeae* en fait une espèce de choix comme modèle d'études des céréales cultivées (Draper *et al.*, 2001 ; Watt *et al.*, 2009), bien qu'un faible niveau de synténie ait été observé entre les gènes de *B. distachyon* et d'*H. vulgare* (Ma *et al.*, 2010). Le séquençage du génome nucléaire de *B. distachyon* 21 renforce sa position en tant que plante modèle utilisée en génomique fonctionnelle chez les graminées (International *Brachypodium* Initiative, 2010).

Les premières études du caryotype de *Brachypodium distachyon* ont montré trois niveaux de ploïdies différents (2n=10, 20 et 30). Ces trois cytotypes ont dans un premier temps été considérés comme les membres d'une série autopolyploïde dérivée d'un cytotype initial diploïde (x=5 et 2n=10), ayant donné naissance à des cytotypes tétraploïdes (2n=20) et hexaploïdes (2n=30) (Talavera, 1978 ; Robertson, 1981 ; cités par Catalan *et al.*, 2011). Des études comparatives de cytogénétique ont récemment révélé que les cytotypes 2n=10 et 2n=20 correspondaient à des *taxa* diploïdes différents, ayant chacun un nombre de chromosomes de bases différents (x=5 et x=10 respectivement), et que le cytotype 2n=30 était en fait un allotétraploïde dérivant des deux premiers cytotypes (Hasterok *et al.*, 2004, 2006 ; Catalan *et al.*, 2011). Les différences phénotypiques (Figure. 9), cytogéniques et moléculaires observées entre les trois cytotypes de l'espèce *Brachypodium distachyon sensu lato* ont amené à leur séparation taxonomique en trois espèces distinctes : le nom d'espèce *Brachypodium distachyon* a été conservé pour le cytotype 2n=10 et deux nouvelles espèces ont été décrites : *Brachypodium stacei* pour le cytotype 2n=20 et *Brachypodium hybridum* pour le cytotype 2n=30 (Catalan *et al.*, 2011).

Figure 9. Images illustrant les trois cytotypes de *Brachypodium distachyon sensu lato*, cultivés en serre sous une photopériode de 16 heures et à 20 °C. (A, D) Port et épillets de *Brachypodium distachyon s.l.* 2n = 10 (Bd21) ; (B, E) Port et épillets de *Brachypodium distachyon s.l.* 2n = 20 ; (C, F) Port et épillets de *Brachypodium distachyon s.l.* 2n = 30 (Catalan *et al.*, 2011).

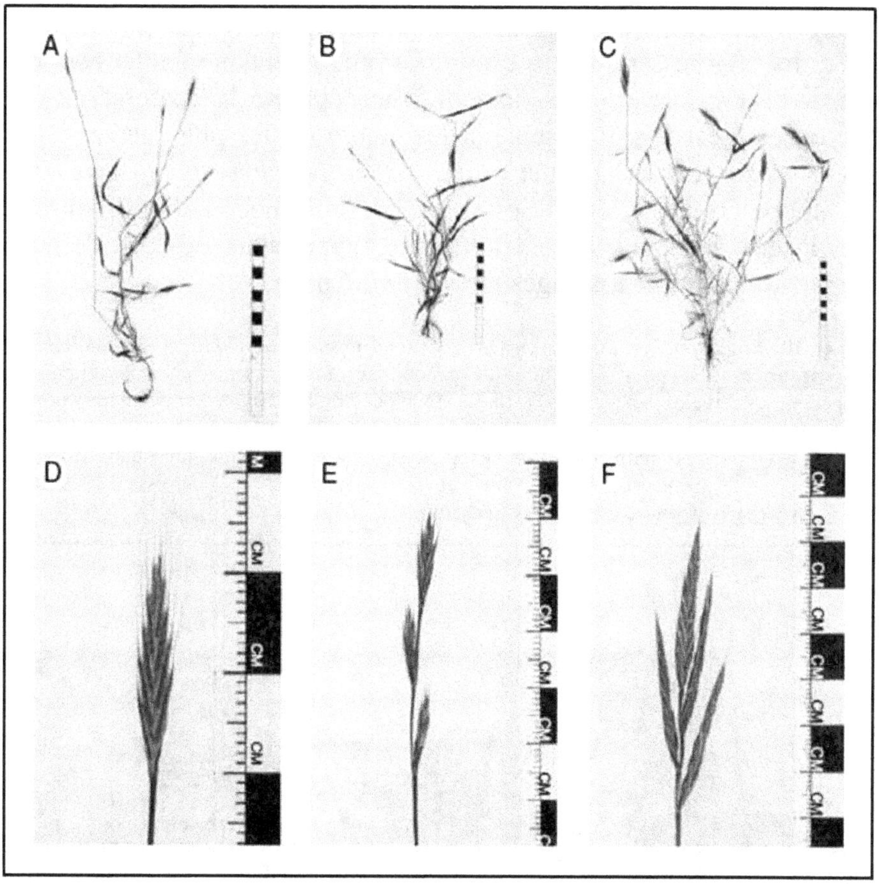

Cette espèce constitue un système biologique modèle peu coûteux à produire et à étudier (Vain, 2011). Un protocole de croisement efficace a été mis au point. La culture *in vitro* de tissus est aisée et diverses méthodes d'obtention de transformants sont disponibles (Bevan *et al.*, 2010). De nombreux marqueurs microsatellites (SSR : *simple sequence repeat*) ont été obtenus chez *B. distachyon*, ce qui permet d'identifier rapidement des *loci* associés à un trait particulier et d'utiliser ceux-ci chez les autres céréales (Azhaguvel *et al.*, 2009 ; Mur *et al.*, 2011 ; Vogel *et al.*, 2009 ; Garvin *et al.*, 2010 ; Mur *et al.*, 2011).

III.3. Description morphoanatomique et développement de Brachypodium distachyon (L.) P. Beauv.

Brachypodium distachyon (L.) P. Beauv. est une plante annuelle autogame qui atteint une taille d'environ 20cm à maturité (Figure. 10). Le cycle de graine à graine dure deux à trois mois. Une plante porte six à dix épis ressemblant à ceux du brome et chaque épillet contient dix à douze caryopses. Au sein d'un épillet, la maturation des caryopses n'est pas homogène et les embryons les plus matures sont situés en son centre (Draper *et al.*, 2001). *Brachypodium distachyon* développe un mésocotyle, c'est-à-dire un entre-noeud allongé entre le caryopse et le noeud du coléoptile, se rapprochant des céréales des climats tropicaux et fourrages (Watt *et al.*, 2009).

Figure 10. *Brachypodium distachyon* (L.) P. Beauv possède de nombreuses qualités qui en font un modèle pour les études de génomiques fonctionnelles chez les graminées tempérées, les céréales, les cultures destinées aux biocarburants comme le Switchgrass proche du ray-grass anglais. Ces attributs comprennent un petit génome (~300Mbp), des accessions d'écotypes diploïdes, tétraploïdes et hexaploïdes, une petite taille physique, fécondité autogame, un cycle de vie court et des exigences de croissance simple. http://www.brachypodium.org (d'après Brkljacic *et al.*, 2011).

III.3.1. Système caulino-foliaire

B. distachyon (écotype *Bd*21) est une espèce annuelle diploïde herbacée possédant une hauteur comprise entre 15 et 30 cm. Cette espèce contraste avec les autres membres du genre *Brachypodium*, ces derniers étant pour la plupart des espèces polyploïdes et pérennes (Draper *et al.*, 2001). La morphologie de la tige et des feuilles est similaire à celle rencontrée chez les céréales cultivées (Figure. 11 ; Watt *et al.*, 2009), notamment *H. vulgare*. Entre la graine et le noeud sous le coléoptile, *B. distachyon* produit un entre-noeud allongé pouvant être assimilé à un mésocotyle (Watt *et al.*, 2009). L'architecture du système caulino-foliaire de *B. distachyon Bd*21-1, ainsi que ses cinétiques de développement et de production de biomasse, sont décrits dans de nombreux articles.

Figure 11. a. Axes racinaires de *Brachypodium distachyon* à différentes étapes de développement des feuilles de la tige principale (L : *main stem leaf*) et de la base de développement foliaire nommé talle (T : *tiller development*). PR, axe racinaire primaire (séminal) *(primary (seminal) axile root*); CNR, nœud du coléoptile de l'axe racinaire où s'initie les racines secondaires *(coleoptile node axile root) ;* LNR, Axe nœud entre feuille et racines définissant le collet où s'initie les racines adventives *(leaf node axile roots. Line indicates soil surface).* La ligne indique la surface du sol. La direction générale des racines ne sont pas tracées. Première, deuxième et troisième ordre d'emplacement des racines latérales qui pourraient se développer sur les trois types d'axes racines. Résumée à partir d'observations de plus de 50 plantes lors de huit expérimentations distinctes dans des conditions de jour court et long. La floraison débute autour de la feuille 6 ou 7 dans les conditions chaudes et de jours longs et la « tête » apex foliaire est attirée et permet ici un allongement uniquement de la tige principale (Watt *et al.,* 2009). **b.** Les axes racinaires présent chez le blé (d'après Klepper *et al.,* 1984 ; Watt *et al.,* 2008, 2009) et chez *Brachypodium distachyon* (lineBd21). Présentation des stades foliaires (L) où ces axes émergent. Les directions générales des racines ne sont pas tracées. Les deux monocotylédones peuvent former des axes d'initiations racinaires et embranchements de premier, deuxième et troisième ordres. Les lignes continues indiquent les axes de racines primaires (PR : *primary axile roots*); les grandes lignes pointillées indiquent les nœuds de l'axe du coléoptile racinaire (ou coléorhize) (CNR : *coleoptile node axile root*); la ligne pointillée intermédiaire illustre le nœud racinaire scutellaires (SNR : *scutellar node root*) présente uniquement chez le blé, les petites lignes en pointillés présentent l'axe le nœud entre la feuille et l'axe racinaire (LNR : *leaf node axile roots)*, M (*mesocotyl*), un mésocotyle entre les semences et le nœud du coléoptile. Dans le cas de *Brachypodium*, il est allongé. La ligne horizontale indique le niveau du sol (Watt *et al.,* 2009).

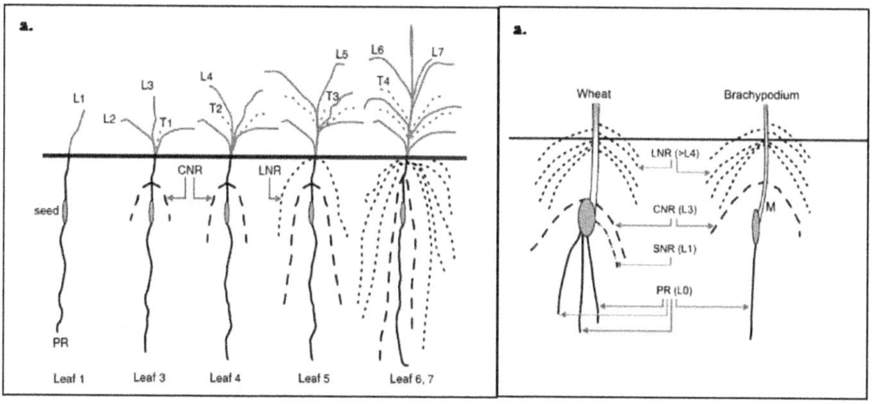

III.3.2. Système reproducteur

Chez *B. distachyon*, l'inflorescence est un épi d'épillets émergeant de la gaine de la dernière feuille au terme de l'élongation des entre-noeuds lors de la montaison. Les épillets sont brièvement pédicellés, solitaires aux différents niveaux du rachis, et portent de nombreuses fleurs disposées sur deux rangs de part et d'autre de l'axe inflorescentiel (Lambinon *et al.*, 2004). De manière similaire à *H. vulgare*, un gradient de maturité des caryopses peut être observé sur les épillets après l'anthèse ; les grains les plus matures étant situés au centre des épillets (Draper *et al.*, 2001). *B. distachyon* est une céréale autogame (Garvin, 2007).

III.3.3. Système racinaire

De la même manière qu'*H. vulgare*, *B. distachyon* développe un système racinaire fasciculé dépourvu de croissance secondaire, à maturité, le système racinaire se compose d'une racine primaire ramifiée produite à partir de l'embryon. Les racines adventives sont produites au départ des nœuds sur les talles et la tige principale. Contrairement à *H. vulgare* qui développe plusieurs racines séminales au départ de l'embryon, *B. distachyon* n'en développe qu'une seule lors de la germination. Les racines adventives comme les racines séminales sont capables de se ramifier en racines secondaires et tertiaires (Watt *et al.*, 2009).

La structure interne des racines séminales et adventives, notamment le nombre et l'agencement des massifs xylémiens, diffère entre elles (Figure. 12). En coupe transversale, la racine séminale ne possède pas de moelle centrale. En lieu et place de celle-ci, la racine séminale possède un pôle xylémique central entouré de quatre à huit massifs xylémiens périphériques. A l'inverse, les racines adventives issues du noeud sous le coléoptile possèdent une moelle centrale contenant jusqu'à six pôles de xylème, entourée de sept à neuf autres massifs xylémiens. Les racines adventives issues des noeuds parcourant les talles et la tige principale possèdent une structure interne similaire à celle des racines adventives issues du noeud sous le coléoptile ; le nombre de massifs de xylème étant toutefois plus réduit au centre et en périphérie de ces dernières (Watt *et al.*, 2009).

Figure 12. Sections histologiques transversales et longitudinale à travers différentes régions de *Brachypodium distachyon*. Avant observation, les coupes histologiques de racines ont été colorées à la Rhodamine B, puis visualisées sous UV. *(a-d)* coupe de la racinaire primaire. *(a)* coupe de la tige au-dessus du nœud du coléoptile *(b)*. *(b)* coupe du Coléoptile entre le nœud et le mésocotyle *(c)* et coupe de la tige (a). noeud entre le coleoptile et l'axe racine émergeant (étoile). *(c)* mésocotyle initié par la semence. *(d)* Région basale de la racine sur l'axe primaire en dessous de la graine. *(e)* région basale de la racine sur l'axe nodal. *(F)* coupe dans direction générale de la racine avec les sept éléments de trachée du xylème (XTES ou *xylem tracheary elements*) et le plus grand et le plus grand nombre de XTES dans les racines de la branche. *(g)* Simple observation dans la direction de la racine avec l'XTE et la branche racinaire. *(h)* nœuds entre les axes racines et une branche racinaire émergente (étoile) et le pôle phloème (tête de flèche noire). *(i)* la direction générale de la racine et l'émergence d'une branche racinaire (étoile) et d'un pôle phloèmique. Echelles des images Bar = 50 μm. Légende : une longue flèche blanche indique un pôle xylémien centrale (ou un XTE central) ; une pointes de flèches indiquent les cellules du phloème ; C, cortex (*cortex*) ; E, endoderme (*endodermis*) ; P, moelle (*pith*) (Watt *et al.*, 2009).

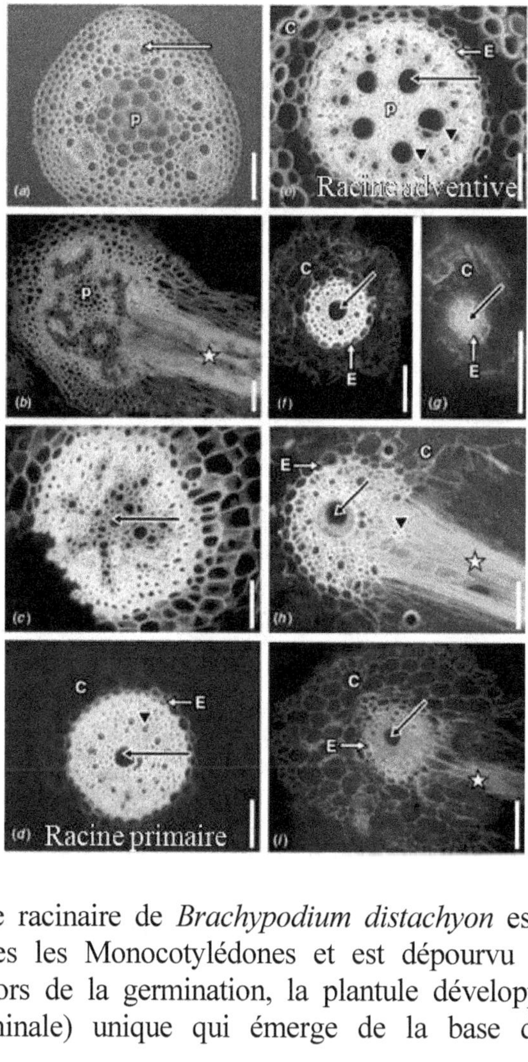

Le système racinaire de *Brachypodium distachyon* est semblable à celui de toutes les Monocotylédones et est dépourvu de croissance secondaire. Lors de la germination, la plantule développe une racine primaire (séminale) unique qui émerge de la base de l'embryon, contrairement au blé qui développe trois à cinq racines séminales. Cette caractéristique rapproche *Brachypodium distachyon* des céréales de climat chaud comme le riz et le maïs (Chochois *et al.*, 2012). Ensuite, deux racines se développent à partir du noeud des coléoptiles, suivies par d'autres racines émergeant des noeuds de différentes talles (rq : un thalle en microbiologie des mycètes et une talle en biologie végétale). Ces racines seront qualifiées d'adventives dans la suite de ce travail. Les divers types de racines présentent une structure différente. La racine primaire possède un pôle de xylème central et quatre à huit pôles périphériques, alternant avec les pôles de phloème (Figure. 13 ; Pacheco-Villalobos & Hardtke, 2012). Les racines se développant à partir du coléoptile présentent, quant à elles, une moelle entourée de six pôles de xylèmes centraux au maximum et sept à neuf pôles de xylèmes périphériques. Enfin, les racines adventives émergeant des noeuds des talles possèdent une moelle centrale entourée de quatre à sept pôles centraux de xylème et huit à quinze pôles périphériques (Watt *et al.*, 2009 ; Pacheco-Villalobos & Hardtke, 2012).

Figure 13. Structure cellulaire de la racine primaire de *Brachypodium distachyon* en coupe transversale.

(a) Coupe transversale au niveau du méristème, à 33 µm de l'extrémité racinaire, colorée au bleu de toluidine et visualisée en microscopie. (b) Vue de la stèle à partir de la même coupe. Les tissus vasculaires sont organisés en structure polyarche et sont constitués de plusieurs vaisseaux de xylème alternant avec des tubes de phloème. Au centre de la stèle se situe un élément de métaxylème, entouré de plusieurs vaisseaux de métaxylème plus petits. Les éléments de phloème sont constitués d'une cellule de protophlème associée à deux cellules compagnes et une cellule de métaphloème. La couche cellulaire externe de la stèle, le péricycle, alterne avec les éléments de protoxylème au niveau des vaisseaux périphériques. Barre (a et b) = 50 µm. st : stèle, co : cortex, en : endoderme, ep : épiderme, cmx : métaxylème central, mx : métaxylème, px : protoxylème, mp : métaphloème, pp : protophloème, cc : cellules compagnes, pc : péricycle (Pacheco-Villalobos & Hardtke, 2012).

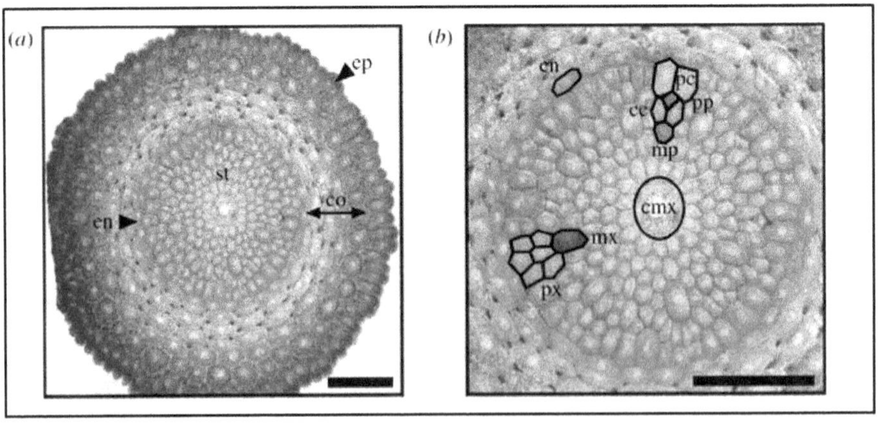

Les différents types de racines peuvent se ramifier en racines secondaires (latérales) de premier, deuxième ou troisième ordre à partir des pôles de phloème via des divisions de cellules du péricycle et de l'endoderme. *Brachypodium distachyon* ne semble pas développer de racines à partir du *scutellum* comme le font le blé, le maïs et le sorgho (Hochholdinger *et al.*, 2004 ; Watt *et al.*, 2009). Les poils racinaires de *Brachypodium distachyon* se développent à partir des cellules épidermiques tout comme chez le blé (Kim & Dolan, 2011 ; Chochois *et al.*, 2012). Aucune racine ne se développe plus que les autres et l'enracinement est principalement superficiel, avec une forte adhérence aux particules du sol. Ce type d'enracinement est qualifié de fasciculé. Chez les Monocotylédones, la racine primaire qui se développe en premier lieu à partir de l'embryon est généralement éphémère. Le système racinaire principal se forme à partir des racines adventives et de leurs racines latérales (Raven *et al.*, 2007). Une différence importante entre *Brachypodium distachyon* et d'autres céréales tempérées est montrée. Elle se situe au niveau du système racinaire. Le système racinaire de *Brachypdodium distachyon* est beaucoup plus simple que celui des autres céréales. Il comporte moins de racines et moins de types de racines (Figure. 14 ; Watt *et al.*, 2009).

Figure 14. Système racinaire du blé (*Triticum aestivum* cv. Janz) à gauche **et de *Brachypodium distachyon* (L.) P. Beauv 21** à droite au stade cinq feuilles et cultivés dans un climat froid de jours courts. Barre = 10 cm (Watt *et al.*, 2009).

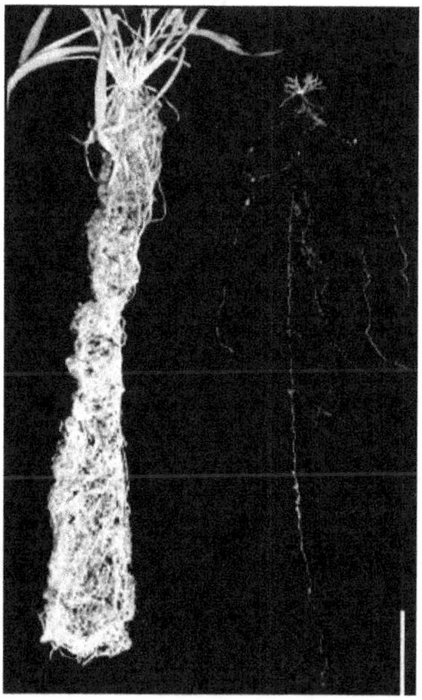

III.4. Origine, taxonomie et classification du Brachypode : Brachypodium distachyon (L.) P. Beauv.

Le Brachypode est un organisme terrestre appartenant au règne des *Métaphytes* (plantes supérieures), à l'embranchement des *Spermatophytes*, au sous-embranchement des *Angiospermes*, à la classe des *Monocotylédones* (*Liliopsida*), à l'ordre des *Poales*, à la famille des *Poaceae*, à la sous-famille des *Pooideae*, à la tribu des *Brachypodieae*, au genre *Brachypodium*, à l'espèce *Brachypodium distachyon* (L.) Beauv. L'ordre des *Poales* est inclus dans la clade des Commélinidées (Buell, 2009 ; Dupont & Guignard, 2007 ; Lambinon *et al.*, 2004). *B. distachyon* occupe une position phylogénétique proche de celle de la tribu des *Triticeae* (Opanowicz *et al.*, 2008) ; (Figure. 7).

III.5. Les accessions d'écotypes de Brachypodium distachyon

L'analyse des accessions d'écotypes trouvés dans la nature fournit une importante source de variations génétiques. Cette dernière est actuellement la deuxième ressource de base la plus importante pour la biologie végétale et son analyse chez *Brachypodium* a permis de commencer à fournir des données conséquentes par rapport aux perspectives fonctionnelles, écologiques et évolutionnaires chez les monocotylédones comme les céréales.

III.6. Biogéographie & Ecologie

Brachypodium distachyon (brachypode ou faux brome pourpre) est une espèce terrestre originaire du bassin méditerranéen, du Moyen-Orient, du sud-ouest de l'Asie et du nord-est de l'Afrique (Figure. 15) (Schippmann, 1991 ; Garvin et al., 2008 ; Mur *et al.*, 2011), recouvrant la zone de culture ancestrale des céréales à petits grains et le croissant fertile (Salamini *et al.*, 2002 ; Opanowicz, 2008). Cette espèce est observée en tant qu'adventice dans des régions plus tempérées (Lambinon *et al.*, 2004). Les céréales à petits grains appartiennent à la famille des *Poaceae* et à la sous-famille des *Pooideae*. Cette sous-famille inclut des espèces fourragères et beaucoup de céréales tempérées de grande importance économique, ainsi que *Brachypodium distachyon*. Le riz et le maïs appartiennent quant à eux à des sous-familles distinctes et présentent des adaptations aux climats tropicaux (Opanowicz, 2008) (Figure. 8). La taxonomie de *Brachypodium distachyon* est la suivante (Lambinon *et al.*, 2004 ; APG III, 2009) : (Figure taxon).

Figure 15. Répartition géographique des *Brachypodium*. Les Zones vertes ombragées représentent les aires de répartitions des espèces présumées comme des *Brachypodium* à partir des herbiers, des observations de terrains et des données collectées dans les rapports de collectes de matériels génétiques. Les accessions 2n = 4x = 30, 2***n*** = 2x = 10, et 2***n*** = 2x = 20 sont caractérisés par leur teneur en ADN ou le nombre de chromosomes . Ils sont marqués respectivement par un point bleu, rouge et orange (Garvin *et al.*, 2008).

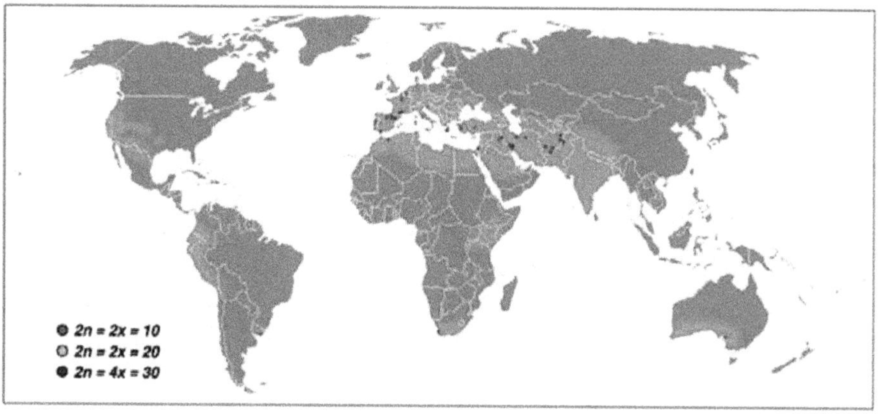

III.7. Analyse de la variation génétique naturelle chez Brachypodium

Le génome de *Brachypodium distachyon*, un sauvage endémique annuelle d'herbes allant de la Méditerranée au Moyen-Orient, a été séquencé. C'est le premier membre de la sous-famille des *Pooideae* économiquement important, qui comprend le blé et l'orge, à être séquencé. La génomique comparative en utilisant les génomes de *Brachypodium*, du riz et du sorgho fournit des indications sur l'évolution des génomes des graminées. Elle aide les futures analyses des génomes de grandes tailles et génomes complexes tels que celui du blé. La disponibilité de cette séquence du génome devrait aider à établir des collections d'accessions d'écotypes (Figure. 16) et de mutants d'études de *Brachypodium* faciles à cultiver et qui se prêtent à la manipulation génétique. Ce modèle est une grande aide pour le développement des énergies nouvelles et des cultures vivrières.

Figure 16. Arbre phylogénétique de la "Core collection" de *Brachypodium dystachion* (L.) P. Beauv. (Varin, 2013 d'après Vogel, 2011).

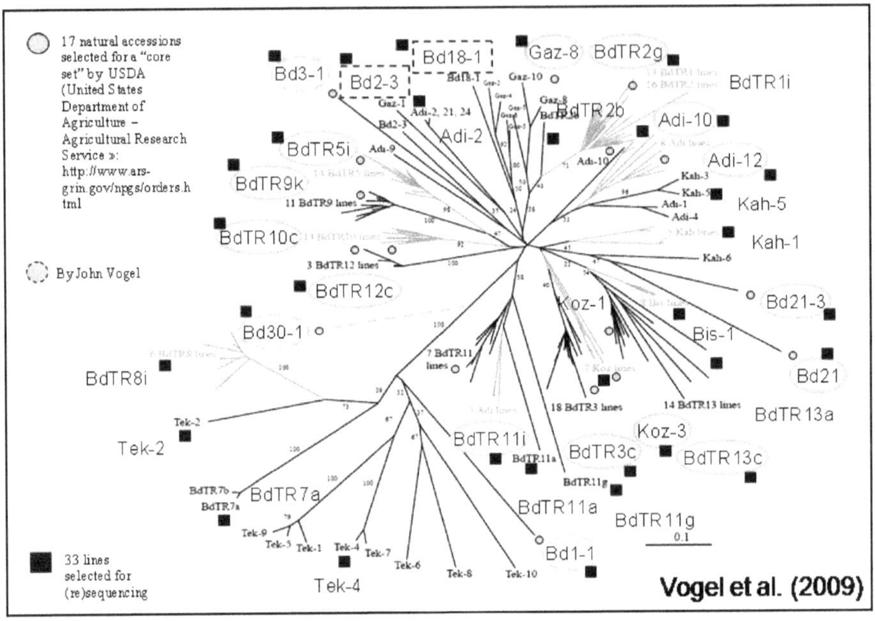

III.7.1. Identification phénotypique de la variation génétique pour les traits d'intérêts

A ce jour, contrairement à *At*, peu d'études de comparaisons et de phénotypages de *Bd* sous des conditions environnementales similaires et d'observations de la génétique pour de nombreux traits ont été réalisées. Seules quelques études ont montrées que les phénotypes contrastées de *Bd* sont issue d'une sélection naturelle et humaine au cours des âges à la suite de contraintes principalement hydriques contrairement à *At*. Ces contraintes ont sélectionné un RSA bien particulier à forte variation. Quelques études traites de ce sujet, je citerais les recherches de Draper *et al.* (2001), Gomez *et al.* (2008), Kong *et al.* (2008), Opanowizz *et al.* (2008), Gu *et al.* (2009), Vogel *et al.* (2009),Brkljacic *et al.* (2011), Luo *et al.* (2011).

III.7.2. Les collections noyaux

Une collection noyau est réalisée par John Vogel aux USA (**U.S. National Plant Germplasm System (NPGS)** et via la Banque de semences **USDA** (United States Department of Agriculture Agricultural Research Service » : http://www.ars-grin.gov/npgs/orders.html) et une deuxième Européenne par Sébastien Varin et John Vogel à l'Ulg-GABT.

Conclusion & perspective

J'ai étudié comme modèle une *Braciccaceae* et une Graminée prairiale adventice de la famille des *Poaceae* : *Arabidopsis thaliana* (L.) Heynh Col-0 (Arabette des dames) et *Brachypodium distachyon* (L.) P. Beauv. 21-1 (Figures. 2, 7 & 17). Toutes deux sont considérées comme plante modèle dans le monde scientifique et possèdent un système racinaire pivotant ou fasciculé avec de nombreuses racines fines souvent mycorhizés. Ces racines sont en lien étroit avec la rhizosphère et les bactéries telluriques comme les rhizobactéries fixatrices et PGPR.

Figure 17. Description des espèces modèles et photographie illustrative : *Brachypodium distachyon* (à gauche) ou le brome (Purple False Brome) (au centre) plantes modèles des cultures céréalières comme le blé et l'orge en comparaison avec la plante de laboratoire la plus populaire l'Arabette des Dames *Arabidopsis thaliana* L. Col-0 (à droite) (photo : BBSRC John Innes Centre).

Arabidopsis thaliana L. Heynh
(=Arabette de Dames)

Règne : *Métaphytes*
Embranchement : *Spermatophytes*
Sous-embranchement : *Angiospermes*
Classe : *Monocotylédones* (*Liliopsida*)
Clade : *Commelinidae*
Ordre : *Poales*
Famille (162.) : *Poaceae*
Groupe 1 : Inflorescence en épi d'épillets
Sous-famille : *Pooideae*
Tribu : *Brachypodieae*
Genre (52.) : *Brachypodium Beauv.* (Brachypode. Kortsteel. Zwenke)
Espèce : *Brachypodium distachyon* (L.) P. Beauv.

Brachypodium distachyon (L.) Beauv. [Syn: Trachynia distachyos (L.) Link.]. Adventice en Europe.

Brachypodium distachyon (L.) P. Beauv

Règne : *Planta*
Embranchement : *Spermatophytes* (Phanérogames)
Sous-embranchement : *Angiospermes*
Classe : *Magnoliopsides* (Syn. : Dicotylédones)
Ordre (34.) : *Capparales*
Famille (70.) : *Brassicaceae* **(Syn.: Cruciferae) (Crucifères)**
CRUCIFERES A SILICULES

Genre : ***Arabidopsis*** (DC.) Heynh.
Espèce : *Arabidopsis thaliana* (L.) HEYNH.
Nom vernaculaire : Arabette des dames
Arabidopsis thaliana (L.) Heynh. [Syn: Arabis thaliana L., Stenophragma thalianum (L.) Celak.] (Arabette de Thalius. Zandraket. Acker-Schmalwand). – 8-50cm _ Mars-Mai (Sep. –Oct) – Thèr. – Cultures, talus, dunes, murs, friches; espèce plutôt acidiphile. – AC, sauf Boul., Pic., Ard., Champ. Et Eifel occ.: R. – Europe et Asie tempérées, Afrique sept. Et or. (montagnes).

Durant mon contrat de recherche, j'ai mis en place une collection d'écotypes de *Bd* basés sur : 1) une étude bibliographique des citations bibliographiques, des niches écologiques et différentes aires géographiques de répartitions les plus contrastées possibles ; et 2) un argument des choix issu des distances génétiques les plus tranchés c'est-à-dire plus ou moins proche de la séquence de base de *Bd*21 et également basé sur les résultats de phénotype contrasté résistant ou non à la sècheresse et stress hydrique. Elle est issue pour partie de la collection de John Vogel.

Une « core collection » de 24 écotypes d'*Arabidopsis thaliana* a été également commandé à L'INRA de Versailles avec qui j'ai collaboré.

Ces deux collections constituent la base biologique de mon travail. Une première étude comparative entre monocotylédone et dicotylédone a été réalisé sur les écotypes de références *Bd* 21-1 et *At* Col-0 confrontées aux COV émis par des rhizobactéries.

RÉFÉRENCES BIBLIOGRAPHIQUES

Les références citées dans les articles de ce manuscrit ne sont pas reprises dans cette bibliographie.

A

Ahmad I., Pichtel J., Hayat S., 2008. Plant-Bacteria interactions. Strategies and techniques to promote plant growth. (J. Wiley & Sons, eds), Wiley VCH Verlag GmbH & Co., Allemagne (Weinheim).

Alonso-Blanco C., Koornneff M., 2000. Naturally occurring variation in *Arabidopsis:* an underexploited resource for plant genetics. *Trends in Plant Science* 5, 22–29.

Al-Shehbaz I.A., O'Kane S.L. JR., 2002. Taxonomy and phylogeny of *Arabidopsis* (*Brassicaceae*). *The Arabidopsis Book,* 1, e0001.

B

Bevan M.W., Garvin D.F., Vogel J.P., 2010. *Brachypodium distachyon* genomics for sustainable food and fuel production. *Current opinion in biotechnology* 21(2), 211-217.

Bouchabke O., Chang F., Simon M., Voisin R., Pelletier G., Durand-Tardif M., 2008. Natural Variation in *Arabidopsis thaliana* as a tool for highlighting differential drought response. *Plos One* 3(2), e1705.

Brkljacic J., Grotewold E., Scholl R., Mockler T., Garvin D.F., Vain P., Brutnell T., Sibout R., Bevan M., Budak H., Caicedo A.L., Gao C., Gu Y., Hazen S.P., Holt III B.F., Hong S.Y., Jordan M., Manzaneda A.J., Mitchell-Olds T., Mochida K., Mur L.A.J., Park C.M., Sedbrook J., Watt M., Zheng S.J., Vogel J.P., 2011. *Brachypodium* as a model for the grasses: Today and the future. *Plant Physiology* 157(1), 3-13.

Buell C.R., 2009. Poaceae genomes: going from unattainable to becoming a model clade for comparative plant genomics. *Plant Physiology* 149, 111-116.

C

Catalan P., Müller J., Hasterok R., Hasterok R., Jenkins G., Mur L.A.J., Langdon T., Betekhtin A., Siwinska D., Pimentel M., Lopez-Alvarez D., 2011. Evolution and taxonomic split of the model grass *Brachypodium distachyon. Annals of Botany* 109(2), 385-405.

Chochois V., Vogel J.P., Watt M., 2012. Apllication of *Brachypodium* to the genetic improvement of wheat roots. *Journal of Experimental Botany* 63(9), 3467-3474.

D

Da Rocha C., Troleis J., Mastroberti A.A., Mariath J.E.A., Fett-Neto A.G., 2012. Distinct modes of adevntitious rooting in *Arabidopsis thaliana. Plant Biology* 14, 100-109.

Dastidar M.G., Jouannet V., Maizel A., 2012. Root branching : mechanisms, robustness, and plasticity. *WIREs Developmental Biology* 1, 329–343.

De Pessemier J., Chardon F, Juraniec M, Delaplace P, Verbruggen N, Hermans C., 2012. Natural variation of the root morphological response to nitrate supply in *Arabidopsis thaliana. Mechanisms of development* xx, xxx-xxx.

Devos K.M., 2010. Grass genome organization and evolution. *Current opinion in Plant Biology* 13(2), 139-145.

Draper J., Mur L.A.J., Jenkins G., Ghosh-Biswas G.C., Bablak P., Hasterok R., Routledge A.P.M., 2001. *Brachypodium distachyon.* A new model system for functional genomics in grasses. *Plant Physiology* 127, 1539-1555.

Dupont F., Guignard J.L., 2007. Botanique - Systématique moléculaire. 14 éd. Paris: Masson.

G

Garvin D.F., 2007. *Brachypodium*: a new monocot model plant system emerges. *Journal of the Science of Food and Agriculture* 87, 1177-1179.

Gomez-Roldan V., Fermas S., Brewer P.B., Puech-Pagès V., Dun E.A., Pillot J.P., Letisse F., Matusova R., Danoun S., Portais J.C., Bouwmeester H., Bécard G., Beveridge C.A., Rameau C., Rochange S.F., 2008. Strigolactone inhibition of shoot branching. *Nature* 455, 189-194.

Gu Y.Q., Ma Y., Huo N., Vogel J.P., You F.M., Lazo G.R., Nelson W.M., Soderlund C., Dvorak J., Anderson O.D., Luo M.C., 2009. A BAC-based physical map of *Brachypodium distachyon* and its comparative analysis with rice and wheat. *BMC Genomics* 10, 496-506.

H

Hochholdinger F., Park W.J., Sauer M., Woll K., 2004. From weeds to crops: genetic analysis of root development in cereals. *Trends in Plant Science* 9(1), 42-48.

Hoffmann M.H., 2002. Biogeography *of Arabidopsis thaliana* (L.) Heynh. (*Brassicaceae*). *Journal of biogeography* 29, 125-134.

Hong S.Y., Seo P.J., Yang M.S., Xiang F., Park C.M., 2008. Exploring valid reference genes for gene expression studies in *Brachypodium distachyon* by real-time PCR. *BMC Plant Biology* 8, 112-123.

K

Klepper B., Belford R., Rickman R., 1984. Root and shoot development in winter wheat. *Agronomy Journal* 76, 117-122.

Koorneef M., Meinke D., 2010. The development of Arabidopsis as a model plant. *The plant Journal* 61, 909-921.

Koornneef M., Alonso-Blanco C., Vreugdenhil D., 2004. Naturally occuring genetic variation in *Arabidopsis thaliana. Annu. Rev. Plant. Biol.* 55, 141-172.

L

Lambinon J., De Langhe J.E., Delvosalle L., Duvigneaud J., 1992. Nouvelle flore de la Belgique, du Grand-Duché de Luxembourg, du Nord de la France et des régions voisines. 4e éd. Meise : Editions du patrimoine du jardin botanique national de Belgique.

Lambinon J., Delvosalle L., Duvigneaud J., 2004. Nouvelle flore de la Belgique, du Grand-Duché de Luxembourg, du Nord de la France et des régions voisines. 5e éd. Meise : Editions du patrimoine du jardin botanique national de Belgique.

Leonelli S., 2007. *Arabidopsis*, the botanical *Drosophila*: from mouse cress to model organism. *Endeavour review* 31(1), 34-38.

Luo N., Liu J., Yu X., Jiang Y., 2011. Natural variation of drought response in *Brachypodium distachyon. Physiologia Plantarum* 141, 19–29.

M

Ma L., Vu G.T.H., Schubert V., Watanabe K., Stein N., Houben A., Schubert I., 2010. Synteny between *Brachypodium distachyon* and *Hordeum vulgare* as revealed by FISH. *Chromosome Research* 18, 841-850.

Mckhann H.I., Camilleri C., Berard A., Bataillon T., David J.L., Reboud X., Le Corre V., Caloustian C., Gut I.G., Brunel D., 2004. Nested core collections maximizing genetic diversity in *Arabidopsis thaliana. The Plant Journal* 38, 193-202.

Mur L.A.J., Allainguillaume J., Catalan P., Hasterok R., Jenkins G., Lesniewska K., Thomas I., Vogel J., 2011. Exploiting the *Brachypodium* tool box in cereal and grass research. *New Phytologist* 191(2), 334-347.

O

Opanowicz M., Vain P., Draper J., Parker D., Doonan J.H., 2008. *Brachypodium distachyon*: making hay with a wild grass. *Trends in Plant Science* 13(4), 172-177.

P

Pacheco-Villalobos D., Hardtke C.S., 2012. Natural ganatic variation of root system architecture from *Arabidopsis* to *Brachypodium. Philosophical Transactions of the Royal Society of Biology* 367, 1552-1558.

Pigliucci M., 2002. Ecology and Evolutionary biology of *Arabidopsis*. The Arabidopsis Book, 1. http://www.bioone.org/doi/full/10.1199/tab.0003 (25/02/12).

R

R-ogiciel stat: R development Core Team., 2011. R: a language and environment for statistical computing. R foundation for statistical computing. http://www.R-project.org/ (19/07/12).

Raven P.H., Evert R.F., Eichhorn S.E., 2005. The Biology of Plants. Traduction de Bouharmont J, (2ème éd., 2007), (De Boeck Université Eds), Belgique, Bruxelles.

S

Shindo C., Bernasconi G., Hardtke C.S., 2007. Natural genetic variation in Arabidopsis: tools, traits and prospects for evolutionary ecology. *Annuals of Botany* 99, 1043-1054.

Somerville C., Koorneef M., 2002. A fortunate choice : the history of *Arabidopsis* as a model plant. *Nature reviews (genetics)* 3, 883-889.

Spannagl M., Mayer K., Durner J., Haberer G., Andreas F., 2011. Exploring the genomes: from *Arabidopsis* to crops. *Journal of plant Physiology* 168, 3-8.

V

Vain P., 2011. Brachypodium as a model system for grass research. *Journal of cereal science* 54(1), 1-7.

Vogel J.P., Tuna M., Budak H., Huo N., Gu Y.Q., Steinwand M.A., 2009. Development of SSR markers and analysis of diversity in Turkish populations of *Brachypodium distachyon. BMC Plant Biology* 9, 88-99.

W

Watt M., Magee L.J., McCully M.E., 2008. Types, structure and potential for axial water flow in the deepest roots of field-grown cereals. *New Phytologist* 178, 135-146.

Watt M., Schneebeli K., Dong P., Wilson I.W., 2009. The shoot and root growth of *Brachypodium* and its potential as a model for wheat and other cereal crops. *Functional Plant Biology* 36(11), 960-969.

Wolny E., Lesniewska K., Hasterok R., Langdon T., 2011. Compact genomes and complex evolution in the *genus Brachypodium. Chromosoma (Berlin)* 120, 199-212.

CHAPITRE 3

Variations génétiques naturelles de l'architecture du système racinaire des plantes modèles : *Arabidopsis thaliana* (L.) Heynh & *Brachypodium distachyon* (L.) P. Beauv. allant vers une valeur adaptative

« *L'Intelligence, c'est la faculté d'adaptation.* » André Gide

« *La vie est l'adaptation continue de relations internes à des relations externes.* » Herbert Spencer

Résumé

L'architecture du système racinaire est une caractéristique fonctionnelle (ou trait) qui présente une plasticité considérable en raison de sa sensibilité aux *stimuli* de l'environnement. Néanmoins, à certains degrés significatifs, il est contraint génétiquement. C'est ce que suggèrent des enquêtes sur la variation génétique naturelle du système racinaire des végétaux. Quelques régulateurs de l'architecture du système racinaire ont été isolés comme *locus* de caractères quantitatifs (*Quantitative Trait Loci* : QTL) à travers une approche sur les variations naturelles de la plante modèle dicotylédone : *Arabidopsis thaliana* L. Ceci fournit la preuve formelle que la variation allélique des caractéristiques architecturales des systèmes racines existe. Elle est modifiable et contrôlable génétiquement. Cette variation pourrait être exploitée pour l'amélioration des cultures.

Au-delà du modèle d'*Arabidopsis thaliana* L., comme l'a suggéré un premier aperçu de la morphologie des racines de différentes accessions de *Brachypodium*, *Brachypodium distachyon* (L.) P. Beauv. pourrait servir de modèle expérimentale crédible et accessible pour l'étude des variations d'architecture du système racinaire des monocotylédones. Bien qu'un transfert des connaissances acquises directement à partir des études moléculaires des systèmes racinaires modèles et de leurs fonctionnements, dans la pratique, la variabilité génétique des traits racinaires restera flou. En raison, d'un manque de compréhensions globales de la physiologie du système racinaire dans le contexte d'origine. Par exemple, en dehors de quelques exceptions notables, la valeur adaptative de la variation génétique dans les modulateurs du système racinaire est inconnue.

Les études futures dans ce domaine de compréhension du développement racinaire devraient viser à caractériser complètement le rôle des acteurs intervenant dans la variation génétique de l'architecture du système racinaire en prenant en compte les conditions environnementales autochtones et en particulier les caractéristiques du sol. Par exemple, les interactions biotiques plantes-bactéries et notamment les émissions de composés organiques volatils (COV) bactériens émis dans la rhizosphère qui constituait la thématique de mon projet recherche FNRS Européen réalisé entre 2010-2013.

Mots clefs : *Architecture du système racinaire, variation génétique naturelle, QTL, Brachypodium, Arabidopsis.*

Abstract

The root system architecture (RSA) is a functional feature (or trait) which exhibits one considerable plasticity due to its sensitivity to environmental stimuli. However, to some significant degree, it is genetically constrained. Studies suggested that natural genetic variation investigations of plants root system are real. Some regulators of root system architecture were isolated as quantitative trait loci (QTL) through an approach to natural variations for dicotyledonous model plant: *Arabidopsis thaliana* L. This provides conclusive evidence that allelic variation of roots systems architectural characteristics exist. It is genetically modified and controlled. This variation could be exploited for crop improvement.

Beyond the model *Arabidopsis thaliana* L., as suggested by a first review and studies of root morphology for different accessions of *Brachypodium*, *Brachypodium distachyon* (L.) P. Beauv. could be serve as a credible and accessible monocots experimental model for study of variation in root system architecture for these grass crops. Although a transfer of knowledge directly from molecular studies of root systems models and their operation in practice the genetic variability of root traits remains unclear, because of a lack of comprehensive understanding of root system physiology in the original context. For example, apart from a few notable exceptions, the adaptive value of genetic variation in modulating root system is unknown.

Future studies in this understanding specialty of root development should aim to fully characterize the role of actors involved in the genetic variation of root system architecture taking into account indigenous environmental conditions and particular soil characteristics. For example, biotic interactions plant-bacteria including bacterial volatile organic compounds (VOC) emissions released into the rhizosphere, which were the theme of my European FNRS project realized in 2010-2013.

Key words: *root system architecture, natural genetic variation, quantitative trait locus (QTL), Brachypodium, Arabidopsis.*

Liste des abréviations

At : Arabidopsis thaliana L.
Bd : Brachypodium distachyon (L.)
BRX : BREVIS RADIX
COV: Composés Organiques Volatiles
INRA : Institut National de la Recherche Agronomique (France)
MS : Murashige & Skoog
QTL : Quantitative Trait Locus
QTLs : Quantitative Trait Loci
Ulg : Université de Liégé

CHAPITRE 3

Variations génétiques naturelles de l'architecture du système racinaire des plantes modèles : *Arabidopsis thaliana* (L.) Heynh & *Brachypodium distachyon* (L.) P. Beauv. allant vers une valeur adaptative

Introduction

Du fait qu'elles soient continuellement exposées à des conditions environnementales fluctuantes, les plantes expriment un degré particulièrement élevé de réponses phénotypiques à l'environnement. Cette plasticité « physiologique et développementale » (cf. tome 1) se manifeste par des ajustements spécifiques de développement, de la physiologie et de reproduction qui sont mis en place pour optimiser l'adaptation de la plante et donc maximiser la fitness de celle-ci. D'excellents exemples de cette situation peuvent être énumérés, par exemple, la réponse à un allongement exagéré lors de la croissance de certaines espèces. Cette stratégie permet au végétal d'échapper à l'ombrage issu des concurrents voisins (Kami *et al.,* 2010 ; Kebrom *et al.,* 2007). D'autres stratégies existent comme un contrôle de la floraison en fonction du cycle de vie et des conditions climatiques comme les plantes annuelles ou vivaces (Alonso-Blanco *et al.,* 2009).

La valeur adaptative de la variation de ces caractéristiques au niveau des parties aériennes peut être assez évidente à certains moments du développement de l'organisme. Bien que le système racinaire joue un rôle fondamental dans la croissance et la survie en fournissant un soutien physique comme ancrage et un soutien nutritionnel grâce à l'acquisition de l'eau et des éléments nutritifs pour les parties aériennes photosynthétiques (Aiken & Smucker, 1996 ; Osmont *et al.,* 2007). Cela est souvent moins évident quand il s'agit des caractéristiques du système racinaire.

De plus, les racines participent à des fonctions secondaires comme la biosynthèse des hormones et le stockage des photo-assimilas.

L'architecture du système racinaire (*root system architecture* : RSA) est considérée comme un trait très plastique (Potter *et al.*, 2007, 2009 ; Varin *et al.*, 2009, 2010). Cette architecture est déterminée par des facteurs développementaux et environnementaux qui interagissent pour optimiser l'exploration du sol et la capture des ressources édaphiques de la rhizosphère (Malamy, 2005). Par exemple, l'azote, le phosphore, le soufre, le fer sont parmi les nutriments qui modifient le développement des racines post-embryonnaires (Lopez-Bucio *et al.*, 2003 ; Malamy, 2005 ; Varin *et al.*, 2009). Par conséquent, l'architecture du système racinaire est très plastique comme nous l'avons constaté (cf. tome 1).

La modulation de l'architecture du système racinaire et sa réponse aux stress biotiques et abiotiques sont d'un intérêt particulier en agronomie et écologie. A ce jour, en raison de l'agriculture intensive des dernières décennies utilisant des engrais chimiques et un dopage aux énergies fossiles comme le pétrole, il est considéré que l'optimisation des systèmes racinaires au sein des cultures est largement négligée lors de la sélection variétale (Bevan *et al.*, 2010).

I. Architecture du système racinaire des Dicotylédone versus Monocotylédone

L'architecture du système racinaire reflète la forme, la distribution tridimensionnelle, le mode de ramification et l'âge des racines primaires et post-embryonnaires générés lors du développement de la plante (Osmont *et al.*, 2007 ; Lynch, 1995). Il s'agit donc du phénotype racinaire induit par l'environnement tellurique de croissance et développement de la plante en lien avec celui des parties aériennes induit par l'environnement aérien de la plante. La variation de l'architecture du système racinaire entre différentes espèces est courante. Il faut noter une scission plus marquée entre les dicotylédones et les monocotylédones (Figure. 1 ; Pachecco-Villalobos & Hardtke, 2012). Le système racinaire généralement allorhize (*typically allorhiz root systems*) des espèces de dicotylédones se compose d'une seule racine primaire et un réseau de racines latérales, qui restent actifs pendant le cycle de vie de la plante (Figure. 1a) (Osmont *et al.*, 2007 ; Hochholdinger & Zimmermann, 2008). L'architecture du système racinaire est principalement déterminée par la division cellulaire, l'allongement au cours de la croissance des racines primaires (*primary root*) et latérale (*lateral roots*), et l'étendue de la ramification racinaire (cf. partie 1-tome2). Le système est parfois complété par des racines adventives (*adventitious roots*), qui sont beaucoup plus importantes dans les systèmes racinaires généralement homorhizes dite racines fasciculées (*typically homorhiz root systems*) des monocotylédones (Figure. 1b). Leurs systèmes racinaires sont caractérisés par une architecture complexe qui émerge au cours des étapes successives de développement (Hochholdinger, & Zimmermann, 2008).

Figure 1. Architecture racinaire d'*Arabidopsis* et comparatif avec *Brachypodium*. (a) Dicotylédone typique de l'architecture du système racinaire allorhize cas des plantes d'*Arabidopsis* âgée de 10 jours. *Arabidopsis* forme une seule racine primaire au cours de son développement, qui se ramifie au travers de l'admission des racines latérales. (b) Monocotylédone typique de l'architecture du système racinaire homorhize cas d'une plante de *Brachypodium* âgée de 30 jours. Elle est composée d'une racine primaire, les racines de la couronne (Adventives) et des racines latérales. (Abréviations : PR, racine primaire ; LR, racines latérales ; CR, la racine de la couronne ou Adventive). Barres d'échelle = 1 cm. (Pachecco-Villalobos & Hardtke, 2012).

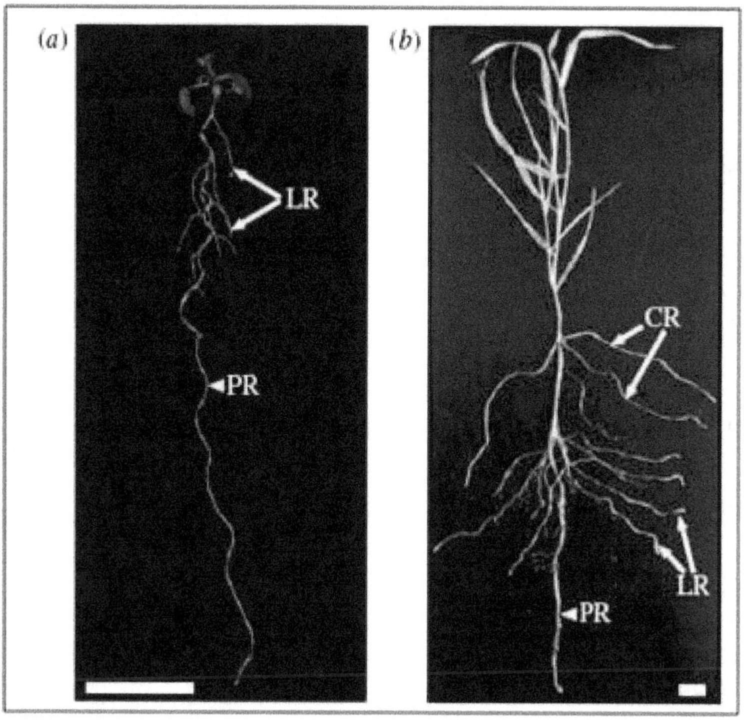

Cette architecture suit un développement dans l'espace et le temps. Chaque architecture racinaire peut être décrite par une cinématique particulière et pour une histoire environnementale donnée comme a pu le montrer Varin *et al.* (2009) sur l'étude de la plasticité fonctionnelle du trèfle confronté aux variations nutritionnelles en soufre.

Au cours de l'embryogenèse, une racine primaire et un nombre variable de racines séminales sont formés et peuvent émerger peu de temps après la germination (Hochholdinger & Zimmermann, 2008). Après le stade plantule, ce système est progressivement remplacé par un système racinaire-partie aérienne complexe qui est en grande partie composé de racines en conformation de couronne. Alors que les approches de mutagenèses ont réussi à identifier un grand nombre de *loci* qui sont essentiels à la fabrication et l'élaboration du système racinaire, des allèles non essentiels ou de nouveaux gènes commencent à peine à être identifiés. Ces gènes et allèles modulent l'architecture et le fonctionnement des systèmes racinaires. C'est principalement une approche et une analyse de la variation intra spécifique génétique naturelle qui fut appliquée avec succès dans le système racinaire modèle de la dicotylédone *Arabidopsis thaliana* L. (Arabette des Dames). C'est ce principe qui sera appliqué en premier temps sur la monocotylédone modèle *Brachypodium distachyon* (L.) P. Beauv.

II. Variation naturelle de l'architecture du système racinaire chez *Arabidopsis*

Les accessions naturelles d'*Arabidopsis* affichent un grand spectre de variations des caractéristiques morphologiques et physiologiques incluant l'architecture du système racinaire (Alonso-Blanco *et al.*, 2009 ; Mouchel *et al.*, 2004).

Si l'on considère l'architecture racinaire dans son ensemble comme trait, il peut être facilement observé et noté en culture *in vitro*. C'est bien pour cela que la plupart des études se concentrent sur la vigueur de la croissance de la racine principale chez des plantules cultivées de cette façon par exemple les études de Le Blanc *et al.* (2008) ou Beauclair *et al.* (2009). L'isolement de variants alléliques, qui sous-tend des différences phénotypiques observées, peut être obtenu par cartographie de *Locus* à Caractère Quantitatif (QTL : « *Quantitative Trait Locus* ») et la cartographie ultérieure sur clonage. Ce mode d'analyses est un complément des approches génétiques inversées.

La génétique inverse est une approche de génétique cherchant à comprendre la fonction de gènes donnés par l'observation des mutants correspondants. Cette approche « s'oppose » (inverse), à la démarche de génétique classique, qui, pour un phénotype mutant donné, cherche à identifier le gène responsable. Jusqu'à présent, ces études ont un succès modéré sur un nombre limité de QTL à effet grossier. C'est-à-dire des

QTL qui expliquent la grande majorité de la variance génétiquement déterminée dans un échantillon donné. Ces QTL ont pu être isolés. A l'exception notable des *loci* à grand effet comprenant une variation allélique d'un gène d'invertase vacuolaire qui explique environ 20% de la variance entre la croissance des racines primaires des accessions d'*At* Cvi et Ler (Sergeeva *et al.*, 2006), ou la variation allélique présente dans le gène *BREVIS RADIX* (*BRX*) qui explique uniquement 10% de la variance entre Eil-0 et Lc-0 (Beuchat *et al.*, 2010). Cependant, le gène *BRX* a été initialement identifié comme QTL ayant un effet majeur pour la croissance des racines basées sur une perte de fonctions allèliques présentent dans l'accession Uk-1 (Mouchel *et al.*, 2004). Des analyses ultérieures ont mis en cause l'implication du gène BRX dans le contrôle hormonal de la croissance du méristème primaire des racines (Scacchi *et al.*, 2010). Chez les mutants *brx* d'*At*, cela se traduit par une racine primaire significativement plus courte, des racines latérales plus denses, plus espacées et une fréquence plus grande de racines adventives.

En général, ce mutant donne naissance à un système racinaire adulte plus compact et plus ramifié. Fait intéressant, le présent allèle fut identifié plus tard dans l'accession d'*At* Lc-0 et un petit nombre d'autres adhésions. Il code pour une protéine BRX hyperactive qui confère une croissance accrue et plus vigoureuse des racines (Beuchat *et al.*, 2010). Ainsi, BRX est un exemple rare de vérification expérimentale d'une série d'allèles naturelles initiant la perte de fonctions d'allèles hyperactives en comparaison avec d'autres QTL isolés. Elles sont principalement la cause de la perte de fonctions isolées (Alonso-Blanco *et al.*, 2009). Une explication simple du biais induit par la perte isolée d'une QTL de fonction sera mise sur les accessions qui affichent des phénotypes d'intérêts extrêmes opposés. Par ailleurs, un biais systématique à l'égard des pertes de fonctions issues des allèles supprimés pourraient être introduites lors de l'évolution du génome d'*Arabidopsis*. Lors de la comparaison de la variation génétique des séquences des génomes entiers d'accessions d'*Arabidopsis*, cette réflexion est suggérée au premier aperçu sur la base de re-séquençage utilisant la technologie à brins courts (ou courte lecture ou partiel « *Short-Read Sequencing Technologies* ») (Ossowski *et al.*, 2008 ; Santuari *et al.*, 2010).

Ces analyses mettent en évidence une prévalence attendue de polymorphismes nucléotidiques simples. Elles indiquent également un nombre important de suppressions et d'insertions (indels) qui touchent fréquemment les régions codantes.

Indel est un terme de biologie moléculaire qui a des définitions distinctes dans différents domaines. Dans les études évolutionnistes, le terme « indel » est utilisé pour signifier une insertion ou une délétion (Kondrashov & Rogozin, 2004 ; Ogurtsov *et al.,* 2004) et indels se réfère simplement à la classe de « mutation » qui comprend à la fois des insertions, des suppressions et la combinaison de ceux-ci (William *et al.,* 2002 ; Gregory, 2004 ; Halangoda *et al.,* 2001), y compris des événements d'insertions et de suppressions qui peuvent être séparés par de nombreuses années (Sachin apurwa *et al.,* 2004).

Dans les études de mutations germinales et somatiques, cependant, indel décrit une classe de mutations particulières. Elle est définie comme une mutation conduisant à une insertion et des suppressions colocalisées et un gain net ou la perte de nucléotides et de microindel. Le microindel est défini comme un indel qui se traduit par un gain net ou perte de 1 à 50 nucléotides.

En comparaison avec la séquence de référence d'*Arabidopsis thaliana* L. Col-0, il apparaît que des accessions divergentes présentent de nombreuses allèles silencieuses ou nuls. Ces accessions pourraient être sujettes à des détections de QTL et à la réalisation d'une cartographie de ces QTL (Santuari *et al.,* 2010). Cette histoire d'« indel » d'*Arabidopsis* peut donner lieu à des scénarios compliqués, comme en témoigne la croissance des racines et de la diminution éventuelle des altérations de la viabilité des individus. Elle découlerait de l'interaction entre les *loci* paralogues d'un gène essentiel à la biosynthèse des acides aminés qui sont situés sur deux chromosomes différents (Bikard *et al.,* 2009). Différentes trajectoires évolutives de ces paralogues présentes chez les accessions d'*Arabidopsis thaliana* L. Col-0 et Cvi entraînent des expressions différentielles et une suppression d'un paralogue présent chez l'accession Cvi. Le paralogue fonctionnel présent chez *At* Col-0 se trouve sur la position de l'allèle supprimée de Cvi, tandis que le reste des paralogues fonctionnels de Cvi sont sur un chromosome différent qui se trouve dans une position hypoactive (i.e. faiblement exprimé) pour les allèles de Col-0.

Par conséquent, seules certaines combinaisons alléliques peuvent produire globalement suffisamment d'activité protéique, bien que d'autres combinaisons altèrent également le taux de croissance ou le potentiel de viabilité de la plante.

III. *Brachypodium* comme modèle pour les monocotylèdones

Par rapport aux dicotylédones en général et en particulier *Arabidopsis thaliana* L., nous avons peu de connaissances d'un point de vue moléculaire sur ce qui concerne la base génétique de la variation racine et architecturale naturelle du système racinaire des herbacées. Cela peut s'expliquer en partie par le fait que les études génétiques et moléculaires chez les monocotylédones se concentrent généralement sur des cultures comme le riz et le maïs (Hochholdinger, & Zimmermann, 2008 ; Hochholdinger & Tuberosa, 2009 ; Coudert *et al.,* 2010). Ceci est dû principalement à des raisons d'ordres techniques. Il faut noter que le temps de production ou cycle de vie de ces espèces, la taille des individus, et les conditions de croissance nécessaire à leur culture limitent le débit des analyses génétiques et rendent ces systèmes peu pratiques pour des groupes de recherche qui n'ont pas les installations appropriées. Donc, les appels à un modèle facilement analysable de monocotylédones au sein de la recherche fondamentale, semblent justifiées et ont conduit à la promotion de *Brachypodium distachyon* (L.) P. Beauv. notamment 21.1 comme modèle de base des herbacées et aboutissant à ce titre à la publication récente de son projet génome (The International Brachypodium Initiative, 2010).

Brachypodium appartient à la famille *Poaceae* (les graminées) qui comprend les cultures céréalières les plus importantes économiquement notamment le riz, le maïs, le blé et l'orge. Diverses analyses phylogénétiques ont révélé que *Brachypodium* est plus proche du blé et de l'orge que du riz, du maïs ou du sorgho (Kellogg, 2001 ; Vogel *et al.,* 2006 ; Brkljacic *et al.,* 2011 ; Bennetzen *et al.,* 2012) (Tableau. I & Figure. 2). Avec ses nombreuses caractéristiques favorables lors de la mise en place de systèmes expérimentaux (Draper *et al.,* 2001), *Brachypodium* est une espèce modèle crédible pour les herbes et les céréales tempérées. Cette céréale peut aider à la compréhension de la base moléculaire des caractères agronomiques d'intérêts qui sont exclusivement présents chez les cultures de graminées. Tout comme *Arabidopsis thaliana* L., *Brachypodium distachyon* (L.) P. Beauv. possède de nombreux avantages, y compris un petit génome d'environ 300 Mo avec un nombre de chromosomes faible, diploïdie dans la plupart des cas (mais pas toujours), des accessions de ressources génomiques ont été développées, des transformants sont également disponibles par transformations au moyen d'*Agrobacterium*, de petite taille, auto-fécond et dispose d'un cycle de vie rapide et court (Drapper *et al.,* 2006 ; Garvin *et al.,* 2008) (cf. tome 2-partie 2 & 5). De plus, sa taille et sa facilité de culture en grand nombre sous des conditions contrôlées en font un modèle accessible pour les petits laboratoires qui veulent atteindre les mêmes objectifs chez *Brachypodium* et avec les mêmes facilités qu'*Arabidopsis.* L'avantage de leurs petites tailles permet à ces espèces d'être mise l'une à côté de l'autre lors des expérimentations. Ainsi,

Brachypodium peut également servir de système modèle pour l'étude de l'architecture du système racinaire chez les monocotylédones. Elle permet ainsi l'évaluation simultanée de la variation naturelle du système racinaire des monocotylédones en comparaison avec celle obtenue pour les dicotylédones via *Arabidopsis*.

Tableau I. Comparaison de caractéristiques intéressantes pour l'étude d'une plante modèle chez *Brachypodium distachyon*, *Arabidopsis thaliana* et différentes céréales de cultures (Bevan *et al.*, 2010 ; Brkljacic *et al.*, 2011).

Parameter	Arabidopsis	Barley	Brachypodium	Foxtail Millet	*M. sinensis*	Maize	Rice	*S. viridis*	Sorghum	Switchgrass	Wheat
Height (cm)	15–20	50–120	15–20	120–200	150–300	120–300	100	10–250	50–250	200–300	50–100
Density[a] (plants m^{-2})	2,000	80–120	1,000	50	3–4	4	36	1,000	50	6	50
Growth requirements[b] (controlled conditions)	Simple	Intermediate	Simple	Intermediate	Demanding	Demanding	Demanding	Simple	Demanding	Demanding	Intermediate
Efficiently crossed?	Yes	Yes	Yes	No	Yes	Yes	Yes	No	Yes	Yes	Yes
Reproduction	Selfing	Selfing	Selfing	Selfing	Outcrossing	Outcrossing/ self-compatible	Selfing	Selfing	Selfing	Outcrossing	Selfing
Typical generation time (weeks)	8–12	10–20	8–12	11–13	12	8–15	12–24	6–8	13–18	26	10–20
Seeds per plant	>1,000	150–200	100–1,000	>10,000	>1,000	200–1,000	>1,000	>5,000	>1,000	>1,000	50–150
Transformation	Extremely easy	Efficient, but labor intensive	Highly efficient	Reported, but not efficient	Inefficient	Efficient, but labor intensive	Highly efficient	Efficient[c]	Inefficient	Efficient, but slow	Inefficient
Genome size (Mb)	119[d]	5,500	272[d]	515	5,000	2,300[d,f]	382[d]	515	700[d,e]	2,400	16,000
Assembled genome sequence	Finished genome sequence	Draft genome sequencing in progress	High-quality draft (finishing under way)	Draft genome	No	Draft genome[f]	Finished genome sequence	Draft genome sequencing in progress	Draft genome[d]	Sequencing in progress	Sequencing in progress
T-DNA resources	Extensive	None	10,000 lines available, 40,000 more planned	None	None	Transposon mutants are available	Extensive[g]	None	None	None	None
Cell wall type	Type 1	Type 2	Type 2	Type 2	Type 2	Type 2	Type 2	Type 2	Type 2	Type 2	Type 2
Photosynthesis	C_3	C_3	C_3	C_4	C_4	C_4	C_3	C_4	C_4	C_4	C_3

[a]High-density planting under laboratory conditions. [b]The difficulty of growing plants is dependent upon their size and the range of environmental conditions tolerated. Thus, small plants that tolerate varied conditions have simple growth requirements and large plants that need carefully controlled environmental conditions have demanding growth requirements. [c]Unpublished data (T. Brutnell). [d]Assembled genome size. [e]Approximately 20% of the genome was not assembled because of the repetitive nature. [f]Assembly consists of sequenced BACs many of which contain unordered genes because of the difficulty associated with assembling repetitive DNA. [g]While rice has extensive insertional mutant resources, the availability of the resources is constrained by quarantine restrictions and intellectual property concerns.

Figure 2. Position phylogénétique de *Brachypodium* par rapport à certaines espèces de graminées et céréales importantes. Le panneau de gauche, relations des monocotylédones et présentation de l'ordre des Poales par rapport aux branches les plus proches vis-à-vis des séquences du génome (d'après Bennetzen *et al.*, 2012). (http://www.mobot.org/MOBOT/research/APweb/).

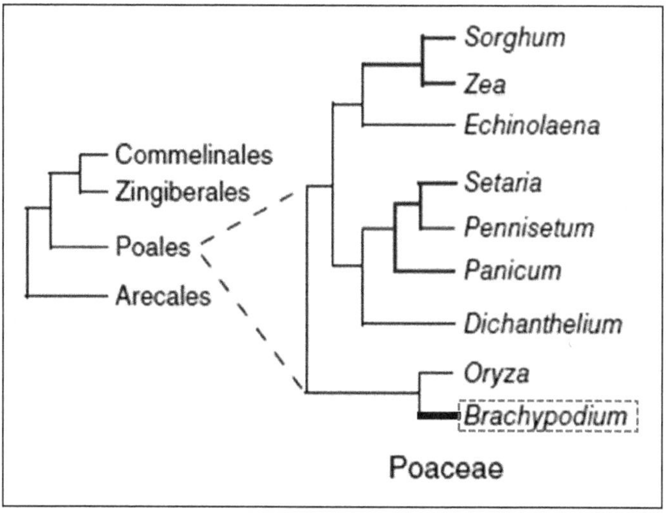

IV. Morphologie et histologie du système racinaire de *Brachypodium au regard d'Arabidopsis*

Brachypodium est semblable au riz et au maïs. Il développe une seule racine axillaire primaire qui se dégage de la base de l'embryon et rompt le coléorhize au moment de la germination. En outre, par rapport à d'autres céréales dans la sous-famille *Pooideae*, *Brachypodium* affiche un système racinaire beaucoup plus simple comme en témoigne l'accession de référence *Bd*21.1 (également noté *Bd*21) (Watt *et al.*, 2009 ; Pacheco-Villalobos & Hardtke, 2012) (Figure. 1b). Par exemple, *Brachypodium* ne présente qu'une seule racine primaire alors que le blé est constitué généralement de trois à cinq racines primaires. Il est en ce sens plus proche du riz ou du maïs (Vogel *et al.*, 2009 ; Watt *et al.*, 2009 ; Pacheco-Villalobos & Hardtke, 2012).

Cependant, les stades de développement « adultes » de *Brachypodium* et du blé affichent des systèmes racinaires très similaires. Ils sont dominés par les racines latérales (Watt *et al.*, 2009). Au niveau tissulaire, l'organisation cellulaire est plus complexe chez *Brachypodium distachyon* (L.) P. Beauv. que chez *Arabidopsis thaliana* L. en ce qui concerne les types de cellules et leurs effectifs (cf. partie 2-tome 2). Par exemple, *Brachypodium* développe plusieurs couches avec un nombre variable de cellules corticales, alors qu'*Arabidopsis* a une seule couche avec un nombre fixe de cellules. Cependant, l'organisation cellulaire des racines de *Brachypodium* semble moins complexe que celle des autres céréales comme le maïs (cf. partie 2-tome 2) qui est plutôt fonction du nombre de cellules et de couches cellulaires présentent dans chaque tissu. Cela facilite l'analyse histologique de cette espèce d'herbe. Chez *Brachypodium*, des coupes transversales de racines primaires montrent une seule couche de cellules épidermiques, cinq couches corticales, une couche de cellules endodermiques et le système vasculaire présent dans la racine (Figure. 3a). Le cylindre vasculaire central se compose d'un ou parfois deux gros éléments centraux de vaisseaux méta-xylèmique(s) (*large central metaxylem tracheary element*) et six éléments périphériques de vaisseaux du xylème. Ceux-ci sont en alternance avec le phloème, ce qui est typique des espèces de monocotylédones. Le phloème est composé d'un tube criblé de protophloème associé à deux cellules compagnes et un élément de métaphloème criblè. Il est organisé selon un motif symétrique. Enfin, nous observons la couche cellulaire externe du cylindre central, le péricycle, les inter-croisements entre les vaisseaux du protoxylème et les vaisseaux périphériques du xylème (Figure. 3b).

Les principes du développement du tissu racinaire de la racine primaire de *Brachypodium* semblent similaires à ceux décrits précédemment chez le riz (Santuari *et al.,* 2010 ; Watt *et al.,* 2009) (Figure. 3b-e). Tout d'abord, un groupe de cellules initiales se divisent et se différencient en cellules de périphériques à l'intérieur de la columelle ainsi que des cellules de la coiffe racinaire.

Deuxièmement, l'épiderme, l'endoderme et toutes les couches de cellules corticales se développent à partir d'un nouveau groupe de cellules initiales, appelées cellules initiales de l'épiderme-endoderme. La formation de ces tissus est effectuée par le biais de divisions asymétriques et périclinales successives. Dans le cas du riz, de nombreuses documentations existent. Le nombre de ces divisions périclinales varient chez les différents types de racines, ce qui explique les différences entre les couches de cellules corticales observées chez les deux graminées (Rebouillat *et al.,* 2009). L'origine corticale de l'épiderme est une caractéristique commune présente chez les monocotylédones et dicotylédones. Par contre, elle diffère pour les cellules de l'épiderme et latérales de la coiffe qui sont issues d'une cellule initiale commune (Clowes, 1994). Enfin, les stèles initiales sont plus grandes que les cellules méristématiques environnantes. Elles subissent plusieurs divisions et produisent des cellules précurseurs qui permettront de différencier les tissus vasculaires de la plante.

Figure 3. Coupe histologique présentant la structure cellulaire de la racine primaire de *Brachypodium.* **(a)** Coupe transversale au niveau du méristème (environ 300 mm de l'extrémité de la racine) à travers une racine primaires de *Brachypodium* coloré au bleu de toluidine observé en microscopie optique. **(b)** vue agrandie de la stèle de la même section transversale. Les tissus vasculaires sont organisés en une structure polyarche contenant une alternance de nombreux vaisseaux de xylèmes avec des tubes criblés du phloème. Un élément central est le métaxylème. Il est trouvé dans le centre de la stèle et entouré par plusieurs petits vaisseaux du métaxylème. Le phloème présente une configuration caractéristique symétrique dans lequel le protophloème est associé à deux cellules compagnes et une cellule de metaphloème. Barres d'échelle en (a,b) représente ¼ 50 mm. **(c)** Coupe longitudinale d'une racine primaire ayant subi la procédure mPS-PI et visualisés par microscopic confocale. **(d)** Vue détaillée des tissus vasculaires de la stèle de la même coupe racinaire mPS-PI-. Notez la coloration caractéristique des protophloèmes des cellules filles dues à l'épaississement de la paroi cellulaire qui se produit au cours de sa différenciation. **(e)** Vue détaillée de l'organisation des cellules initiales au sein du méristème apical racinaire. La pointe du méristème apical est occupée par un centre quiescent dit au « repos ». Les cellules initiales de la Columelle sont générées par une division anticlinale. Les initiales de l'épiderme et l'endoderme font l'objet d'une première division anticlinale à proximité du centre quiescent. Les cellules endoderme et du cortex sont produites par des divisions successives périclinales. (Abréviations : ep, épiderme ; co, le cortex ; en, endoderme ; st, stèle ; pc, péricycle ; pp, protophloème ; cc, cellule compagne ; px, protoxylème ; mx, métaxylème ; cmx métaxylème central ; coi, columelle initiale ; ee, de cellules initiales de l'épiderme et de l'endoderme ; qc, centre quiescent). (Pachecco-Villalobos & Hardtke, 2012).

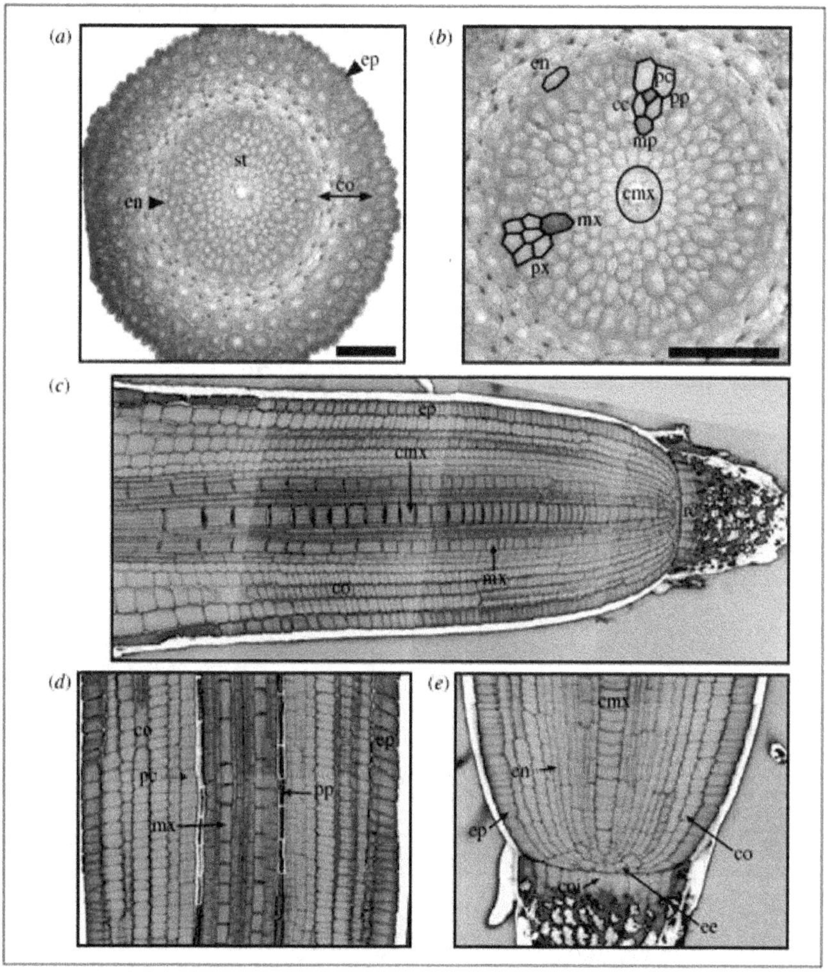

V. *Brachypodium* comme un modèle d'étude de la variation naturelle de l'architecture du système racinaire chez les monocotylédones

Actuellement, de façon semblable à *Arabidopsis*, des collections d'accessions naturelles de *Brachypodium* recueillies auprès d'un large éventail de lieux géographiques et dérivés des lignées autofécondes sont mises en place (Vogel *et al.*, 2009 ; Mur *et al.*, 2011) (cf. Tome 5).

Une variation phénotypique est démontrée pour divers traits présents dans une collection d'accessions turcs de *Brachypodium* (Vogel *et al.*, 2009 ; Filiz *et al.*, 2009). Cela indique que le matériel génétique est adapté à l'analyse des variations naturelles (Vogel *et al.*, 2009 ; Filiz *et al.*, 2009). Par exemple, une variation importante de la floraison et du temps de vernalisation entre les accessions de *Brachypodium* a été rapportée dans l'étude de Schwartz *et al.* (2011). Alors qu'une grande diversité d'accessions présentent une tolérance à la sécheresse et au stress hydrique comme a pu le démontrer Luo *et al.* (2011).

Par ailleurs, la variation naturelle de l'architecture du système racinaire de *Brachypodium* n'a pas encore été étudiée. C'est pourquoi un de mes sujet de recherche ces accès sur ce point en comparaison de l'architecture racinaire d'*Arabidopsis*.

Cependant, Pacheco-Villalobos & Hardtke (2012) ont réalisé une évaluation préliminaire de la variation phénotypique au cours de la croissance des racines. Ces auteurs ont suivi 178 accessions diploïdes issues de Turquie (Vogel *et al.*, 2009 ; Filiz *et al.*, 2009) et la référence *Bd*21 identifiée comme norme par la communauté en vigueur. L'étude de Pacheco-Villalobos & Hardtke (2012) semble prometteuse (Figure. 4a, b).

Figure 4. *Brachypodium* utilisé comme un modèle pour l'analyse de la variation naturelle de la croissance du système racinaire et de l'architecture racinaire des monocotylédones. (a) Deux accessions différentes de B*rachypodium* Turque. Notez la différence dans la longueur des racines primaires. Les caryopses ont été mis à germer dans un milieu agar MS ½ et incubés en position verticale en lumière continue pendant 6 jours. (b) la mesure de la longueur des racines primaires des huits accessions de *Brachypodium* Turque est faite après 6 jours de cultures. La longueur de la racine principale de l'accession standard *Bd*21 est également indiquée. Notez les différences dans la longueur des racines en fonction de leur position. Les lignes verticales indiquent l'erreur standard (SE). (c) Plante de *Bd*21 au bout de 30 jours de croissance dans un tube contenant un milieu MS 1/2-Phytagel sous lumière continue. Le caryopse germé a été directement positionné dans le tube de verre pour culture *in vitro* (Pachecco-Vallalobos & Hardtke, 2012).

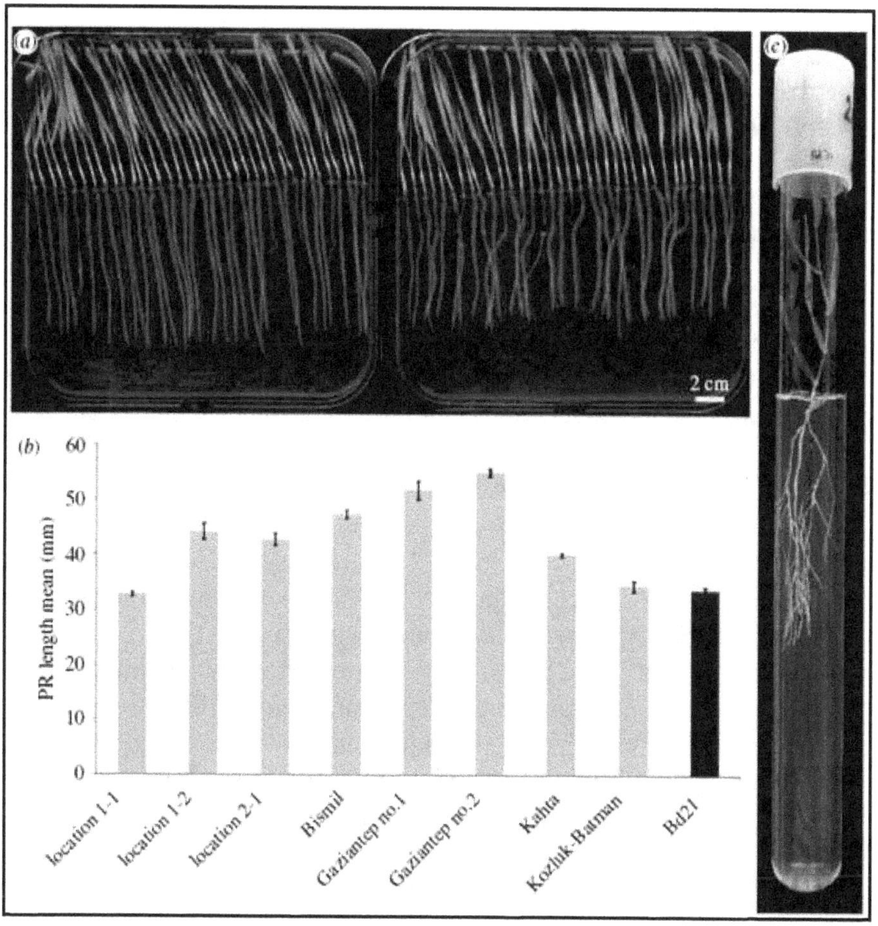

Pour observer la croissance des racines de *Brachypodium*, les graines peuvent être mises à germer dans des boites de Pétrie gélosées orientées verticalement sur des milieux de culture *in-vitro* standard (1/2 Murashige & Skoog (MS), 1% w/v saccharose à). Les racines restent attachées très facilement à la surface du support de culture en raison de leur forme et de leur petite taille (Pacheco-Villalobos &

Hardtke, 2012 ; Delaplace & Varin Versailles 2011 et Leuven 2012). Selon les conditions de croissances, jusqu'à 32 jeunes plantes peuvent être maintenues jusqu'à 10 jours après la germination (*days after germination* : dag) dans des boites de Pétrie carrées de 10 x 10 cm. En outre, la croissance des racines latérales peut être suivie à l'aide de grandes boites de Pétrie carrées de 24 x 24 cm en cinématique ou non. Les boites peuvent accueillir des plantules de *Brachypodium* jusqu'à 25 jours après la germination. Nous pouvons également utiliser des tubes qui peuvent être adaptés à de nouvelles méthodes d'imageries phénotypes (Figure. 4c) (Clark *et al.*, 2011 ; Iyer-Pascuzzi *et al.*, 2010). Enfin, l'examen de la structure cellulaire est possible chez *Brachypodium* via la colorimétrie par exemple grâce à un montage utilisant un mélange de pseudo-Schiff-iodure de propidium (*modified pseudo-Schiff propidium iodide* : mPS-PI). Cette méthode de coloration histologique combinée avec la microscopie confocale à balayage laser (Figure. 3c-e) est fort utile (Truernit *et al.*, 2008).

Parmi les accessions collectées dans les huit différents endroits principaux, ce « *set-up* » technologiques associés aux différents paramètres cellulaires quantitatifs a permis d'identifier et d'indiquer la présence d'une diversité phénotypique et d'un potentiel de matériels génétiques au sein de cette collection. Ceci permettra de révéler des QTL impliqués dans le développement des racines primaires (Figure. 4b) (Pacheco-Villalobos & Hardtke, 2012).

Ainsi, les accessions de *Brachypodium* constituent une ressource précieuse pour la recherche chez les monocotylédones. Elle nous permet de comprendre l'architecture du système racine des monocotylédones, leurs plasticités et ainsi d'accroître nos connaissances sur les différentes graminées. Ces connaissances permettront de mettre en place des programmes de sélections ou d'amélioration de graminées qui exploitent les ressources du sol de manière plus efficace.

Remarque : Pendant mon contrat de recherche 2010-2013 et avec l'aide de John Vogel, j'ai mis en place la première collection d'écotypes contrastés de *Brachypodium distachyon* (L.) P. Beauv. d'Europe et de Belgique présente au sein de l'université Ulg-Gembloux AgroBioTech. Cette collection est complétée d'une collection de 24 accessions d'écotypes d'*Arabidopsis thaliana* L. issue de l'INRA de Versailles et complétée de mutants d'intérêt contrasté quant à leur utilisation de l'azote minéral issu de l'ULb. Un criblage phénotypique sur la base des effets de COV issus de bactéries PGPR a été réalisé.

Conclusion : Variation naturelle racinaire et aspect adaptatif du système architectural

Pour résumer, la variation naturelle abondante développée par l'architecture du système racinaire existe chez les monocotylédones et les dicotylédones. La base génétique de cette variation naturelle globale commence à être éclaircie. Une question importante relative à cette variation a cependant été rarement abordée : Quelle est la valeur adaptative des différentes morphologies des systèmes racinaires?

Dans un contexte d'efforts visant à améliorer l'agriculture durable vers un objectif d'agro écologie intensive (AEI) durable comme le définit Griffon (2013). Il y a une notion générale qui identifie l'impact que peut avoir le système racinaire des plantes sur la performance des individus et le rendement agricole. Or, cette partie souterraine a été largement négligée lors des programmes de sélections végétales. Les espoirs d'un impact positif sur les performances de l'agriculture qui serait issue d'une meilleure connaissance du système architectural racinaire, sont élevés. Ils suscitent des appels vers la mise en place d'une « deuxième révolution verte ou doublement verte » qui devrait se concentrer sur l'architecture du système racinaire (Lynch, 2007) et la plasticité. De plus, ces programmes d'études écologiques, d'écologies fonctionnelles ou d'écophysiologies, physiologies génétiques et agronomies devraient être « une priorité pour la biologie végétale au cours du XXIème siècle » (Lynch, 2007).

En effet, l'architecture du système racinaire est le point critique qui influence l'efficacité d'absorption des éléments nutritifs et de l'eau (Linkohr *et al.*, 2002 ; Schenk, 2006). Par exemple, la profondeur d'enracinement a des répercussions sur l'acquisition efficace de l'azote du sol et d'eau. Une amélioration des capacités d'acquisitions de l'azote et nutriments au sein des profils de sol, tout en manipulant l'angle de la croissance des racines, pourrait conduire à une utilisation plus efficace du phosphate qui s'accumule habituellement dans le sol supérieur (Ge *et al.*, 2000). Bien qu'il semble que la taille du système racinaire ne soit pas généralement limitée par les mécanismes d'acquisitions des macronutriments mobiles du sol tel que le nitrate. L'exploration d'un grand volume de sol par le système racinaire pourrait être intéressante lorsque les macronutriments immobiles ou en quantité limitée bornent ou limitent la croissance telle que le phosphate ou la disponibilité en eau. Ceci est vrai en particulier dans des situations de compétition entre individu (Schenk, 2006).

Cependant, étonnamment, au-delà de ces constats généraux, peu d'études ont abordé la question concernant la valeur adaptative de l'architecture du système racinaire et son point de vue génétique et plastique. Un exemple d'études a démontré de façon concluante un effet de la morphologie des racines sur l'absorption des nutriments en comparaison avec un mutant d'*Arabidopsis*. Cette étude présente des niveaux significativement diminués de racines secondaires sur le type sauvage en condition de stress nutritionnel (Fitter *et al.,* 2002). Il faut noter que ceci a également été démontré chez d'autres plantes modèles comme le trèfle face à une variation nutritionnelle en soufre (Varin *et al.,* 2009 ; Varin, 2009). D'autres études ont porté sur l'importance du système racinaire dans les performances des plantes et l'amélioration de la production des parties aériennes dans une situation de compétition pour les nutriments.

Par exemple, lors des variations observées au niveau du *locus BRX*, un effet sur la fitness de l'individu a été démontré via la performance du système racinaire et la production des parties aériennes qui sont fonction du potentiel de compétition du milieu souterrain (Shindo *et al.,* 2008). De telles études peuvent être étendues à plus de génotypes et individus dépendant d'un mode de clarification plus ou moins spécifique. Par exemple, si un mélange de différents génotypes déterminés, illustrant des architectures de systèmes racinaires contrastés au sein d'une population, peut améliorer l'efficacité d'exploration collective du sol et l'efficience d'utilisation des nutriments. Ce mélange pourrait permettre un maintien et une dépendance à la fréquence de sélections d'individus. Cependant, pour obtenir la valeur adaptative de la variation d'architecture du système racinaire, les études futures devraient se concentrer sur l'étude des génotypes d'intérêts à la lumière de leur contexte écologique (Pacheco-Villalobos & Hardtke, 2012). Lors de ces études, la part non génétique de la plasticité est également à envisager comme ont pu le signaler Varin *et al.,* (2009a,b) chez le trèfle et Forde (2009) dans l'étude de la plasticité phénotypique stochastique. L'utilisation de caractéristiques fonctionnelles « traits » morpho anatomiques, physiologiques et génétiques doit être envisagée lors d'application sur le terrain au moment d'études de communauté.

Concernant la part génétique de la variabilité racinaire, un premier exemple est d'isoler la variation allélique obtenue pour des niveaux d'expressions d'un transporteur type de de la racine comme un transporteur de sodium. Ce choix permet de focaliser la fonction d'acquisition du sodium visualisée par une accumulation de sels dans les feuilles de la plante étudiée. Ce type d'étude peut être associé aux études concernant l'habitat terrestre et suggère une adaptation claire à l'augmentation des niveaux de sel dans un gradient présent dans un environnement côtier comme les dunes ou les plages (Rus *et al.*, 2006 ; Baxter *et al.*, 2010). En tenant compte de l'environnement du sol qui est peut-être le facteur le plus important, il devient possible et réalisable de classer de nombreuses accessions à la fois d'*Arabidopsis* et de *Brachypodium* en fonction des sites de collectes précisément cartographiés et groupes fonctionnels clairement identifiés. D'après Pacheco-Villalobos & Hardtke (2012), dans le cas de ces deux plantes modèles, ces types de collections sont désormais disponibles.

Enfin, les interactions avec les micro-organismes de la rhizosphère sont susceptibles d'influer de manière pertinente : i) la place ; ii) les performances d'installation ; iii) les performances et persistance de l'architecture du système racinaire des espèces végétales. L'analyse génétique de ces interactions environnements - génotypes, l'évaluation de la valeur adaptative de l'architecture du système racinaire, le rôle et l'orchestration des allèles correspondants peuvent probablement être solutionnés dans le cadre d'essais sur le terrain impliquant des plantes transgéniques. Dans ce cas, l'utilisation des principes de précaution concernant cette technologie nécessite l'utilisation d'un confinement et d'une procédure de traitement des déchets. Il sera conseillé d'utiliser des « écotrons », « phytotrons » et « rhizotrons » pour ce type d'approches. Tout en respectant un cahier des charges expérimentales et statistiques très rigoureux.

RÉFÉRENCES BIBLIOGRAPHIQUES

Les références citées dans les articles de ce manuscrit ne sont pas reprises dans cette bibliographie.

A

Aiken R.M., Smucker A.J., 1996. Root system regulation of whole plant growth. *Annu. Rev. Phytopathol.* 34, 325–346.

Alonso-Blanco C., Aarts M.G., Bentsink L., Keurentjes J.J., Reymond M., Vreugdenhil D., Koornneef M., 2009. What has natural variation taught us about plant development, physiology, and adaptation? *Plant Cell* 21, 1877–1896.

B

Bauclair P., Leblanc A., Lemauviel-Lavenant S., Deleu C., Le Deunff E., 2009. Ethylene modifies architecture of root system in response to stomatal opening and water allocation changes between root and shoot. *Plant Signaling & Behavior* 4(1), 44-46.

Baxter I., Brazelton J.N., Yu D., Huang Y.S., Lahner B., Yakubova E., Li Y., Bergelson J., Borevitz J.O., Nordborg M., Vitek O., Salt D.E., 2010. A coastal cline in sodium accumulation in *Arabidopsis thaliana* is driven by natural variation of the sodium transporter AtHKT1;1. *PLoS Genet.* 6, e1001193.

Beuchat J., Li S., Ragni L., Shindo C., Kohn M.H., Hardtke C.S., 2010. A hyperactive quantitative trait locus allele of *Arabidopsis* BRX contributes to natural variation in root growth vigor. *Proc. Natl Acad. Sci. USA* 107, 8475–8480.

Bevan M.W., Garvin D.F., Vogel J.P., 2010. *Brachypodium distachyon* genomics for sustainable food and fuel production. *Curr. Opin. Biotechnol.* 21, 211–217.

Bikard D., Patel D., Le Mette C., Giorgi V., Camilleri C., Bennett M.J., Loudet O., 2009 Divergent evolution of duplicate genes leads to genetic incompatibilities within *A. thaliana. Science* 323, 623–626.

Brkljacic J., Grotewold E., Scholl R., Mockler T., Garvin D.F., Vain P., Brutnell T., Sibout R., Bevan M., Budak H., Caicedo A.L., Gao C., Gu Y., Hazen S.P., Holt III B.F., Hong S.Y., Jordan M., Manzaneda A.J., Mitchell-Olds T., Mochida K., Mur L.A.J., Park C.M., Sedbrook J., Watt M., Zheng S.J., Vogel J.P., 2011. *Brachypodium* as a Model for the Grasses: Today and the Future. *Plant Physiology* 157, 3–13.

Bennetzen J.L., Schmutz J., Wang H., Percifield R., Hawkins J., Pontaroli A.C., Estep M., Feng L., Vaughn J.N., Grimwood J., Jenkins J., Barry K., Lindquist E., Hellsten U., Deshpande S., Wang X., Wu X., Mitros T., Triplett J., Yang X., Ye C.Y., Mauro-Herrera M., Wang L., Li P., Sharma M., Sharma R., Ronald P.C., Panaud O.P., Kellogg E.A., Brutnell T.P., Doust A.N., Tuskan G.A., Rokhsar D., Devos K.M., 2012. Reference genome sequence of the model plant *Setaria. Nature biotechnology* 30(6), 555-564.

Bevan M.W., Garvin D.F., Vogel J.P., 2010. Brachypodium distachyon genomics for sustainable food and fuel production. *Current opinion in biotechnology* 21(2), 211-217.

C

Clark R.T., MacCurdy R.B., Jung J.K., Shaff J.E., McCouch S.R., Aneshansley D.J., Kochian L.V., 2011. Three-dimensional root phenotyping with a novel imaging and software platform. *Plant Physiol.* 156, 455–465.

Clowes F.A.L., 1994. Origin of the epidermis in root meristems. *New Phytol.* 127, 335–347.

Coudert Y., Perin C., Courtois B., Khong N.G., Gantet P., 2010. Genetic control of root development in rice, the model cereal. *Trends Plant Sci.* 15, 219–226.

D

Draper J., Mur L.A.J., Jenkins G., Ghosh-Biswas G.C., Bablak P., Hasterok R., Routledge A.P.M., 2001. *Brachypodium distachyon.* A new model system for functional. *Plant Physiology* 127, 1539-1555.

F

Filiz E., Ozdemir B.S., Budak F., Vogel J.P., Tuna M., Budak H., 2009. Molecular, morphological, and cytological analysis of diverse *Brachypodium distachyon* inbred lines. *Genome* 52, 876–890.

Fitter A., Williamson L., Linkohr B., Leyser O., 2002. Root system architecture determines fitness in an Arabidopsis mutant in competition for immobile phosphate ions but not for nitrate ions. *Proc. R. Soc. Lond. B* 269, 2017–2022.

G

Garvin D.F., Gu Y.Q., Hasterok R., Hazen S.P., Jenkins G., Mockler T.C., Mur L.A.J., Vogel J.P., 2008. Development of genetic and genomic research resources for *Brachypodium distachyon*, a new model system for grass crop research. *Crop Sci.* 48, S69–S84.

Ge Z., Rubio G., Lynch J.P., 2000. The importance of root gravitropism for inter-root competition and phosphorus acquisition efficiency: results from a geometric simulation model. *Plant Soil* 218, 159–171.

Gregory T.R., 2004. "Insertion-deletion biases and the evolution of genome size". *Gene* 324, 15–34.

H

Halangoda A., Still J.G., Hill K.A., Sommer S.S., 2001. "Spontaneous microdeletions and microinsertions in a transgenic mouse mutation detection system: analysis of age, tissue, and sequence specificity". *Environ. Mol. Mutagen.* 37(4), 311–23.

Hochholdinger F., Tuberosa R., 2009. Genetic and genomic dissection of maize root development and architecture. *Curr. Opin. Plant Biol.* 12, 172–177.

Hochholdinger F., Zimmermann R., 2008. Conserved and diverse mechanisms in root development. *Curr. Opin. Plant Biol.* 11, 70–74.

I

Iyer-Pascuzzi A.S., Symonova O., Mileyko Y., Hao Y., Belcher H., Harer J., Weitz J.S., Benfey P.N., 2010. Imaging and analysis platform for automatic phenotyping and trait ranking of plant root systems. *Plant Physiol.* 152, 1148–1157.

K

Kami C., Lorrain S., Hornitschek P., Fankhauser C., 2010. Light-regulated plant growth and development. *Curr. Top. Dev. Biol.* 91, 29–66.

Kebrom T.H., Brutnell T.P., 2007. The molecular analysis of the shade avoidance syndrome in the grasses has begun. *J. Exp. Bot.* 58, 3079–3089.

Kellogg E.A., 2001. Evolutionary history of the grasses. *Plant Physiol.* 125, 1198–1205.

Kondrashov A.S., Rogozin I.B., 2004. "Context of deletions and insertions in human coding sequences". *Hum. Mutat.* 23(2), 177–85.

L

Leblanc A., Renault H., Lecourt J., Etienne P., Deleu C., Le Deunff E., 2008. Elongation changes of exploratory and root hair systems induced by aminocyclopropane carboxylic aci and aminoethoxyvinylglycine affect nitrate uptake and BnNrt2.1 and BnNrt1.1 transporter gene expression in oilseed rape. *Plant Physiology* 146, 1928-1940.

Linkohr B.I., Williamson L.C., Fitter A.H., Leyser H.M., 2002. Nitrate and phosphate availability and distribution have different effects on root system architecture of *Arabidopsis. Plant J.* 29, 751–760.

Lopez-Bucio J., Cruz-Ramirez A., Herrera-Estrella L., 2003. The role of nutrient availability in regulating root architecture. *Curr. Opin. Plant Biol.* 6, 280–287.

Luo N., Liu J., Yu X., Jiang Y., 2011. Natural variation of drought response in *Brachypodium distachyon. Physiol. Plant* 141, 19–29.

Lynch J., 1995. Root architecture and plant productivity. *Plant Physiol.* 109, 7–13.

Lynch J.P., 2007. Roots of the second green revolution. *Aust. J. Bot.* 55, 493–512.

M

Malamy J.E., 2005. Intrinsic and environmental response pathways that regulate root system architecture. *Plant Cell Environ.* 28, 67–77.

Mouchel C.F., Briggs G.C., Hardtke C.S., 2004. Natural genetic variation in *Arabidopsis* identifies BREVIS RADIX, a novel regulator of cell proliferation and elongation in the root. *Genes Dev.* 18, 700–714.

Mur L.A., Allainguillaume J., Catalan P., Hasterok R., Jenkins G., Lesniewska K., Thomas I., Vogel J., 2011. Exploiting the *Brachypodium* Tool Box in cereal and grass research. *New Phytol.* 191, 334–347.

O

Ogurtsov A.Y., Sunyaev S., Kondrashov A.S., 2004. "Indel-based evolutionary distance and mouse-human divergence". *Genome Res.* 14(8), 1610–6.

Osmont K.S., Sibout R., Hardtke C.S., 2007. Hidden branches: developments in root system architecture. *Annu. Rev. Plant Biol.* 58, 93–113.

Ossowski S., Schneeberger K., Clark R.M., Lanz C., Warthmann N., Weigel D., 2008. Sequencing of natural strains of Arabidopsis thaliana with short reads. *Genome Res.* 18, 2024–2033.

P

Pacheco-Villalobos D., Hardtke C.S., 2012. Natural genetic variation of root system architecture from Arabidopsis to *Brachypodium*: towards adaptive value. *Philosophical Transactions B* 367, 1552-1558.

Potters G., Pasternak T.P., Guisez Y., Jansen M.A., 2009. Different stresses, similar morphogenic responses: integrating a plethora of pathways. *Plant Cell Environ.* 32, 158–169.

Potters G., Pasternak T.P., Guisez Y., Palme K.J., Jansen M.A., 2007. Stress-induced morphogenic responses: growing out of trouble? *Trends Plant Sci.* 12, 98–105.

R

Rebouillat J., Dievart A., Verdeil J.L., Escoute J., Giese G., Breitler J.V., Gantet P., Espeout S., Guiderdoni E., Périn C., 2009. Molecular genetics of rice root development. *Rice* 2, 15–34.

Robinson D., 1996. Resource capture by localized root proliferation: why do plants bother? *Ann. Bot. Lond.* 77, 179–185.

Rus A., Baxter I., Muthukumar B., Gustin J., Lahner B., Yakubova E., Salt D.E., 2006. Natural variants of AtHKT1 enhance Naþ accumulation in two wild populations of *Arabidopsis. PLoS Genet.* 2, e210.

S

Sachin A., Wilson M.D., Rubio J.M., Post R.J., 2004. "A molecular marker for the identification of *Simulium squamosum (Diptera: Simuliidae)*". *Ann Trop Med Parasitol* 98(2), 197–208.

Santuari L., Pradervand S., Amiguet-Vercher A.M., Thomas J., Dorcey E., Harshman K., Xenarios I., Juenger T.E., Hardtke C.S., 2010. Substantial deletion overlap among divergent *Arabidopsis* genomes revealed by intersection of short reads and tiling arrays. *Genome Biol.* 11, R4.

Scacchi E., Salinas P., Gujas B., Santuari L., Krogan N., Ragni L., Berleth T., Hardtke C.S., 2010. Spatiotemporal sequence of cross-regulatory events in root meristem growth. *Proc. Natl Acad. Sci. USA* 107, 22734– 22739.

Schenk H.J. 2006. Root competition: beyond resource depletion. *J. Ecol.* 94, 725–739.

Schwartz C.J., Doyle M.R., Manzaneda A.J., Rey P.J., Mitchell-Olds T., Amasino R.M., 2011. Natural variation of flowering time and vernalization responsiveness in *Brachypodium distachyon. Bioener. Res.* 3, 38–46.

Sergeeva L.I., Keurentjes J.J., Bentsink L., Vonk J., van der Plas L.H., Koornneef M., Vreugdenhil D., 2006. Vacuolar invertase regulates elongation of *Arabidopsis thaliana* roots as revealed by QTL and mutant analysis. *Proc. Natl Acad. Sci. USA* 103, 2994–2999.

Shindo C., Bernasconi G., Hardtke C.S., 2008. Intraspecific competition reveals conditional fitness effects of single gene polymorphism at the *Arabidopsis* root growth regulator BRX. *New Phytol.* 180, 71–80.

T

The International *Brachypodium* Initiative., 2010. Genome sequencing and analysis of the model grass *Brachypodium distachyon. Nature* 463, 763–768.

Truernit E., Bauby H., Dubreucq B., Grandjean O., Runions J., Barthelemy J., Palauqui J.C., 2008. High-resolution whole-mount imaging of threedimensional tissue organization and gene expression enables the study of phloem development and structure in *Arabidopsis. Plant Cell* 20, 1494–1503.

V

Varin S., Lemauviel-Lavenant S., Cliquet J.B., Diquélou S., Michaelson-Yeates T.P.T., 2009a. Functional plasticity of *Trifolium repens* L. in response to sulphur and nitrogen availability. *Plant Soil* 317, 189-200.

Varin S., Leveel B., Lemauviel-Lavenant S., Cliquet J.B., 2009. Does the white clover response to sulphur availability correspond to phenotypic or ontogenetic plasticity ? *Acta Oecologica* 35, 452-457.

Varin S., 2009. Plasticité fonctionnelle du trèfle blanc en réponse à la disponibilité en soufre. Spécialité : Physiologie, Biologie des Organismes, Populations (écologie fonctionnelle et biotechnologie), *Ecole Doctorale Normande de Chimie-Biologie, Thèse de doctorat de l'université de Caen.* 213p.

Varin S., Cliquet J.B., Personneni E., Avice J.C., Lemauviel-Lavenant S., 2010. How does sulphur availability modify N acquisition of white clover (*Trifolium repens* L.) ? *Journal of Experimental Botany* 61(1), 225-234.

Vogel J., Bragg J., 2009. *Brachypodium distachyon*, a new model for the Triticeae. *In: Genetics and genomics of the Triticeae, plant genetics and genomics: crops and models,* (C. Feuillet, G.-J. Muehlbauer, eds) New York, NY: Springer, 427–449.

Vogel J.P., Gu Y.Q., Twigg P., Lazo G.R., Laudencia-Chingcuanco D., Hayden D.M., Donze T.J., Vivian L.A., Stamova B., Coleman-Derr D., 2006. EST sequencing and phylogenetic analysis of the model grass *Brachypodium distachyon. Theor. Appl. Genet.* 113, 186–195.

Vogel J.P., Tuna M., Budak H., Huo N., Gu Y.Q., Steinwand M.A., 2009. Development of SSR markers and analysis of diversity in Turkish populations of *Brachypodium distachyon. BMC Plant Biol.* 9, 88.

W

Watt M., Schneebeli K., Dong P., Wilson W.I., 2009. The shoot and root growth of *Brachypodium* and ist potential as a model for wheat and other cereal crops. *Funct. Plant Biol.* 36, 960–969.

William M.G., Lewontin R.C., Griffiths A.J.F., Miller J.H., 2002. *Modern genetic analysis: integrating genes and genomes*. New York: W.H. Freeman and CO, 736p.

REMERCIEMENTS

J'espère que par un exposé assez détaillé du concept de la Plasticité dans le monde du vivant (Tomes I, II) dans le contexte des changements globaux, des mécanismes et techniques de génie rhizosphèrique (ou rhizo-ingénieries) (Tomes II, III) et de production des composés organiques volatils d'origines microbiennes intervenant dans les dialogues moléculaires (Tomes III, IV) exploitant ce concept dans un cadre Agro-écologique, Agroforestier et Permacultural, de ses avantages et des problèmes rencontrés pour le développement et l'évolution de notre société, j'ai œuvré pour une plus grande diffusion, à la base, de ce moyen de production d'énergie, d'alimentation et d'amélioration de la santé publique qui sauvegarde à la fois la qualité de l'environnement, la fertilité des sols et notre santé, trois conditions nécessaires pour permettre aux générations futures de mieux manger et vivre avec plus d'autonomie dans un contexte de changements climatiques globaux.

Que toutes les personnes ou organismes, qui par leur apport précieux de compétences ont contribué à ce travail qui sans eux n'aurait eu aucune chance d'aboutir, reçoivent ici l'expression de ma plus profonde gratitude. Et, plus particulièrement, mes parents et les équipes belges au sein de laquelle deux ans de collaboration et les équipes françaises au sein de laquelle plus de quatre ans de collaborations ont pour une grande part permis mon travail de recherche sur la plasticité & acquisition des nutriments (principalement le fruit de mon travail de technicien-ingénieur, thèse et chercheur contractuel ; livre tome I, II, III) et d'autre part sur les composés organiques volatils (fruit de mon travail de chercheurs contractuel post doctorant présenté dans ce mémoire ; tomes III, IV et technologique).

Si des critiques sont à formuler ou des informations complémentaires à apporter sur ce qui sera dit plus loin, qu'elles m'arrivent sans crainte, elles seront les bienvenues, la qualité d'un travail de cette importance ne pouvant qu'être améliorée par une critique collective. Encore merci !

Ainsi, mon dernier souhait serait que toutes les remarques sur le contenu actuel du dossier seront les bienvenues. Soyez-en remercié à l'avance.

Sébastien Varin.

Les Flux d'informations, de matières et d'énergies au sein de l'organisme :

Livre 1 : Plasticité & Instabilité Développementale – Concept en biologie : exemple des végétaux *(Plasticity & Developmental instability – Concept in Biology: Plant example).*

Livre 2 : Ontogénèse et Variations Génétiques de l'Architecture du système racinaire des mono et dicotylédones modèles *(Ontogenesis and Genetic Variations in root system architecture of mono and dicotyledonous models).*

L'Environnement et ces Flux d'informations :

Livre 3 : Rhizobactéries & PGPR émettrices de Composés Organiques Volatils et implication Agro-Ecologique *(Rhizobacteria & PGPR emitting the Volatile Organic Compounds and Implication in Agro-Ecology).*

Livre 4 : Implication des Bactéries Solvantogénes et Rhizobactéries émettrices de COV dans les Changements Globaux et La Plasticité *(Implication of Solvantogenic Bacteria and Rhizobacteria emitting the VOCs in Global Changes and Plasticity).*

LISTE DES ABRÉVIATIONS

A

ABA : Acide abscissique
ABE : Acétone, Butanol, Ethanol
ACC : 1-Aminocyclopropane-1-carboxylate
ACC desaminase : 1-amino cyclopropane-1-carboxylique désaminase
acd : Accelerated cell death
ACGIH : American Conference of Governmental Industrial Hygienists
ACR : Aldéhyde/cétone réductases
ADH : Alcool déshydrogénase
ADN : Acide Desoxyribonucleique
ADNc : Acide Desoxyribonucleique complémentaire
ADP : Adénosine diphosphate
AFM :Anti-fungal metabolite ou Métabolites anti-fongiques
AFNOR : Agence Française pour la Normalisation
AFP : Anti-Freeze Proteins
AGI : *Arabidopsis* Genome Initiative
AHLs N-acyl homoserine lactones
AIA : Acide indole-3-acétique (auxine)
Al : Aluminium
AM : champignons mycorhiziens arbusculaires
ANOVA : Analysis of variance
ARF: Auxin-Responsive Factors
ARN : Acide Ribonucléique
ARNm : Acide Ribonucléique messager
ASTM: American Society for Testing and Materials
At : Arabidopsis thaliana L.
ATP : Adénosine-5'-triphosphate
Aux : Auxine voir AUX/IAA
avr: Protéine d'avirulence

B

BABA : Acide DL-3-amino-n-butyrique ou acide β-amino butyrique
BCA : Bio Control Agent
Bd : Brachypodium distachyon (L.)
BL : Brassinolide
BPC : Biphényles polychlorés

BR : Brassinostéroïdes
BRX : BREVIS RADIX
BTH : Acide benzo-(1,2,3)-thiadiazole-7- carbothioïque
BYMV : Bean yellow mosaic potyvirus ou Virus II de la mosaïque jaune du haricot

C

C : Carbone
^{11}C : Isotope stable 11 du carbone
^{13}C : Isotope stable 13 du carbone
^{14}C : Isotope stable 14 du carbone
Ca^{2+} : Ion calcium
$CaCO_3$: Carbonate de calcium
CARB: California Air Resources Board
CAS: Chemical Abstract Service
CBF : Cold Binding Factor
CCME : Conseil canadien des ministres de l'environnement
CDK : kinases cycline-dépendantes
CH_4 : Méthane radicalaire avec électron libre
CIRC : Centre international de Recherche sur le Cancer
CK : Cytokinines
CL_{50} : Concentration létale 50
CLV: CLAVATA
CO : Monoxyde de carbone
CO_2 : Dioxyde de carbone
CO_2 : Dioxyde de carbone radicalaire avec électron libre
CO_2 : Dioxyde de carbone radicalaire avec électron libre
CoA : Co-enzyme A
Col: Columbia
COLIPA : Association Européenne des produits cosmétiques et des parfums
COV : Composé Organiques Volatiles
COVM : Composé Organique Volatiles d'origines Microbiennes ou MVOCs
CS: Character stat
CSA: Cambridge Scientific Abstracts
CSI Central insecticide board
CT: X-ray computed tomography
CTFA : Cosmetics, Toiletries and Fragrances Association
Cu : Cuivre
CV : Coefficient de variation

D

d : Variation infinitésimale
Δ : Variation
DAMPs: Dammage-Associated Molecular Pattern
DAPG : 2,4-diacetylphloroglucinol
DL_{50} : Dose létale 50
DMS : Diméthyle sulfure organique
DMS : Disulfure de diméthyle

DMSP : Diméthylpropionate
dnd : defense, no death
DNPH 2,4-dinitrophenyl hydrazine
DOVE-MO : Database Of Volatiles Emitted by MicroOrganisms - base de données des substances volatiles émises par les micro-organismes
DSEO : Dose sans effet observable ou NOEL
DSSS : Dimethyltrisulfide

E

E : Environnement
EDS: Enhanced disease suceptibility
ELISA : Enzyme-Linked Immunosorbent Assay
EMS : Méthane-sulfonate d'éthyle
EPA : Agence de protection de l'environnement
ePGPR : PGPRs extracellulaires
ESPI: Environmentally Standardized Plasticity Index
EST : *expressed sequence tag*
ET : Ethylene
ETI : Effector-Triggered Immunity-Immunité secondaire
ETS : Effector-Triggered Susceptibility

F

FAO: Food and Agricultural Organization
Fe : Fer
FID : Flame ionisation detector-Détecteur à ionisation de flamme
FNRS : Fonds de la Recherche Scientifique

G

G : Génotype
GA : Gibbérelline ou acide gibbérellique
GC : Gas chromatography-Chromatographie en phase Gazeuse à haute résolution
GC/MS : Chromatographie en gazeuse couplée à de la spectrométrie de masse ou Gaz Chromatography/Mass Spectrometry
Glc : Glucose
::GUS : Transposon associé à un gène rapporteur GUS

H

H^+ : Ion proton
H_2: Dihydrogène
H_2O : Eau
H_2O_2 : Peroxyde d'hydrogène radicalaire avec electron libre
H_2O_2 : Peroxyde d'hydrogène
H_2PO^{4-} : Anion Phosphate soluble monobasique
H_2S : Sulfure d'hydrogène
HCN : Cyanure
HCO_3^- : Ion bicarbonate radicalaire avec électron libre

$HO_2^{\cdot-}$: Radicalhydroperoxyle radicalaire avec électron libre
HPO_4^{2-} : Anion phosphate soluble diabasique radicalaire avec électron libre

I

IAA ou AIA : acide 3-indole acétique
IARC International Agency for Research on Cancer
IBE : Isopropanol, Butanol, Ethanol
IFRA : International Fragrance Association
IL : couche intérieure
INA : Acide 2,6- dichloroisonicotinique
INRA : Institut National de la Recherche Agronomique (France)
iPGPR : PGPRs intracellulaires
ISR Induced systemic resistance
ISR : Resistance Systémique Induite
IST : Information Scientifique et Technique
IUPAC: International Union of Pure and Applied Chemistry

J

JA : Acide jasmonique ou jasmonate

K

K : Potassium
K^+ : Cation Potassium
KOH : Hydroxyde de potatium (Patasse)

L

LAR : Leaf Area Ratio-Rapport de Surface Foliaire
LC50: Lethal concentration for 50 % of the animals at single exposure
LCLo : Lowest observed lethal concentration
LD50 : Lethal dose for 50 % of the exposed animals at single administration
LEP : Limites d'exposition professionnelle
LMR : Leaf Mass Ratio-Rapport de Biomasse Foliaire
LOEL : Lowest observed effect level
LOX : Lipoxygenase
LPS : Lipopolysaccharides
LR : Lateral Root-racines latérales
LRP ou PRL : Lateral Root Primordium -tissus
LTP : Lipid Transfer Protein

M

MAK Maximale Arbeitsplatz-Konzentration
MAMPs: Microbial-Associated Molecular Pattern
MAP : Mitogen-Activated Protein
MAPK : Mitogen-activated protein kinase
MAPKKK : MAPK kinase kinase

MAPKs : Mitogen-Activated Protein Kinases
MeJA : Methyljasmonate (en solution aqueuse) ou acide méthyl jasmonique
MELISA : Dosage des lymphocytes mémoire d'une Immunostimulation
Mg : Magnésium
Mg^{2+} : Anion Magnésium
MGM: Microorganismes génétiquement modifiés
Mn : Manganèse
MO : Matière Organique
MOS : Matière Organique du Sol
MP: MONOPTEROS
MPS : Phosphate solubilizing microorganisms
MR-VP : Méthyl-Rouge-Voges-Proskauer
MS : Mass spectrometry-spectrométrie de masse
MS : Murashige & Skoog
MVOCs : Microbial Volatile Organic Compounds

N

N : Azote
N_2 : Diazote
N_2 : Diazote avec un électron libre forme radicalaire
NADH : Nicotinamide Adénine Dinucléotide
NADP : Nicotinamide Adénine Dinucléotide Phosphate oxydé
NADPH : Nicotinamide Adénine Dinucléotide Phosphate réduit
NahG: Salicylate hydroxylase
NaOH : Hydroxyde de sodium (soude)
NAR : Net Assimilation Rate-Taux d'Assimilation Net
NCMS : National Center for Manufacturing Sciences
NH_3 : Ammoniac radicalaire avec électron libre
NH_4^+ : Ammonium radicalaire avec électron libre
NH_4^+ : Cation ammonium
NH_4OH : Hydroxyde d'azote
NO : Monoxyde d'azote
NO_3^- : Anion nitrate radicalaire avec électron libre
NO_3^-: Ion nitrate
NO_3^{2-} : nitrate radicalaire avec électron libre
NOEL : de l'anglais *No Observed Effect Level* ou DSEO
NoR : Norme de réaction
NO_x : Oxydes d'azote
NPA : Acide **N**-(1-naphtyl) **ph**tal**a**mique
NPR-1 : Non-expressor of PR-1
NTP : United States National Toxicology Program
NUE: Nitrogen Use Efficiency

O

O_3 : Ozone
OEL Occupational exposure limit
OGM : Organismes génétiquement modifiés
OH^- : Ions hydroxyle

$OH^{\cdot}$: Radicalhydroxyle
OL : Couche extérieure
ONU : Organisation des Nations Unies
OPDA : Acide 12-oxo-phytodiènoïque

P

P : Phosphate
PAL Phenylalanine ammonia-lyase
PAMPs : Pathogenic-Associated Molecular Pattern
Pb : Plomb
PCBs Polychlorinated biphenyls
PCR : Polymerase Chain Reaction
PDI : Pourcentage d'incidence des maladies
pdr : A phosphate deficiency response
PEG : Poly Ethylène Glycol
PEP : Phosphoénolpyruvate
PGPB : Plant Growth Promoting Bacterium
PGPF : Plant Growth Promoting Fungus
PGPM : Plant Growth Promoting Microorganism
PGPR : Plant Growth Promoting Rhizobacteria - Rhizobactéries promotrice de croissance des plantes
PGPY : Plant Growth Promoting Yeast
Pi : phosphate inorganique
PID: PINOID
PLT: PLETHORA
PMN : Polymorphonuclear neutrophil
PNN : Polynucléaires neutrophiles
PO Peroxidise
PO : Peroxydase
Po : Plasticité ontogénétique
PO_4^{2-} : Phosphates inorganiques radicalaire avec électron libre
PO_4^{3-}: Phosphate
PP : Pyrophosphate
Pp : Plasticité phénotypique
Ppm : Parties par millions
PPO : Polyphénol oxydase
PR : Pathogenesis Related
PRRs: Pattern-Recognition Receptor
PTI : PAMP Triggered Immunity-Immunité primaire
PTR-MS : Réactions transfert de proton/spectrométrie de masse
PYG : Peptone-Yeast-Glucose

Q

QC : Centre quiescent
QS Quorum sensing
QTL : Quantitative Trait Locus
QTLs : Quantitative trait loci
QTN : Quantitative Trait Nucleotide

R

r : Taux de croissance
R: Protéine de résistance
RD50 : Concentration associated with a 50 % decrease in the respiratory rate
RDPI: Relative Distance Plasticity Index
RFLP Restriction fragment length polymorphism
RGR : Relative Growth Rate-taux de croissance relatif
RH : Réaction d'hypersensibilité
RIL : Recommended indoor air level-niveau d'air intérieur recommandé
RMN : Résonance magnétique nucléaire
RN : Register Number
ROS : Reactive Oxygen Species-espèce reactive de l'oxygène
RRLC: Rapid resolution liquid chromatography-chromatographie liquide à haute résolution rapide
RSA : Root System Architecture-architecture du système racinaire
RZT Root zone temperature

S

S : Soufre
SA : Acide salicylique
SAR : Resistance Systèmique Acquise
SAUR: Small auxin up RNA
SESI-MS : pulvérisation secondaire d'électrons permettant la ionisation/spectrométrie de masse
SID : Salicylic-acid-induction deficient
SIFT-MS : Sélection de flux d'ions tube/spectrométrie de masse
SLA : Specific Leaf Area-Surface Foliaire Spécifique
SO_4^{2-}: Sulfate
SO_x : Oxydes de soufre radicalaire avec électron libre
SPAK : *Self-Pruning associated k inase*
SPME : Solid-phase microextraction - Micro-extraction en phase solide
SRL : Specific Root Length- longueur racinaire spécifique
STEL : Short-term exposure limit
STM: SHOOTMERISTEMLESS
STS : Stilbène synthase
SO_4^{2-}: Sulfate

T

t : Temps
TDM: Tomodensitométrie
TLV®: Threshold limit value
TOXNET : Bases de données toxicologie et santé environnementale
TWA : Time weighted average

U

Ulg : Université de Liégé
UNESCO :
UV : Radiation Ultra Violette

V

V : Variance
VE : Variation d'origine environnementale
VG : Variation d'origine génétique
VLE : Valeurs limites d'exposition
VLEP : Valeur limites d'exposition professionnelle ou Occupational exposure limits OEL
VOC : Volatile Organique Compounds

W

W : Poids sec ou masse sèche
WHO : Organisation mondiale de la Santé
WUS: WUSCHEL

Y

y : Correspond à un trait
YCF1 : Yeast cadmium factor protein

Z

Zn: Zinc

TABLE DES MATIÈRES

L'HARMATTAN ITALIA
Via Degli Artisti 15; 10124 Torino
harmattan.italia@gmail.com

L'HARMATTAN HONGRIE
Könyvesbolt ; Kossuth L. u. 14-16
1053 Budapest

L'HARMATTAN KINSHASA
185, avenue Nyangwe
Commune de Lingwala
Kinshasa, R.D. Congo
(00243) 998697603 ou (00243) 999229662

L'HARMATTAN CONGO
67, av. E. P. Lumumba
Bât. – Congo Pharmacie (Bib. Nat.)
BP2874 Brazzaville
harmattan.congo@yahoo.fr

L'HARMATTAN GUINÉE
Almamya Rue KA 028, en face
du restaurant Le Cèdre
OKB agency BP 3470 Conakry
(00224) 657 20 85 08 / 664 28 91 96
harmattanguinee@yahoo.fr

L'HARMATTAN MALI
Rue 73, Porte 536, Niamakoro,
Cité Unicef, Bamako
Tél. 00 (223) 20205724 / +(223) 76378082
poudiougopaul@yahoo.fr
pp.harmattan@gmail.com

L'HARMATTAN CAMEROUN
TSINGA/FECAFOOT
BP 11486 Yaoundé
699198028/675441949
harmattancam@yahoo.com

L'HARMATTAN CÔTE D'IVOIRE
Résidence Karl / cité des arts
Abidjan-Cocody 03 BP 1588 Abidjan 03
(00225) 05 77 87 31
etien_nda@yahoo.fr

L'HARMATTAN BURKINA
Penou Achille Some
Ouagadougou
(+226) 70 26 88 27

L'HARMATTAN SÉNÉGAL
10 VDN en face Mermoz, après le pont de Fann
BP 45034 Dakar Fann
33 825 98 58 / 33 860 9858
senharmattan@gmail.com / senlibraire@gmail.com
www.harmattansenegal.com

Achevé d'imprimer par Corlet Numérique - 14110 Condé-sur-Noireau
N° d'Imprimeur : 136173 - Dépôt légal : février 2017 - *Imprimé en France*

www.ingramcontent.com/pod-product-compliance
Lightning Source LLC
LaVergne TN
LVHW010952061026
849535LV00006B/1687
* 9 7 8 2 3 4 3 1 0 0 4 5 6 *